對本書的讚譽

能與 Michael Lopp 成為朋友的人，甚至他就是你的頂頭上司，那我要說你真的有夠幸運。其餘的我們也別傷心，至少我們手上還有這本書。本書內容真金實銀，只要我們投入時間閱讀，必能獲得數倍回饋。

—— *Seth Godin*，《這才是行銷》作者

Michael Lopp 是當今少見的野人，我的意思是：他使用最平易近人的語言，全然誠實地面對管理者一職。各位讀者想知道如何在這個業界培養出蓬勃發展的職涯嗎？請務必聽聽 Lopp 的建議。

—— *John Gruber*，經營部落格 *Daring Fireball*

Michael Lopp 這本新作充滿個人故事，就像你遇到一位富有想法且幽默風趣的朋友，展開輕鬆愜意的對談。本書內容引人入勝且饒富興味，讓讀者於閱讀之中，不知不覺獲得許多寶貴的建議。

—— *Jim Coudal*，*Field Notes* 品牌創辦人

各位讀者，不管你是心中充滿抱負的軟體開發人員，或者是準備轉換到領導方面的職務，甚至已經是資深管理人員的你，這本絕對是你必看的好書。Michael Lopp 於書中提出的建議，將啟發你完成不可能的任務。

—— *Gina Bianchini*，網路服務公司 *Mighty* 創辦人暨執行長

科技職涯就是一場棋賽，我們所走的每一步都是為下一步布局。然而，跟棋賽不同的地方是，每當我們換到下一個職場，我們無從得知新職場的環境裡將會發生什麼。既然如此，我們該怎麼做才能打一場明智又有自信的比賽呢？看完本書，各位讀者就會找到答案。

—— *Kent Beck*，顧問公司 *Mechanical Orchard* 首席科學家

軟體開發者職涯應變手冊
穿越職涯迷霧的絕佳導航

The Software Developer's Career Handbook
A Guide to Navigating the Unpredictable

Michael Lopp 著

黃詩涵 譯

目錄

前言

多年來，我將任何跟人工智慧或機器學習有關的工作，都稱之為由機器人代勞完成的工作。因此，假設我問道，「這份清單是由人類還是機器人產生？」我的意思是問，這份清單是否以機器學習產生。之所以詢問「這份清單是由人類還是機器人產生？」，是因為我企圖從當今複雜的生態系統裡，萃取出其中最基本的元素。

我喜歡以標籤分類事物，因為這讓我更容易理解這個世界。

當年我推出第一本著作時，選擇的書名是《*Managing Humans*》，由於出版的時間較為久遠，雖然不若本書有抓到 2020 年代中期興起的 AI 熱潮，卻足以作為我偏好找出描述性標籤來分類事物的另一個例子。我認為這種做法非常方便，只要用少少的文字，就能表達出更多的想法。

本書最初出版時的書名是《*Being Geek* 晉身怪傑：軟體開發者職涯應變手冊》，但讀者應該有注意到現在已經不再採用這個書名。這是因為撰寫初版內容的時空背景，在 2010 年有許多熱門話題圍繞著電腦怪咖（nerd）和科技宅（geek）打轉，我也在許多公開演講上侃侃而談電腦怪咖和科技宅這兩類人的心態。從自己原本的專業立基——領導力改談其他面向，這種想法上的轉變，在當時確實令我感到興奮。

然而，我在撰寫初版內容的過程之中，定好的書名卻讓我越寫越無力。原因在於我撰寫的內容焦點主要是擺在領導力上，但我每次寫下一個新章節時，卻又硬要以某種方式將「科技宅」這個詞融入書中內容。全書完成之際，我已經完全回歸到自己的專業立基——領導力，於是，我發現自己其實是在寫另一本以領導力為主題的書。

即使書已經出版了那麼久，這種不協調的感覺還是一直卡在我心裡。相較於第一本著作《Managing Humans》，我對本書前一版的印象就是失敗之作，但事實並非如此，這本書的初版跟我的第一本著作一樣，至今仍然在市面上銷售，而且，我一直都有收到相關詢問。即便不是暢銷書，但確實有其底蘊，實為長銷之作。

就在我為第一本著作完成第四次改版時，「Rands Leadership Slack」社群裡的 Philip Sharp 傳來他的意見：「《Being Geek 晉身怪傑》要不要出第二版？」，我隨手抓起前一版，快速瀏覽了一下內容，於是，改版的念頭在我腦海中成形。哇，確實有一些寫得不錯的內容。

醞釀了幾個星期後，我向 O'Reilly 出版社提出簡報，說明改版的想法，並且和出版社一起討論我對初版內容的擔憂，結果，我們發現初版書名的副標：軟體開發者職涯應變手冊，正好適合作為新書的名稱。書名雖然唸起來有點長，卻更強而有力，更適合描述本書內容。

本書除了加入八個全新章節，另外也大幅刪去初版內容裡使用的詞彙「科技宅」。這遠比我預期中的容易，由於我原本主要就是想寫領導力方面的文章，所以只要將內容中用到的單字「科技宅」換成「工程師」，在某些情況下或是換成「領導者」即可，內容上不需要多做任何其他修改。本書編修過程中，還刪除了幾篇內容過時的章節，對於技術逐漸老化的章節，則更新至符合現代需求的內容。

本書最後仍舊保留先前的設計，帶讀者了解當前這份工作從開始到離職會面臨的各種考量，以及如何前往下一份工作。中間各個部分的章節內容依舊涵蓋許多有用的建議，協助讀者了解人性、領導者、文化和溝通。若仔細觀察我的職涯經歷，會注意到書中和領導力相關的章節，內容主軸都是在談初次擔任領導者的心態。這是因為本書前一版完成的時間點是在我嘗試擔任管理職之前，重新修訂本書內容時，我決定保留初衷。在快速成長的科技業裡，我認為這些來自初次擔任領導者的觀點，佔有重要的一席之地。

最後要說明的一點是，貫穿本書內容的敘事者 Rands，是我已經用了數十年的化名。利用 Rands 這個化名，我能自在地侃侃而談，從專業的距離來看我要介紹的主題。同樣地，出現在書中的人名以及描述的情況，幾乎每個都是虛構，一切都是為了我們精心設計的故事而刻意創造出來的。

那麼，我要開始說故事囉。

致謝

藉此機會，我要向以下各位致上我由衷的謝意：

感謝 Slack 社群「Rands Leadership Slack」，因為有你們不斷敲碗，我才能催生出本書第二版，現在它成真了。

感謝 Lyle Troxell 和我一起搭檔主持 Podcast 節目，因為有你提出最棒的問題，我們才得以衍生出如此精彩的對談。

感謝我的工作夥伴 Tom、Jeff、David、Mark、 Justin、Laura、Tony、JG、Joshua、Jon、Julia、Matt、Ross、Ali、Richard 和 Cal，因為和你們一起共事，我才能成為更好的領導者，希望今後能更常和大家聚在一起聊聊。

感謝 42，這個數字依舊是生命、宇宙和萬事萬物的唯一解答（出自英國科幻小說《銀河便車指南》）。

建立職涯發展指南

每次下定決心轉換到一份新工作時，當下的心情，我依舊清晰記得。那些推動我做出這些決定的考量因素，曾經是我職涯上的一頁史詩。我以電子試算表列出每一份工作的優缺點，跟我信賴的人進行無止盡的對談，他們剛開始都是站在支持我的立場，但每次談話結束後，他們都會問我：「你已經談夠了吧，何時要做出決定？」

本書第一部分的章節將帶讀者在紙上體驗我所經歷的過程：考慮找下一份工作時，開始無止盡地列出各種可能的選擇和進行無數的轉職準備工作。從目前任職的工作中察覺出早期警訊，一直談到找出有建設性的方式悄悄接近未來的雇主，這些章節說明讀者在考慮職涯下一步時，可以採取的各種行動。

不論這些章節談了多少，終究要將最複雜的部分留給讀者 —— 就是做出決定。

致勝之道

在職業生涯中，我們會面臨關鍵的決定性時刻其實不多。

各種小小的決定，整天在我們的桌面和收件匣之間穿梭，但這次的決定明顯不若以往微小，是個很巨大的決定，而且一旦做了決定，就絕對沒有回頭的餘地。在如此關鍵的時刻，你卻痛苦地發現——糟糕，我是個工程師。

身為工程師的你沒有 MBA 學位，你知道在這棟建築裡的某處有個人事團隊，但你不知道要如何跟他們打交道。你只想躲在讓自己自在的程式碼結構裡，但你心裡很清楚，此刻這個決定將對職業生涯產生顯著的影響……前提是，如果你知道該怎麼做。

收到錄取通知後，我可以跟對方協商更高的薪資嗎？如果可以，那我該怎麼做？發現上司對我說謊時，我又該怎麼做？打算辭職時，我需要做些什麼？我應該應徵管理職嗎？專案經理的工作內容是什麼？聽說他們的薪資更高、工作量更少，對嗎？我一定要跟某個人面談過，才能獲得升遷嗎？為什麼我不能一直在家遠距工作？當我們面對這一連串的問題，卻發現大學裡沒有任何一堂課有教過。維基百科就算能定義各種問題，卻無法透過鍵盤幫助那些內向、不擅長交際的人去了解這個世界。

這就是你當前的處境，讓我們一起正視並且接受這些情況。

系統性思考者

身為工程師的我們與眾不同，了解這些差異之處，讓我們在職場擁有絕佳的起跑點。我認為工程師們都是系統性思考者，我們眼中的世界就像電腦一樣。成功運用電腦多年之後，就連思考方式也逐漸受到影響，我們會遵循某種特定的思維模式：

我們追尋定義，

以理解系統，

從而洞察出其中的規則，

覺察出下一步要採取的行動，

進而贏得勝利。

定義、系統和規則，這些都會回歸到我們最愛的工具──電腦。我們獲得的成功已經扭轉了我們對這個世界的觀點，我們認為只要投入足夠的時間和精力，就能完全理解這套系統。固態硬碟具有的這些屬性，會加快這些操作，更多的記憶體會提升這類操作的效能。然而，當我的老闆說我是被動攻擊型的人，我應該……

等等，什麼？我是被動什麼的？

當某個情況出現違反規則的情況、不符合系統，而且本身無法定義時，就會發生危機。身為工程師的我們發現系統有缺陷時，就會保持高度警惕，因為系統就是我們告訴自己如何度過每一天的依據。不幸的是，這個結構營造出來的舒適圈只是一種幻覺，這當中充滿了種種缺陷，我稱之為「人」。

有人就有混亂

有些人會把事情弄得一團糟，他們本身就是錯誤的來源，他們還會問奇怪的問題，思考邏輯漏洞百出。身為工程師的我們腦海裡有一套思考流程，遵守流程會讓我們感到開心，但就是會有某個人讓我們沮喪地問出這些問題：「這些人是誰？他們為什麼就不能好好按照規則來？他們難道都不看系統嗎？都不想贏嗎？」

不，他們確實想贏。

大家心裡都很清楚，人生就是一場賭注，卻又不希望別人來提醒這一點。我們身處於世界的某個角落，周遭會發生各種奇怪的隨機事件，我們得根據這些事件做出反應，隨機應變。然而，無法掌控的世界對工程師來說特別不安，所以我們根據想像的結構建立了一個自我世界，試圖讓混亂的世界更容易接受和預測。

我雖然是個工程師，但我也跟隔壁小隔間裡的那位漫畫迷一樣，常常模擬兩可又情緒化，二十年來我一直看著工程師在高科技領域裡的模糊地帶掙扎，即使周遭那些不按牌理出牌的人阻礙我們，亂搞我們的東西，我依舊認為我們能提高致勝的機會。

此處提出的建議和本書的出發點，存在一個矛盾之處：為無法預測的事做好準備。

出現在我們眼前的不可預測事件有兩種：其中一種事件的不可預測性比較簡單，我們可以評估並且立即採取行動；另一種事件的不可預測性則大到足以改變和撼動我們的世界，所以必須認真處理。**本書希望幫讀者裝備一套會隨機應變的系統，協助讀者在面對不可預測性比較簡單的事件時，可以採取相應的行動；其次是鼓勵讀者為自己的職涯建立藍圖，以備不時之需，以防萬一有一天真的發生天塌下來的情況。**

隨機應變的系統

在我的認知裡，稱得上是手冊的書，常常被翻得皺皺的、封面破舊而且折痕累累，永遠不會離開手邊。一本手冊之所以會達到這個狀態，顯見其經常被人們重複翻閱，具有實用的策略價值。我為**本書安排章節結構的順序是：從目前的工作談起，了解領導力，介紹每日工作需要的工具，然後是、呃，下一份工作。**如此設計的想法並非是要呈現一份工作的完整週期，而是希望讀者日後若遇到有可能預測出結果的情況時，可以翻閱第 39 章的內容，解讀你的年度考核，以決定：**是否該認命接受不甚理想的年度考核？**

本書章節各篇內容獨立，也就是說前後章節之間的關聯性不大。部分原因是因為某些章節內容源自於我的部落格 Rands in Repose，此外，工程師能專注在某件事物上的時間……十分有限。因此，我希望這些章節能提供易於消化的內容，完整收錄各種情境。日後當讀者身處其中，出現一些比較小的決定時，期望本書能幫助你解析問題然後做出決定。各位讀者不需要完全聽從本書提出的做法，因為不管你眼前有哪些決定要做，最終做出決定的人都是你，我能透過本書提供的最佳協助，就是把自己當時做出決定的背景故事告訴讀者，那時的我有什麼想法，以及我如何推動自己前進。

完成一項工作任務，做出一個決定，乃至於實現一件事，在在都會帶給我們滿足感。這些日常生活中的每一小步，構成我們生命中絕大部分的決定，而這些點點滴滴發生時往往不是那麼驚天動地。我們做出決定，然後看看會發生什麼，這些決定又構成我們絕大部分的經歷，推動我們繼續不斷地尋找定義系統的規則。隨著決策能力的提升，我們能獲得更多的成功，下次再遇到類似的情況時，就能越快做出決定。

我要再強調一次，這些日常生活中的決定多半不難預測，可是一旦出現極難預測的情況時，一定要有應對的做法。

職涯發展藍圖

各位讀者若從頭到尾看完本書，會發現本書章節雖然各篇獨立，但貫穿全書的核心是一個長篇故事，我想跟各位讀者聊聊你的工作、你的主管、你工作的方式，最後是你怎麼找到下一個新職務。我希望讀者在閱讀本書的時候，能暫時脫離日常工作，從而提醒自己正朝著某個更重要的方向努力前進。當前所做的事不只是一份工作，也是為自己的下一步做好準備。

各位讀者閱讀本書時，腦海裡必須關注以下三類問題：

- 當前我正在做什麼事？
- 我應該做什麼事？
- 什麼事對我來說很重要？我關注哪些事情？

平常的工作是刻意讓你專注在第一個問題上，想想當你下班開車回家，勉強讓自己從大量的工作中抽身時，此時此刻的心境如何。你忙於公司交辦的工作任務，沒空去想下一份工作，對自己的職涯發展沒有策略性規劃，只想從一整天的疲憊中恢復。這是你正在做的事，但這是你要的嗎？

也許你幸運地成為軟體架構師、設計總監，或是變成比地球上其他人都還要關注資料庫的人，這表示你已經發現比當前正在做的事還要重要的課題，就是你的職業生涯遠比一份工作重要得多。

這不就是人事團隊要做的事，他們會為我規劃職涯，對吧？我的主管也會考慮到這方面的事，對吧？

你錯了。

我在矽谷工作了將近三十年的時間，據我積極觀察管理層的經驗，人事團隊的好意和主管有限的關切，無法協助你打造職涯發展。

不論你是否清楚自己要做的事，花點時間將本書從頭到尾看一遍，然後問問自己：什麼事對我來說很重要？我關注哪些事情？這份管理職是我心之嚮往的工作嗎？我要一輩子當開發人員嗎？下班之後，我在搭地鐵回家的途中，整路一直在心裡咒罵當前這份工作的種種不是，這是一個不好的徵兆嗎？在職場上，大家很流行抱怨公司和無能的主管，這沒什麼，但是當你開始抱怨起自己的職涯發展，我必須說你根本是在講廢話。冀望自己以外的其他人負責規劃你的職涯發展，這種想法從根本上就有問題。不管是你的老闆還是主管，他們的工作就只是負責當老闆和主管而已，但你的職涯會跟隨你一輩子。

今日你為自身職涯做出選擇，日後當你遇到難以預測的重大情況時，這些抉擇會幫助你面對生活中的逆境。請試著這樣思考：若你已經確實知道自己想做什麼，面對重大決定時，是否會比較容易做出抉擇呢？當你清楚新專案完全符合自己規劃的職涯目標時，你會更容易向公司爭取，或是覺得更難向公司提出呢？如果你已經十分確定自己想進入管理階層，年度考核時你會怎麼跟老闆談呢？

當你清楚前行的方向時，將更容易面對所有的選擇。

匯聚各種抉擇的時刻

我們的職涯是由一連串做出抉擇的時刻集合而成，例如要用 PC 還是 Mac ？是否要回覆招聘人員寄來的電子郵件？正面迎擊或是退縮？即使有本書在手，讀者搞砸決定的情況還是可能跟做出正確決定的情況一樣多，對於習慣追尋系統規則、只想致勝的工程師來說，無疑是令人困擾的想法，但我們還是有可能洞察出其中的規則。

隨著時間和經驗的累積，你會發現穿梭在公司走廊的人其實只會分成幾種類型的個性。沒錯，這些人之間確實存在細微的差異，但我們還是可以了解他們的個性和動機。每家公司的老闆及其動機會隨公司有所不同，從那種

「低調隱瞞到退休」到那種「高調宣布我要征服世界，讓大家瘋狂」的老闆都有，但他們的動機都還在我們可以理解的範圍內。離開一群相處融洽的同事，另謀高就，真的沒什麼，因為外面其他公司裡還有許多人可以和你愉快地共事。你可以在更多會議中派上用場，將自己從無止盡的工作清單中解放出來。

本書內容是我將在矽谷待過大大小小公司的經歷，以及 25 年來的工作經驗匯集而成的精華。多年來我有過的平靜時刻不亞於我經歷過的混亂，我持續不斷地將職涯的每個時刻全都記錄下來，因為我一直認為，這樣就能找到那個關鍵規則，全盤弄清。最終我才發現，這個過程就是我們工程師渴望的致勝之道。

三要點清單

多年來，數字 3 一直神祕地突然出現在我生活周遭。剛開始是前公司的行銷副總，她很沉迷於數字 3。她會對我說：「Rands，你看，到處都有三角形，有三角形的地方就有力量存在」。因此，她總是會在桌上放三塊磨得發亮的黑曜石，而且擺成三角形。後來我又遇到一位工程部門的主管，他提出所有建議時，都會以淺顯易懂的方式，列出三個要點。當我們有出色的點子，想要傳達給其他人了解時，這是非常方便又精簡的做法。

遇到需要將無限多個事物簡化時，我認為三要點清單一定能派上用場，至今我還想不到有什麼無法使用的原因。在我們的日常生活中，數字 3 無所不在。是、不是、或許，社會主義、共產主義、資本主義，記憶、理解、意志，民有、民治、民享等等，從此，我成為三要點清單的愛好者。

基於前述這些背景，再看到我將職涯發展和管理哲學兩者，包裝在以下這三個要點裡，各位讀者應該也就不足為奇了：

1. 技術方向

2. 自我成長

3. 交付

這份清單不管是要套用在管理者還是個人身上都很方便，不過，此處要先從個人職涯角度談起。讓我們將上述這份清單裡的三個要點轉換成以下問題：

1. 面對一項產品、功能或工作任務時，你會主動定義技術方向嗎？

2. 為了自我成長，你了解需要做哪些事嗎？

3. 你是否有按照預定的時間達成工作任務？是否能履行自己的承諾？你的
   言行是否一致？

就這三點，如此而已。書店的書架上擺滿了管理和職涯發展方面的書籍，這些書極度詳細地解釋優秀管理者的 27 個面向，或是開發人員提升工作效益的 42 個習慣，我相信這些書裡確實有瑰寶存在。專家的本質就是針對一項主題深入探究、詳細說明，願上帝祝福他們，但我還有其他工作要處理，所以就簡明扼要地說明重點。

技術方向

身處軟體開發界的你，不論是否擔負管理職或是僅負責開發，手上都握有程式碼，而且這份程式碼會處於（或是即將成為）以下三種狀態之一：撰寫、修正或維護。初次撰寫程式碼時，很容易會將技術方向作為目標，時時放在心裡。我正在開發什麼？我正在用哪些工具？程式即將完成嗎？雖然我不知道你手上正在開發什麼內容，也不知道你在哪家公司任職或是處於何種開發文化，但我十分清楚一點，你手上擁有程式碼，是你設定了技術方向，而非你的主管。

主管的工作就是不斷遺忘，這是他們要做的事。獲得升遷之後，主管們開始進入一段漫長的歷程，他們逐漸遺忘最初讓自己升遷的一切。我不是開玩笑的，這種管理者失憶症是造成整個職業生涯中職業恐慌的來源。

不過，我要替同為管理者的夥伴們辯護一下，我們並沒有忘記一切。在整個遺忘的過程中，我們同時也在學習其他有用的能力，像是組織政治學、會議禮儀，以及安靜十分鐘，不對某項議題發表意見的藝術。我們依舊深刻記得工程師時代留在心裡的痛苦傷疤，過往經驗遺留的傷痕有時會突然跳出來，形成我們的靈感，彷彿我們記住了一切，但事實並非如此，我們並沒有這樣做。因此，我的管理策略才會假設那些最接近問題核心的人，可以做出最佳決策。這就是我發展管理的方式。

然而，有些管理者會拼命地努力不讓自己遺忘。他們相信只要投入足夠的時間和精力，就能跟過去擁有程式碼的工程師時代一樣，具備相同程度的視野。這類管理者被稱為控制狂主管，由於沒有學著遺忘，他們註定要面對失敗。

控制狂主管逼瘋團隊的原因不僅僅是要求他們每週報告工作狀態，還會一對一檢視程式碼，完全無視於管理結構。他們認為全盤掌握一切就是自己的任務，也因此破壞了自身團隊的信任。我想問這些主管一個問題：*你為什麼*

要僱用部門裡的這些人？不就是希望他們幫忙完成更多的工作，但他們不是你的延伸，而是完全獨立的個體。請面對這個現實，好好處理它。我要再次強調，跟程式碼最密切的人才有資格設定工作的技術方向。

所以我跟自己說：「Rands 啊，某人也不能說是控制狂主管啦，他只是一直不停地談論著 Scala 語言，想把自己塑造成有遠見的人。可是他這樣一直灌輸我 Scala 語言，我該死地要怎麼完成手上的工作？」

不論你的頂頭上司是否為控制狂主管，他們也都跟你一樣擁有相同的目標，只不過雙方切入的角度有些不同。他的工作跟你一樣，也是設定技術方向，話雖如此，但他要去研究具有前瞻性的技術，思考整體架構是否需要完全重新設計。在理想情況下，當然是希望主管能夠勝任而且有能力完成這項任務，可是他已經在更高的管理階層工作，你才是負責寫程式的人。

當控制狂主管和那些自以為有遠見的人老是拿會議議程來擾亂你一天的工作，你很容易就會忘記自己才是那個寫程式的人，關心你手上的程式碼才是你每天的工作。不論此刻的你是沉浸於撰寫程式碼的喜悅之中、陷入修復錯誤的惱人日子，或是在看似無止盡的維護任務中輪迴，決定程式碼下一步走向的人是你。你會自問，我們是否在維護工作上花掉太多時間？是否該丟掉舊的程式碼，重新撰寫？當然，你不一定是那個做決定的人，可是你絕對有責任提出議題、發表你專業的意見，進而影響整個計畫。

這份程式碼很糟糕，我們必須重寫。

:: 提出更強而有力的合理意見 ::

自我成長

早期我在 Borland 工作的時候，股票這檔事一直困惑著我。股票到底是什麼？由誰來設定股價？期權又是什麼？我該如何利用股票賺錢？Borland 當時正值全盛時期，儘管那段時間我完全搞不清楚股票，股價依舊節節高升⋯⋯就這樣持續了兩年。於是，**我以為**，啊，股票就是這麼回事，股價**會一直漲上去**。後來 Borland 沒有達成他們所設定的業績數字，獲利不如預期，股價大跌。

結果，我更困惑了。

整個辦公大樓裡看起來一切運作如常，每個人也還是跟以前一樣認真工作，但我們公司的市值就這樣硬生生縮水了 25%？這讓我上了寶貴的第一課，股票市場的觀感很現實。市場將公司成長作為領先指標，茫茫股海中的恐慌股民認為一家公司沒有成長，就是逐漸邁向死亡。

股民的看法沒錯。

在我提出的職涯發展哲學裡，第二項要點是自我成長，表示透過這項策略推動自我學習、累積更多工作經驗、獲得升遷、遭受慘烈的失敗，以及擔負更多的責任。本書希望讀者重視這項職場專用的簡單規則：**停止自我成長的職涯會逐漸死去。**

讓我們一起來檢視你的職涯，是否正朝向死亡之路前進。請各位讀者自問以下問題：

- 請問你最近是否經歷過失敗的情況？
- 你身邊是否有人每天給你新的挑戰？
- 上週你是否學到對職涯有重大意義的新知？

只要其中一個問題的答案是不，就是令人擔憂的警訊，表示現在的工作對你來說沒有挑戰性，你開始流於安逸。坐在舒適圈裡，人自然就容易滿足於平凡的日常，可是與此同時，這個業界也正積極地將你往外推，讓你變成局外人。這樣的環境與個人無關，是其他有才智的人共同促成的效應，這些人不害怕失敗，圍繞在他們身邊周遭的人們具備了能與他們激發出火花的人格特質，彼此站在理解的基礎上成長茁壯。

有人問我：「*Rands*，主管的工作之一難道不是培養我成才嗎？」

我會說你和你的主管，雙方都要為你的自我成長負責，但事實上並非如此，只是在個人職涯發展初期，這樣的幻覺很好用。江湖上流傳不負責任的說法，據傳主管的職責之一是比你更關心你的自我成長。主管累積的經驗確實比你多，他們能識別出哪個機會適合你，指派你負責該項任務，進而讓你有所成長。他們會說：「我覺得、她已經準備好成為技術主管。」

不幸的是，把你的自我成長跟主管個人的成敗擺在一起，你會永遠位居第二。我的想法比較悲觀，當主管面對自身利益時，我認為他們不會優先考慮你的利益。這種說法聽起來似乎心機很重，但套用在你身上的規則，同樣也適用你的主管：**不進則退。**

或許比較正面一點的想法，主管負責規劃你的工作，而你負責管理自己的職涯發展。雙方的第一目標都是要找出並且確認你可以挑戰公司內部的哪些機會，進而讓你採取行動，強迫你藉此機會學習，將你推離舒適圈。你會因為這些機會而感到迷惑，因為它會帶領你進入不熟悉的領域，而且沒有地圖指引你……這就是重點。好的主管會為你創造這些機會，而你的責任是去把握機會。

然而，你的老闆不可能為你發掘公司外面的機會，他們不可能跟你說：「對啦，我們公司要完蛋了，你快滾吧。」你的未來比公司更重要，沒有人比你更有資格而且更清楚要怎麼為自己的將來做出抉擇。

我已經做好準備，為自己做出更多抉擇。

交付

非常不幸的是，發生像天塌下來的事，這種情況在我們這個業界非常頻繁。我在矽谷經歷過大大小小的公司，以我超過 20 年的工作經驗來看，我能確信隨機發生災難，在矽谷根本就是常態。

讓我們假設一個情況：你是負責下一場災難的苦主，而且這場災難的性質具有非常深的技術，所以你沒有能力處理。此時，你會打電話給誰？

你心裡有名字了嗎？我敢打賭你一定想到誰了。那個傢伙無所不能。他在公司裡可能有間辦公室，而那家公司只有主管才有獨立的辦公室。他可能穿著非常怪異的 T 恤，有奇怪的飲食習慣，但重點是這傢伙會準時交付工作成果，就像機器一樣。你可以向這個人提出任何請求，他使命必達；不管你提出什麼問題，他都會盡力說明；或者你想來場辯論，他也可以奉陪。

我猜這傢伙的技術底子很深，可能是軟體架構師，也可能是跟電子一樣的自由工作者，但回到我先前提出的問題：你為什麼會想打電話給這個人，請他協助你解決這場災難？

原因在於你相信這個人能交付工作任務，連問都不必問。你完全沒有一絲猶豫，就是認為這個人能幫得上忙。即使你需要的技術專業跟對方擁有的經驗完全沒有交集，但你就是知道他能幫你救火。

沒錯，這也是一種技能，但不是大家尊敬的那種技能，這是個人擁有的名聲。當你告訴老闆：「我知道這是一場災難，但 Ryan 正在幫忙處理」，此

時，你就會在老闆臉上看到「名聲」這種表情，意味著「喔，很好，一切搞定。」

如果把技術方向看成個人的能力，自我成長是幫助個人精進和塑造這項能力，交付是個人以自身能力所建立起來的名聲，規則其實很簡單，就是：**說到做到**。

各位讀者可別看本書內容裡散落著各種玩笑話、勵志名言、推文和巧妙的名詞，就誤以為它們看起來很簡單，很容易應用。說到做到，這件事很難。請想想看：

- 你今天收到了幾項請求？姑且稱之為 X。

- 為了滿足這些請求者，你完成了其中幾項請求，或是進行規劃，準備逐步完成，這部分稱之為 Y。

只要 X 大於 Y，你的名聲就會變糟。不管任務大小，只要是分配給你的工作但你未能完成，就會逐漸侵蝕你的名聲。原因在於：

你覺得這沒什麼，那些人甚至不會注意到你沒完成工作任務。沒錯，確實如此。或許他們不會追問你工作是否完成，也可能覺得有沒有完成都沒關係，但有那麼一瞬間，他們心裡會對你有這樣的評價：**你沒有採取進一步的行動、沒有完成工作任務、你對指派的工作任務漠不關心**，他們只會記得這些。

你會說：「**我又不能拒絕，提出請求的人是我老闆**。」當你從老闆手上接下工作任務，不論你是否能完成，老闆都會假設你會把工作做好。我知道，老闆開支票付你薪水，要你開口拒絕他提出的請求確實很棘手，但我要再強調一次，請先想想你的名聲。開口拒絕一項工作任務和無法完成工作任務，何者會讓你的名聲失去更多分數？

可是你說：「**我想成為團隊的一員**」優秀的團隊不會失敗。

社會運動家 Bayard Rustin 是一名基督教貴格會教徒與民權領導者，他曾說：**向權力說真話**。」當老闆將一項你可能會失敗的工作指派給你，你該採取的行動不是拒絕，而是告訴老闆真話：「嘿，老闆。我現在毫無頭緒，不知道該怎麼做才能順利完成您交辦的工作。我非常在乎這項任務能否成功，我相信您應該也是，請您給我一些協助。」

各位讀者必須更加在意自己的名聲。沒錯，單一次的失敗導致無法交付工作，不見得會是一場災難，我們都常犯錯。X（收到的工作請求）有時會大於 Y（完成的工作任務），但某些工作上的失誤所帶來的影響會比預期還要巨大。你以為副總隨口一提的請求，聽起來好像沒什麼？好吧，當你認為副總隨口說出的請求沒什麼，可是隨之而來的三項工作任務可就是大事了。等她開始逆向分析，追溯工作失敗的來源時，她不會記得最初的工作任務只是她隨口說出的請求。她只會認為：「對吧，我就知道你不可靠。」

名聲是以社群為基礎發展出來的個人觀點，你無法控制他人對你的看法。建立名聲需要累積多年的努力，而且只要錯失一項重要的責任沒有完成，就會輕易毀壞你的名聲。

簡化無限

本章雖然大量使用了規則這個詞，但我並非控制狂，我應該算是指導者。讀者正在找的書如果是那種有效管理個人職涯的 38 種可靠方法，市面上肯定有某本書可以滿足你的需求，但三要點清單的目的是提供讀者在發展個人職涯時可以參考的架構和大方向。

對我來說，技術方向是提醒自己每天都要仔細留意工作內容；自我成長是積極關注自己的職涯，確保每天的工作不是枯燥地重複昨天的工作內容；最後一項交付，則是我對個人名聲的日常投資。將這份清單牢記心中，不僅是讓我經常提出問題自省，更重要的是，促使我不斷成長。

知識是自我成長的基礎單元，但知識不是一項事實，也非資料，是我們消化各種事實、資料、情況和人格特質之後所產生的結果。知識是一項發現，是我們建立的某種新思維。我們或許不是發現什麼新奇的知識，但其獨到之處在於這項知識是由我們自己所建立。

創造是我們讓自身擁有知識的行動，藉此擴充心智層面的武器，給予新的經驗，促使我們不斷反思自身。

3

三年之癢

就我過去的工作經驗來說，一份工作的有效期限是三年。奇妙的是，這竟然與我的某個觀點不謀而合——我認為開發一項產品的適當週期是產品實際推出之前要釋出三個版本。每年釋出一個版本，一個產品就完成了……我也該功成身退了。

我這麼說好像我有明確的計畫一樣，知道自己三年後就該轉換到下一份工作，但其實我並沒有科學依據，這全來自於我過去的觀察。當我檢視自己的履歷表時，這點更為明顯。事實上，在我意識到自己該離開之前，我通常早就已經開始準備離職了。

因為離開始於心中的渴望。

你正在回覆這樣的電子郵件嗎？

我自己寫了一個程式腳本，專門用來回覆所有招聘人員發送給我的電子郵件，回應他們的招募請求，這個腳本上寫著：

> { 招募人員的姓氏 }，您好。
>
> 十分感謝您想到我，給我這個機會。您提出的職位很好，但我目前並沒有打算找下一份工作，而且很抱歉，我心裡沒有任何適當的人選可以推薦給您。
>
> 希望您能盡快找到適合的人選，祝您順心。
>
> Lopp 敬上。

各位讀者心裡冒出的第一個疑問可能是「為什麼要特地回覆這樣的電子郵件？」，我這麼做的用意，是出自於效益再加上一點點禮貌。我希望這些招聘人員知道我有收到他們發送的電子郵件，這樣他們可以繼續發送這類的詢問給我，但我也希望他們知道一件事，我無意繼續目前的對話。

只有在極少數的情況下，我才會真的回應這類郵件，通常是因為對方的郵件內容很明顯地不是冰冷的制式內容，而且我能感覺到他們確實做過一些研究，真心認為我適合這項職務。不過，這種情況實屬罕見，因為招募職員這種事就是一場數字遊戲，即使是高階主管層級的職務，招聘人員依舊認為：發出去的電子郵件越多，得到回覆的機率就越高。

遇到這些特殊情況時，當下我會在心裡進行一些分析，聽起來就像是：是招聘人員寄來的郵件喔，好吧，至少他們想跟我聯絡，但我懷疑他們提出的工作機會是否有趣？會比我目前的工作內容還要有趣嗎？更有潛力嗎？有更多的學習機會嗎？我喜歡學習新知識。

上述這段我跟自己的內心對話聽來似乎複雜又冗長，但其實很簡單，我只是在確認自己的直覺。我對目前的工作滿意嗎？滿意？很好，那就忽略這封電子郵件。不滿意？好吧，那就來看看這些招聘人員說些什麼。

當我選擇回覆電子郵件時，其實就是大腦冒出的無聲警報，因為我看似尚未承認自己正在考慮另一份工作機會，此時卻在敲打鍵盤，回覆招聘人員的電子郵件，猜測業界會提供什麼工作機會給我。

我從未因為一通陌生的電話，而決定要到某一家公司去任職。然而，我也確實有過這樣的經驗，因為一封突如其來的招聘郵件將我從職業倦怠中敲醒，因而產生必須抓住這份工作的渴望，最後決定去新的工作崗位。

憤怒使人衝動

在我們判斷你是否準備好接受一份新工作之前，你要先搞清楚自己的心態，這會影響我們是否要繼續討論後續的議題。請捫心自問，你現在對老闆很火大嗎？你剛收到年度考核，結果真的很糟嗎？你是否剛得知明年那個很棒的專案裡沒有你的位置呢？你現在對公司怒火中燒嗎？

很好，請先停止閱讀。

本章其餘內容的假設前提是在你能控制自己的脾氣和掌握目前工作的情況下，由你主導職涯的發展方向。然而，如果你現在對職場環境忿忿不平，面對下一份工作時，就無法以穩定的心態來做出決策，因為你滿腦子都只有一個想法：我、要、離、開、這、裡。你確實能說出一連串的好理由，表達你對老闆、公司或團隊的憤怒，但你不會希望自己是在盛怒之下，開始找新的工作機會，因為憤怒是破壞一個人理智的頭號殺手。

離職命運的早期警訊

當你決定與招聘人員合作，這只是你對工作不滿的徵兆之一，但還有其他⋯⋯

參與度

請自評你對目前工作的參與程度如何？我知道你喜歡開發產品新功能，總是熱愛參與新事物，但面對那些繁瑣又耗時的工作，你的態度又是如何呢？對於不做不行卻又乏味的工作，你的參與度如何？你還記得嗎？剛進公司時，每位同事都是那麼出色，而你，嗯⋯⋯根本對所謂無聊乏味的工作毫無概念。可是，這份工作現在變得索然無味了，你會堅持下去還是準備找藉口不做？此處提到的工作是指那些令人感到無趣，卻是推動公司繼續發展、不可或缺的部分，而你並非對這類工作暫時失去興趣——根本是完全失去興趣。

當繁重又耗時的工作從我們眼前消失時，就是一個警訊。表示我們潛意識裡開始抗拒做這些工作，而且心裡其實已經規劃要找新工作，即使可能還要好幾個月後才會付諸實行。當我們不願負責也不去做自己討厭的工作時，就會一步步開始侵蝕我們對核心工作的滿意度，也是我們想要離職的早期徵兆。

離職的渴望

各位讀者在工作之餘會花多少時間思考自己的工作？你會在睡前想到工作上的事嗎？我想問的是，各位讀者在非上班的時間裡，會投入多少時間思考工作？

要分析我們渴望離開當前職場的程度，更重要的是反映出我們內心對這份工作的滿意度。朝九晚五的工作時間並不適用科技業，雖然我強烈支持工作與生活之間要保持平衡，盡可能探索這個世界，但同時我也認為從事科技業的工作，應該要對這份工作投入絕對的熱情，保持狂熱。我的意思並不是要大家整天 24 小時都沉迷在工作上，但工作確實是我們自身的一部分。

各位在開車或坐巴士移動的過程中，如果不會自然而然地想到工作，或者在思緒神遊時，腦海中不會冒出自己正在開發的內容，這或許是一個跡象，暗示你每天上班只是在重複同一套動作，早已失去對工作的熱情。

為什麼我會這麼說呢？因為軟體開發就像解謎一樣，眼前有一組深奧的問題、業界人力和程式碼，我要如何發揮自己的能力，開發出最棒的內容？這些問題不一定是我們坐在辦公桌前解決的，更常常在我們讓思緒放空的地方出現靈感，像是酒吧、淋浴間等等。

我如果發現大腦不會常常主動深思目前需要開發的東西，可能也是一個徵兆，表示我不太關心手上正在做的工作。

不論是工作參與度逐漸下降，或是迷失在離職的渴望中，這兩種心態都會傷害到我們當前的工作，影響程度遠超過我們的想像。參與工作的熱情逐漸消退之際，我們就不會去做繁重又耗時的工作。因為我們的心思放在自身工作以外的地方，心生其他念頭，自然就會降低投入在日常工作上的參與程度。

發生這種情況也不全然都是壞消息，大型專案依舊會獲得關注，站在辦公室門外叫囂的人還是會來佔用我們的時間，會被忽視的部分是那些平常就不起眼的工作。原本你一天之中會花相當程度的時間處理繁重又耗時的工作，某天當你選擇不做這類工作時，發現沒有人注意到你沒做，因為這些原本就不是優先要處理的工作。然而，當你三個禮拜都放著這些雜事不做，這些優先序低的工作就會變成無人照料的花園，逐漸荒廢，然後形成錯誤，進而影響你在工作上建立的名聲。

我們雖然可以花幾個月的時間，將一半的注意力花在處理無聊又瑣碎的工作上，但遲早會因此忽視真正重要的任務。現在正在找下一份工作的你，要小心這種騎驢找馬的心態，本來只是因為工作無趣，最後可能會變成因為搞砸眼前的工作而不得不離職找新工作。

各位讀者在考慮新工作時，必須從自信的角度出發，而不是因為想從錯誤中逃避，才走向新的機會。

與事實矛盾的問題清單

各位讀者收到招聘人員的電子郵件時，我希望你們不要因為受到誘惑而立刻回覆郵件，應該先花點時間問自己以下這幾個問題。接下來我會根據手邊的這些答案，解釋為何應該忽視招聘人員寄來的郵件。

你離開了哪些人？

我有一個「人脈名片架」，但這其實不是真的名片架，而是一份聯絡人清單，上面有我日後創業時真的會聯繫的人。在我曾經任職的每一家公司裡，當我意識到某個和我共事的人屬於這份清單時，那一刻我就會感受到「人脈」，如此美妙的時刻非常罕見。

當你從一份工作離職時，衍生的風險之一是必須離開某些人，而這些人日後有可能會成為你的助力，但他們無法隨你一起轉換到新工作。同時，也可能會錯失機會，無法將一些明顯能成為助力的人選納入人脈清單裡。

事實的真相是：我對人脈清單的定義，是那些歷經工作變動還有能力存活下來的人；然而，矛盾的是，往往得等我們離職後，才能真的得知並且確定某個人是否具有納入人脈清單的價值。當我決定是否將某個人納入人脈清單時，部分準則是檢視我和這個人目前是否已經超出工作上的關係。如果是已經在人脈清單裡的人，相信我們之間的關係已經不再侷限於目前的工作，若想測試這項假設是否正確，最好的方式只有換工作一途。

手上的工作都完成了嗎？

請確認你手上的工作，所有你答應負責的重要工作是否都已接近完成狀態？或是即使你現在離職，這些工作也不會因此中斷嗎？我的意思並不是說你在離職前必須完成手上所有的工作，而是指那些唯有你才能處理的工作是否都已經完成，或是交接給有能力勝任的人。這些問題背後衍生出來的真正問題是：當你離職後，前職場的同事或主管們會怎麼說你？他們會說「原來他是那種團隊陷入困境時就逃走的人」，還是會說「他雖然在我們最困難的時候離開，卻依舊幫我們把一切都安排妥當。」

事實的真相是：手上的工作永遠做不完，不可能找到完美的離職時機。如果你在組織中是扮演關鍵角色，當大家聽說你要離職，每個人可能都會開始恐慌不安，但馬上就會集思廣益，開會討論你離職後的應變計畫，讓所有你負責的工作繼續正常運作，就像你還在公司的時候一樣。

公司本質當然是討厭有人離職，表面上雖然是你的職位空出來，但就組織文化層面來看，一旦你要離職的謠言，從你們部門開始流傳到公司的各個走廊，就會有人開始爭奪你留下的職位。

心中想抓住的渴望是什麼？

這是最後一個問題，但理應第一個提出。各位讀者既然看到這裡，就表示你想要離職的動機並不是「我討厭這家公司」。那麼，你的動機是什麼？是想要加薪嗎？這確實是很棒的第一個動機，但你心裡清楚，只要在熟悉的環境中跟熟識的人一起共事，做好自己份內的工作，就可以獲得加薪。如果你只是想藉由離職賺更多的錢，或許需要多想想，換工作這件事給我的感覺，是會經歷相當截然不同的轉變。

你還有其他更大的動機嗎？因為離職會對你建立的一套既有系統帶來衝擊，你拋下手上所有的職責和職場中熟悉的每個人，換到一個你不認識的新環境，周遭的人說著你聽不懂的縮寫用語，你將迷惘地處於這樣的環境中好幾個月。所以，你想找新工作的動機，應該要大到你能承受後續要面臨的信心打擊。

事實的真相是：請接受這些迎面而來的打擊。每一份新工作都是由新鮮、有趣的人和職責所組成，面對一份候選的新工作，我們必須仔細考量自己是否適合，即使經過審慎調查還是有可能會踩雷，所以換工作是一場賭注。雖然我們永遠無法完全得知自己將從下一份工作中學到什麼，但我向各位讀者保證，你們一定能從一片混亂的新事物中，挖掘出無價的經驗。

光明與璀璨的未來

各位讀者在收集好資料，對可能要換的下一份新工作進行評估後，請自問最後一個問題：這只是一份「新」工作嗎？或是這份新工作有任何「獨特」之處嗎？能為將來的職涯帶來任何「發展」嗎？

新工作跟新車不一樣，買了新車的隔天早上，你走進車庫，「哇，一台新車，真不敢相信……全新的耶。」你坐進車裡，啟動車子，然後開車去上班，沉浸在新車的氣味中，然而，才開到途中，你突然意識到一件事──嘿，這不過是一台新車。

當我們分析候選的新工作時，必須將工作中具有的「新」和「獨特」要素分開來看，審慎思考這份新工作中真正獨特的部分是什麼？以我個人來說，這個答案有很多種：一份新工作之所以獨特，有可能是因為來自新創公司；可以開發完整的產品，例如拆封授權軟體而非開發狀態糟糕的資料庫產品；也有可能條件比現在的工作差一點，但因為我從小就夢想進入該公司工作。

好不容易從下一份想做的工作中，確定其對我們所具有的獨特意義後，馬上又會面臨下一個更大的問題：這真的是我們想做的工作嗎？這個問題跟個人職涯發展有關，也就是我們是否清楚自己長大後到底想從事什麼樣的工作。

各位讀者就算現在無法明確回答這個問題也沒關係，就連我也還在努力尋找這個問題的答案；重點在於即使我們想不出答案，也應該對自己提出非常困難的問題，讓自己思考。「這份新工作是否適合我們為自己設定的目標？不管目標有多不確定，都能推動我們朝自己設定的方向前進嗎？」將來有一天，若你想站在成千上萬的人面前，侃侃而談你如何改變世界，你覺得這份工作是否能成為你朝這個方向邁進的一步呢？

當我們開始思考下一份新工作，開始需要弄清楚自己心中的渴望是什麼，此時我們該思考的並不是我們是否想要這份工作，而是：我知道自己想做什麼嗎？

4

電話面試：團隊適性評估

一名求職者從開始找工作到就任下一份工作，這之間存在著一套相當龐大的基礎體系。

說來好笑，多數公司購置這套基礎體系的目的，其實是為了讓求職者更容易且更快接觸到公司釋出的職缺，但成效卻往往不如預期。一般公司通常都是將徵才網站的事務交由外包公司處理，因為人資部門向來沒有預算，也沒有專業能力可以建置該部門實際使用的系統。他們確實不應該負責這些事務，這也不是他們擁有的核心專業能力。

當一家公司的人資部門將徵才事務委由公司外面的招聘人員處理，遇到這種只做半套的解決方案，求職者收到電子郵件時，如果招聘人員希望能安排一場電話面試，幾乎可說是奇蹟了，這表示該公司組織中的某個人已經先讓求職者順利配對到一個職缺。根據我以往的經驗，能獲得這樣的機會確實非常厲害，意味著求職者得到這份工作的機率呈對數上升。雖然機率還不到一半，但比起那些履歷表被隨意放在辦公桌上的求職者，能安排電話面試的人顯然機會大多了。

各位讀者如果接到招聘人員親自打來的電話，這種實際與人類交談的安心感，我相信一定會讓你在掛斷電話後，趕緊打電話給你的好友，跟他們說：「嘿，我得到那家公司的面試機會了。」

然而，實際情況跟各位讀者所想的差了十萬八千里。你雖然獲得電話面試的機會，但得到正式面試的機會還很渺茫。各位讀者即使能撐過 30 秒，成功以履歷表讓招聘人員印象深刻，就算處境沒那麼艱難，但你還沒進入該公司的大樓，沒獲得面試機會之前，一切都是假的，什麼也不會發生。

接下來我會精確分析我在進行電話面試時用的一套心理流程，在我介紹之前，要先請讀者做點功課。

暗中打探未來的工作

每位面試者透過電話跟我交談之前,甚至就能先進行情報收集的任務,打探跟工作有關的事實。排定電話面試之後,每位面試者都能獲得職缺內容的說明資訊和面試官(也就是我)的姓名。此外,面試者也可能得知應徵職務跟該公司的產品或技術相關資訊,即使完全不清楚產品名稱,手上也已經有足夠的資訊,可以開始進行準備工作。

讀者如果即將與我進行電話面試,請先好好調查,在 Google 上努力搜尋「我」。盡一切所能,找出任何跟我有關的資訊,了解我在做什麼,我關注什麼。請不要將這種收集資訊當作是跟蹤者的行為,這與你的職業生涯有關,而且,如果我碰巧是工程部門的主管,剛好有在寫部落格,就可以從我寫的文章中開始了解我的思考方式。或許我沒有部落格,但我曾在 LinkedIn 上發表貼文,這也能視為跟我有關的資料。

讀者或許會問,這些事前的資訊收集對電話面試有什麼幫助?這麼說吧,雖然我不知道你能找到哪些跟我有關的資料,但任何事前收集到的資訊,都能讓你為接下來要應徵的工作,從一無所知到建立其相關背景,也有助於減輕電話面試的緊張。你看,我手上有你的履歷表,但你卻對我一無所知。然而,如果你先透過我的 IG 發現我超愛威瑪犬(Weimaraner,*https://oreil. ly/DPqWg*),等你跟我這個完全不認識的陌生人實際交談時,你不覺得心理負擔會少一點嗎?如果你從我的推文中發現我常常罵人(*http://twitter.com/ rands*),會不會讓你先有心理準備而因此安心一點?事先對你即將交談的任何人做一點調查,能讓你在競爭環境中擁有相對公平的資訊。

同樣地,如果讀者在電話面試之前得知產品名稱或技術,請重複相同的流程。「該公司的產品是什麼?這項產品暢銷嗎?其他人對這項產品的看法如何?」此處提到的調查不是要你花一整個週末的時間收集資訊,而是只花一小時或是做所謂的背景調查,如此一來,當你進行電話面試時才能做一件事:向面試官詢問更棒的問題。

沒錯,就是讓你透過事前調查找出一些吸引面試官焦點的問題,因為在電話面試過程中的某個時間點,身為面試官的我會問你,「你有任何問題想要問我嗎?」這才是我要問的問題中最重要的一項。

初步對頻

在我問面試者（也就是你）最重要的問題之前，我必須盡快透過雙方的交談弄清楚幾件事。我需要了解以下這幾個面向：

雙方能順利溝通嗎？

我會先出聲問一些簡單又能讓面試者卸下心防的問題，通常不是聊天氣就是從你下班後的活動中挑一些主題來聊。「你真的有在玩衝浪嗎？我也是！你平常都去哪裡衝浪？」這些看似閒聊無關緊要的話題，對我來說其實是很重要的環節，我想從中確認我跟面試者之間是否能溝通無礙。萬一談話進行的節奏有點尷尬，可是還不到完全中斷雙方談話的地步，我會進行一些調整，但你問會有多尷尬嗎？像是我們已經聊了五分鐘卻還沒說到任何重點？好吧，或許我們之間的溝通有點問題。

再來一顆好球

接下來要詢問的問題會開始集中在面試者履歷表上留下的任何問題，這一階段的問題會隨每一份履歷表而有所不同，所以我無法明確說出我會問哪些問題，我的想法是你面前應該放一份自己的履歷表，因為我的面前也放了一份，而這是我認識你的唯一資料來源。

不管接下來要問哪些問題，我的焦點都會持續放在找出雙方的溝通方式，也就是說，面試者必須專注回答我的問題。這項建議聽起來似乎很蠢，但如果你完全搞不清楚我在問什麼，最好盡快釐清問題，而不是讓我在五分鐘內打斷你的回答，跟你說「嗯，這不是我要問的」。

你看，我們到目前為止仍舊在調整雙方的頻率。十分鐘過去了，如果我們現在還是沒有調整到適合彼此的溝通方式，我心裡就會開始舉起黃旗。這個階段需要的不是多有說服力的溝通方式，但雙方在溝通上至少要有一定程度的進展。

好球不再

到此，我們已經通過電話面試的熱身階段，這個階段我會問一個面試者覺得棘手的難題。我不會問腦筋急轉彎或技術面向之類的問題，這個問題的設計

目的是讓面試者有機會跟我說故事。我希望藉由這個問題，了解你會以怎樣的方式，透過電話跟一個你完全不認識也看不見的某個人解釋一個複雜的想法。

我要再強調一次，沒有人知道面試官實際上會問什麼問題，但是當我提出一個明顯會讓你感到痛苦的開放式問題時，你必須讓自己做好準備，準備回答我的問題。我的用意並不是要你快速給我一個正確答案，我要的是一個故事，讓我更了解你的溝通方式和思考方式。成為出色的溝通者並不是多數工程師工作的一部分，我很清楚這一點。因此，我不會期待你擁有像莎士比亞那樣的表達能力，但我希望你能自信地談論這個問題，因為這是我從你的履歷表上發現的問題，而你的履歷表是我們目前唯一共同擁有的一份資料。如果我們無法就這個問題進行明智的討論，我會開始懷疑雙方無法透過其他方式進行溝通。

換你提問

我們已經進行了 20 分鐘的電話面試，現在我要把發問權交給面試者，我會問，「你有任何問題想問我嗎？」

每次我告訴朋友，這是我最愛問的問題，他們的回應通常是「所以，你很懶，對吧？因為你想不到要問什麼問題，所以就選擇了一個最沒有難度的問題。」這倒是真的。

對我來說，這個問題很輕鬆，但這是一個很基本的問題，我不會僱用那些對自己當下正在進行的事沒有參與感的人。所以，如果你沒有列出一串要問我的問題，我心裡只會聽到一個聲音：你不想要這份工作。

你如果能提出深思熟慮的問題，就表示你一直在考慮這份工作，顯示在這 30 分鐘的電話面試之前，你已經好好地考量過這份工作的各個面向。當然，你或許可以即興發揮，根據我們先前 20 分鐘的談話內容問某些你有興趣的事，但如果你想令我印象深刻，就要利用這次電話面試之前的時間進行調查，根據你調查到的資料提問，才能挽回你讓我心裡豎起的那堆黃旗。最後這個階段請表現出你的積極主動，以及你對這份工作的興趣。

電話面試結束後

電話面試結束了，整個過程其實相當快速，但問題在於，你覺得自己的表現如何？此處提供一份檢查清單，讓各位讀者從心理層面檢視自我表現。

長時間且尷尬的停頓

請回想電話面試過程中，雙方在持續交流上是否感到艱難？是否出現長時間沉默不語的尷尬情況？好吧，如果出現這樣的情況，表示雙方沒有找到對的頻率，我要再次強調，這不會成為電話面試過程中的致命傷，但絕對是不利的情況。

對立的互動

電話面試過程中，當雙方意見相左時，有發生什麼情況嗎？你有跟面試官一起討論嗎？還是開始針鋒相對？電話面試中發生這樣的情況比預期的還要頻繁，而且也不見得是一件壞事。我站在面試官的立場，沒有興趣一直聽你說一些迎合我喜好的話，但如果我們立場相反，我也很好奇你會如何處理這樣的情況？要是遇到那種在短短 30 分鐘的電話面試中，就會固執地挑起戰端的職缺候選人，我會質疑萬一他們將來進入公司，會不會經常在公司內挑起紛爭。

面試過程中的感受

這一點最難量化，但也最重要。電話面試過程中，你覺得雙方溝通是否融洽？我現在是負責團隊適性評估，已經多年沒有負責技術面試。一旦我們這些第一道關卡的面試官決定請你來公司正式面試，會由其他近來對技術更有經驗的面試官，深入檢驗你在技術方面的能力。不過，如果你通過電話面試，但其實技術能力不足，我的團隊就會浪費半天的工作時間，面試了一位無法勝任該項職務的人。這樣的做法雖然有其風險存在，但我審查的是你的人格特質中更重要的面向。

你不是公司組織中的一個齒輪。當我們喜歡的人選擇離開我們所屬的團體或公司時，這告訴我們一個故事：每個人都可以被取代。雖然這是事實，但是將這個事實合理化，我們才能減輕因為真正喜歡的人即將離去而遭受到的打

擊。當我們失去團隊的一部分,就已經造成傷害,雖然我們知道團隊成員離開時,終究會找到其他人來取代他們,但整體團隊的生產力和士氣已經受到打擊。

我在電話面試中拋出去的所有好壞球和問題,目的都是為了解答一個問題:如果有一天你離開團隊,我們會想念你嗎?身為團隊領導者的我,希望先代表團隊回答這個問題。如果經過 30 分鐘後,你和我都沒找出雙方溝通的方式,對我來說這就是一個很好的機會,表示你或許也無法跟團隊中的某些成員相處融洽。

後續的具體步驟

請回想面試官最後怎麼跟你說的?是否有說一些客套話敷衍你?像是「我們還在面試其他候選者,會在幾個禮拜後跟你聯繫。」好吧,雖然可以接受,但你真正想聽到的是面試官有沒有具體指示下一步,例如「我會請你來公司面試」或是「請你跟我們的團隊成員進一步交流」。下一步如果是立即可以採取的行動就是最好的徵兆,表示電話面試成功。如果面試結束後,面試官沒有給予這方面的指示,請主動詢問,對方要是採取拖延政策,就表示有問題。

電話面試並非正式面試,這是一家公司對職缺候選人的團隊適性評估。雖然從履歷表我已經初步知道候選者符合該項職缺的需求,但透過電話面試可以得知,候選者是否符合我們團隊的文化要求。

對求職者來說,發送履歷表是將個人希望發送給一個招聘用的匿名電子郵件地址,但電話面試不同,求職者可藉此機會展現自我。這是身為求職者的你,第一次有機會將個人形象呈現給你應徵工作的公司,即使時間短暫,電話面試是你爭取下一份工作時,能主動參與的第一個機會。

5

緊張與不安

每場面試前,我相信讀者心中會有一連串的情緒相互抗衡,而且,不論你經歷過多少次面試,其中的某些情緒總是或多或少會出來攪局,我認為可以將這些情緒統稱為「緊張與不安」。

面試前,我們的腦海中會突然跳出各種問題,試圖擺脫各種情緒夾雜在一起所造成的緊張與不安。這些問題有:

- 今天我會遇到哪位面試官?
- 這些面試官會要求我當場寫程式嗎?
- 我能精準表達自己開發出來的東西有多酷嗎?
- 我想獲得這份新工作的熱情有可能落空嗎?

就我個人的看法,我認為造成緊張與不安的最大來源是審判。因為在接下來六個小時的面試裡,你的職涯會受到審查,即將有一群陌生人針對你的學經歷交相詢問,而這場交相詢問的結果,將決定你未來的生計。

面試是一場嚴酷的考驗,你必須在一天內將自己至今為止學過、做過的一切攤在一群陌生人面前,讓他們來評價和理解你,你的責任是以優雅而且富有說服力的態度,盡力向他們說明你的經歷。

我能理解你為何會感到緊張與不安。

本章將提供一項簡單的策略,協助讀者處理面試中最困難的部分:回答面試官提出的問題。

問題類型

首先,我們要了解面試過程中會出現哪些問題。各位讀者可能會遇到以下三種類型的問題:

特定面向

這類問題會特別針對某個面向，例如你如何進入那家公司工作？為何**離開那家公司**？這類的問題感覺上都很開放，沒有特定答案，面試官提出這些試探性問題也只是先熱身一下，為本次面試提供背景環境，藉此了解你和你在履歷上寫的內容，但不會真的詢問很難的問題，所以回答問題時，只要簡潔扼要、具體，不需要太多策略。

解決問題面向

面試官提出這類問題的目的，是為了確認你是否符合資格以及展現你的能力。他們會問「時鐘的指針一天會重疊幾次？」這些讓你當場寫程式或腦筋急轉彎的問題，雖然令人害怕、厭惡，卻能讓面試官從中了解你的想法。他們故意提出這些你不知道答案的問題，是因為他們想知道你如何以及是否能得知答案。所以這類問題的目的是「展現你的工作方式」，突顯你的思考流程。

開放面向

跟解決問題面向的提問類似，只不過開放式問題是針對另一邊的大腦提問。例如，請解釋你的設計理念，或是請你聊聊經歷過的最大失敗。儘管大家都很害怕遇到叫你當場解決問題和寫程式，但我認為開放式問題才是大家最常搞砸的類型，原因應該歸咎於緊張與不安。

雖然我認為下一節列出的策略可以協助讀者解決以上所有類型的問題，但其中最適合處理的問題應該是答案模稜兩可的開放式問題。

回答問題的流程

請先了解面試官的請求。

當面試官提問，「請聊聊你在上一份工作學到什麼？」

由於這個開放式問題的範圍很大而且答案模糊，再加上你很緊張，所以你會迫不及待開口回答，可是，在你開口談某件事、甚至是想到答案之前，需要先確定自己真的理解面試官提出的問題。

你開始侃侃而談,「當然可以,我在上一份工作學到一切跟設計有關的……」

不,請停止你正在回答的內容,因為你還是不了解面試官的提問。重點不是你學了什麼,而是你有學到什麼會讓眼前正在面試你的特定人士在意嗎?這位特定人士是誰?他為何要問這個問題?如果他是工程師,你就要回答工程師想聽的版本;如果他是專案經理,則是回答專案經理想聽的版本。

改變自己回答的內容,操弄這些人對你的看法。他們問了一個不只是很大,而且是相當龐大又範圍模糊的問題,如果可以,你應該從先前工作中學到的一大堆知識裡,使用其中跟面試官本身相關的部分,提供給他們作為你的答案。

了解,我現在可以開始回答了嗎?

還不行。

在你回答面試官的提問之前,你心裡必須先有答案。

現在你知道是誰向你提問,也了解對方在問什麼,但你心裡有答案了嗎?建議讀者最好是對答案有點頭緒再開口,在我過往擔任面試官的經驗裡,最受不了的情況是當我提問之後,應徵者浪費了我們三分鐘的時間說些無關緊要的話,一直不正面回答問題。

應徵者在此處做出的錯誤判斷,是認為自己必須立即開口說些什麼,可是,因為腦海裡沒有立刻浮現出答案,只好先開口瞎扯一些話,希望說著說著就能導出答案來。這個策略雖然可行,然而一旦失敗,雙方都會意識到一點,應徵者花了兩分鐘的時間胡言亂語,卻完全沒有針對我的提問回答。兩分鐘過去了,我已經了解一件事,這名應徵者此刻腦海中一片混亂。

建議讀者聽到提問之後先冷靜等待,直到腦海中浮現答案或是對答案稍有頭緒,否則先不要開口說話。萬一經過數秒後,沉默逐漸變得明顯,有可能出現以下情況:

1. 你真的不了解面試官提出的問題,或是

2. 你真的不知道答案。

遇到這些情況時，讀者可以試著採取以下這三項行動：

- 讀者如果真的不了解面試官提出的問題，請先釐清對方想問什麼。「請問您的問題是想了解我最關注自己學習的哪些部分？還是想知道我學到的知識中跟設計有關的部分？」釐清問題會展現出該名應徵者積極參與面試過程，我非常讚賞這種態度。我很喜歡願意克服緊張不安的人，表示他們專注於本次面試而且確實傾聽對方的談話。

- 讀者如果一時想不到答案，或許也釐清了兩次問題，腦袋卻還是一片空白，此處提供一個小技巧，幫助你多爭取十秒鐘，就是：重複問題。

  — 你沒聽錯，就是一字一句地把面試問題再重複一次。這項技巧聽來似乎毫無說服力，反正你的思緒已經陷入僵局，或許就是緊張，可能真的擠不出答案，此時像這種把問題唸出來的簡單行為，有時候搞不好能觸發大腦裡正確的神經元。

  — 請不要看面試官臉上的表情，緊張與不安的情緒彷彿會告訴你，對方正在質疑你為何不斷拖延。此時，看看天花板、看看窗戶，然後重複一次問題。

- 萬一讀者已經釐清了兩次問題又重複唸了一次問題，陷入另一輪沉默的十秒，卻依舊毫無頭緒。此時你全身的神經都在尖叫，我卻希望你忽視緊張的情緒。緊張不安的人會將沉默視為一項弱點，但我相信沉默是展現一個人沉著和深思熟慮的一面，而且此時的你很需要讓自己鎮定下來，因為下一步是直視面試官的眼睛，坦白對他們說，「我不知道如何回答這個問題。」

勇敢承認自己的無知，感覺就像是教你在面試場合自毀前程，但你也可以參考其他替代方案：胡言亂語、祈禱，然後寄望靈光一閃。

解決問題面向和開放式問題兩者的設計目的，都是希望應徵者能將思考方式展現給我們這些面試官看。因此，就算面試官願意體諒應徵者很緊張，給予一點放鬆的空間，但如果你出現胡言亂語、亂說一通的情況，我也會開始懷疑你是否具有自制力。日後當團隊為了交付成果，進入為期三個月不眠不休的死亡開發期時，你的大腦要擺在哪？屆時你又打算胡言亂語嗎？你要怎麼向管理層展示開發成果呢？我能理解，當你向面試官介紹自己，推銷自己是值得僱用的人才時，要你在面試過程中承認自己的無知，這確實需要很大的勇氣，正因如此，更能讓面試官感到你勇氣可嘉，留下深刻的印象。

理解是自信的基礎

理解面試官提出的問題，從而得出相應的回答，這雖然是相當簡單的面試建議，但因為面試過程中，緊張與不安會出來攪局，讀者更應該力求簡單的策略。請想想你上次面試回答問題時，完全搞砸還離題的慘況，當時不要說面試官了，就連你都不知道自己在說些什麼。在那次災難式回答之後，說說你對緊張的看法。

回答問題時盡量維持簡單的策略，但必須確定自己理解問題的真意，確實知道要回答什麼內容；在整個面試過程中，為自己營造心理層面的安心結構，更能預測面試可能的走向。

各位讀者想想自己搞定開放式問題之後的心理狀態，本書希望你在面試過程中處於這樣的心態。當面試官就你的設計理念提出模糊不清的問題時，你會釐清並且思考如何回答問題，然後滔滔不絕地整整發表了三分鐘的個人理念，當你觀察面試官臉上的神情，你會看見認同與理解。

在整場面試中，你的工作是擺脫緊張與不安，向面試官展現你是誰。成功回答每一次的提問，就是為你這個人是誰，提供更完整的形象，從而獲得自信；有了自信，自然就會消除緊張與不安。

6

啟動對話「按鈕」

在面試過程中，明確分析面試官的提問，然後回覆經過深思熟慮、構思完善的答案，這場面試遊戲你只成功了一半。面試的目的是交換資訊，若想搞砸一場面試，最厲害的頭號殺手就是忘記做這件事：收集資訊和提供資訊同樣重要。

當你真的很需要這份工作時，面試過程中可能就會給你這樣的印象：能否通過這次面試，一切都是那些連續盤問你的人說了算。沒錯，如果你讓他們有這樣的機會，他們還真的會這麼做。然而，他們需要先了解你，你也需要了解他們。前提是，你必須先找出和他們對話的按鈕。

名為「面試官」的生物和面試結構

開始啟動對話按鈕前，各位讀者必須先獲得面試時間表的基本資訊。有些雇主不想在你進公司面試前分享時程表，萬一遇到這樣的情況，可以當場花點時間先搞清楚面試當天的流程。

面試當天該公司安排了哪些層級的人跟你聊聊？只有同事這個層級的人嗎？了解，如果這是第一輪面試，那麼順利的話，應該會有下一輪面試。跟你面談的人涉及整個組織架構圖嗎？很好，看來你是到一家新創公司面試，有機會了解整個公司的業務，這些都是很棒的資訊。

接下來要分辨的是面試結構，也就是該公司安排的面試流程屬於結構化還是非結構化面試。這一點可能要等面試開始進行後，才能明顯看出是哪一種結構。

在結構化面試流程中，每位面試官都會負責特定的主題領域：人際關係技巧、技術能力等等。這表示每場面試都有其特定目的，而且面試當天不會有兩場目的類似的面試。因此，該公司一定有指派某個人精心設計面試流程，確保不同面試官負責的主題不會相互衝突。

非結構化面試沒有制式流程，面試方式很隨興。雖然還是有面試時程表，但公司不會明確指示面試官要問什麼問題，會交由他們臨場即興發揮，想問什麼就問什麼。非結構化面試的目的之一是研究推開門走進來的每位應徵者，分辨他們的人格特質，後續說明面試官這種生物時，會有進一步的介紹。

一般而言，該公司參與結構化面試的人都是有備而來。在你出現在面試場合之前，該公司就已經建立好一套面試流程，可能會在面試前先開內部會議。參與面試的每個人都會看過你的履歷表，他們可能都具有面試官的專業能力，足以掌控每一場面試。

然而，如果遇到非結構化面試，面試官可能會浪費面試一開始的前十分鐘來做他們的作業，而這些是他們在你抵達之前就應該完成的事。這種情況雖然很煩，但你日後就會知道，這反而是了解面試官的最佳方式。

順帶一提，我在安排面試時程時，偏好混用結構化和非結構化這兩種面試模式。我不會給面試官特定主題，也就是說不會指定他們要問哪些問題，但我會挑選某些特定人士來當面試官，原因在於我知道他們本身的能力就是傾向於某些專業領域，例如技術能力或文化適性。採用這種不具有特定性的結構，面試官在面對每位職缺候選人時，可以發揮自己的創意，調整面試問題的內容，同時也能確定我可以全面了解每位職缺候選人的專業能力。

當我們了解面試過程中，該公司會指派哪些人跟我們聊聊，以及他們採用哪種結構的面試流程，這些資訊雖然能讓我們對公司組織有初步的認識，但是要等到我們親眼觀察未來有可能成為同事的面試官，並且理解他們的想法，雙方才算是真的開始交流資訊。

名為「面試官」的生物

一家公司不論是採用結構化還是非結構化的面試流程，每一位負責進行面試的人都會帶有不同的議程。因此，越快知道面試官負責的議程，就能越快讓自己準備就緒，處理面試中唯一的工作──讓面試官開口。

沒錯，正是如此。你的目標跟面試官完全一樣，你也是要讓面試官開口說話，從談話內容去了解他們。讀者或許會覺得我提出的策略很糟，因為如果讓面試官開口說話，他們不就無從得知你的任何資訊，但我要說，這不是你該擔心的問題。

不同的人格特質會以不同的方式進行面試，每種人格特質都有其啟動對話的按鈕。當我們觸發這個按鈕，對方就會不由自主地開口。這不是要你跟面試官閒聊，而是要讓面試官透露重要訊息，從中得知跟他們自身工作以及和該公司有關的情報。

某些人格特質會比其他人更善於隱藏自己的對話按鈕，但多數人至少會有一個按鈕。

針對這些名為「面試官」的生物，此處會根據發現其對話按鈕的難度以及面試官的影響力，由低至高列出一些常見類型的面試官。

氣噗噗型

面試才剛開始 30 秒，面試官 Pete 的議程就已經很明顯了，因為他很生氣。你可以感覺得出來，這根本不是一場面試，此刻的你彷彿被囚禁在面試房間裡的俘虜，Pete 要藉此機會跟你這個聽眾大肆抱怨。他會拿出你的履歷表，裝出一副對你很感興趣的樣子，假裝有在進行面試，但實際上他想做的就只有抱怨「現況」。

對話按鈕：任何提問均可。你想說什麼都沒關係，因為不管你說什麼，Pete 這類的人就是會扭曲你的答案，這樣他們才能繼續瞎扯，抱怨「現況」有多糟糕。

應付 Pete 這一型的面試官，最佳策略可能是多花時間了解「現況」。如果面試當下的情況太糟糕，就連面對未來可能成為同事的你，Pete 都完全忽視這個了解你的機會，那麼在你考慮加入這家公司之前，就應該好好了解此時發生的「現況」。甚至還能藉由詢問「現況」來訓練探索技巧，用於後續介紹的其他面試情況中，找出面試官的對話按鈕。

面試官的影響力：低。這種類型的面試通常是浪費時間，需要謹慎審思兩個危險警訊。首先，在這家公司裡，到底是誰認為讓 Pete 來面試你是個好主意？難道他們不知道 Pete 就只有一招，只會瘋狂抱怨嗎？其次，Pete 為什麼會如此易怒？是什麼樣的公司組織會讓 Pete 如此神經緊繃？

健談型

面試官 Emily 很愛說話，不管你問什麼，她都會開始滔滔不絕，很難讓她停下來。

對話按鈕：任何提問均可。

面試官的影響力：低。跟 Pete 的情況一樣，我也很在意是什麼樣的公司組織會讓 Emily 這樣的人參與面試。Emily 跟 Pete 很像，都會提供大量的資訊，請好好利用這段面試時間。她會回答任何問題，你可以問她：妳為何熱愛這份工作？公司有哪些人很討厭嗎？ Pete 為何這麼愛生氣？

基於 Emily 健談的特質，她向公司匯報你的面試內容時，就顯得普通、枯燥，不用花太多心思在她身上。

狡猾型

Poet 這型的面試官是 Pete 和 Emily 的綜合體，進一步巧妙地結合了這兩者的特質。跟前兩種類型的面試官一樣，Poet 其實也想對你透露一些訊息，差異之處在於他不會輕易棄守自己的立場，除非你有特別詢問。因為他很清楚自己的工作，就是問你問題。

對話按鈕：Poet 屬於狡猾型的面試官，但他的問題還是會透露出他的對話按鈕。仔細分析他的問題內容，以及他在哪些地方重複提到自己。「*Poet 雖然是個工程師，卻不斷在問互動設計方面的問題。我不禁好奇，如果問他互動設計方面的問題，會發生什麼？*」

哇！

Poet 的談話內容非常純粹，絲毫沒有廢話。他不像健談的 Emily 那樣長篇大論，請仔細聆聽，從他口中說出的話字字金句；也不像 Pete 那般易怒，不會執著於自己的談話內容。Poet 很快就會將面試話題轉回你身上，因為他是真的很想聽聽你如何回應他的問題。

面試官的影響力：中。Poet 善於表達而且手段十分巧妙，不只會影響他對你的評價，相較於 Emily 和 Pete 所寫的毫無用處又普通的面試報告，Poet 獨特的面試匯報在組織中的影響更廣。

刻意刁難型

面試官 Greg 會在面試當天下午登場，他不發一語地走進面試房間裡，先盯著你看了 10 秒才問，「當你被困在⋯⋯深不見底的⋯⋯草莓果凍裡⋯⋯你會⋯⋯如何⋯⋯測試一台汽水販賣機？」

「什麼？」

Greg 沉迷於他的權力，認為自己的工作，就是拿五花八門的腦筋急轉彎問題來混亂你。他相信問這種天外飛來的問題，讓面試者措手不及，才能顯現出面試者是否思緒靈活，但我認為 Greg 的主要目的只是想看到他人侷促不安。

對話按鈕：遇到 Greg 這型的面試官，各位讀者必須先解決他提出的問題，我會建議大家放輕鬆，享受解謎的樂趣。這些腦筋急轉彎類型的問題，其設計目的通常是要展現一個人的思考流程，所以你要當場將自己的思考過程說出來，完成之後再繼續探詢面試官的對話按鈕。

Greg 明顯喜歡採取攻勢，這點雖然棘手，但我發現那種會在面試一開始就隨機提出超大又怪異問題的面試官，其實是在掩蓋他們不善於正常對話的事實。所以，請與這些面試官們進行一次正常的對話。

面試官的影響力：低到中。Greg 深信自己對公司的價值很高，但和他同一個團隊的其他成員可能都很清楚，你從第一個面試問題就已經看透 Greg 是什麼樣的人，他就是精神霸凌者。

陰險型

接下來要介紹的幾個面試官，算是個性棘手的類型。個性陰險的 Steve 不是工程部門的一員，他是產品經理或行銷部門的人。Steve 這一型的面試官不是技術出身，他們不會說工程師的語言，由於出身公司組織的策略部門，平時要跟一大群人交際，所以顯得能歌善舞的樣子。Steve 看過本章內容，知道你想從面試官身上收集資訊，是很難搞定的面試官。

對話按鈕：面對你想找出對話按鈕的企圖，Steve 會完全視而不見。「那麼，Steve，在產品行銷上，您認為面臨的最大挑戰是什麼？」接著他會反問你，「你認為呢？」

可惡啊，被反將了一軍。

讀者若想找出 Steve 的對話按鈕，就得稍微騙他一下，也就是耍點小手段。你可以試試這招：對 Steve 提出一個工程方面的深奧問題，而且要確定他回答不出來。記住這點，Steve 屬於陰險型的面試官，他想在面試過程中維持冷靜、自制和優雅的一面，所以一旦出現他無法回答的問題，可能就會打亂

他的節奏。因此，接下來你要問一個 Steve 一定答得出來的問題，再次以前面那個無聊的行銷問題來挑戰他。這次他會回答這個問題，因為此刻的他覺得自己無知而感到心慌，需要重新找回主導權。

跟狡猾型的 Poet 一樣，Steve 不會輕易棄守他的對話按鈕，可是，一旦你能讓他開口說話，就能抓到機會聽聽他的想法，看看是否能從中找到啟動對話的按鈕。

面試官的影響力：中？ Steve 出現在面試場合裡，但他不是工程師，這表示公司組織很重視他，他來這裡的目的是協助公司審查某些東西。問題來了：他打算審查什麼？

沉默型

Bob 本身就像是按鈕型的發問機，他一坐下來就開始問第一個問題、第二個問題，然後是第三個問題，你只知道這位面試官沉默寡言，跟他有關的其餘資訊一無所獲。Bob 說不出幽默風趣的巧言妙語，而且完全無視於你企圖尋找對話按鈕的提問，這種情況確實令人惱怒。你想得沒錯，Bob 就是那個把你釘在白板上寫程式碼、讓你寫到崩潰為止的人。

對話按鈕：請不要過分緊張。根據我的經驗，Bob 這型的面試官會是團隊裡的資深技術人員，而且他們的社交能力不太好。他出現在這裡的任務只有一個，就是審查你的技術能力。這一型的面試官沒有對話按鈕，他們清楚知道自己的能力不足以評估面試者的團隊適性或文化適性，所以你只要向他們展現你擁有的技術實力。

面試官的影響力：非常高。各位讀者如果打算面試技術職位，這就是你真正的面試。這場面試讓你失眠，是你購買《Dive into Python》這本書並且強迫自己在週末看完的原因。就面試難度來說，只有執行長型的面試官能高過Bob，祝你好運。

執行長型

此處介紹的執行長型面試官，不一定是跟真正的執行長面試，主要是指面試流程中出現的最高層級主管，很有可能是人事經理的主管。

他們的對話按鈕在哪裡？簡單來說，你必須做好充足的準備，因為執行長型面試官即將跟你打一場厲害的絕地心理戰。先前對付陰險 Steve 時，我們先虛晃一招再來一記猛刺，這種戰術在這裡行不通。事實上，執行長型的面試官可能會在面試一開場就問你，「你有什麼問題要問我嗎？」

哦，這樣很好啊，接下來就容易了。

事情……當然沒這麼簡單。

對話按鈕：各位讀者後面會看到，執行長型面試官的影響力極大，建議讀者採用跟對付沉默型面試官 Bob 一樣的戰術，不必費心採取行動去找這些面試官身上的對話按鈕。希望讀者能主動開口推銷自己，說說自己如何成功獲得某些成就的故事。在其他面試場合裡，各位讀者要盡力收集跟公司組織有關的資訊；跟組織裡具有主要影響力的人面試，就是你推銷自己的機會。

面試官的影響力：非常高。執行長會說自己沒有人事決策權，人事部門的主管才有權限，但如果你跟執行長面試時表現不好，人事部門的主管也不太可能跟頂頭上司意見相左。

嶄新的視角

面試讓人精疲力盡，你帶著專業精神單槍匹馬到一家公司，一群陌生人輪番上陣跟你面試，面試完後，你心裡會懷疑，「他們對我有什麼了解？我的表現出色嗎？我適合這份工作嗎？我能獲得這個工作機會嗎？」這些問題都很好，但你也該問自己，「我想要這份工作嗎？我喜歡這些人嗎？這是一個健全的組織嗎？」

幾輪面試結束後，你會比多數面試你的人更了解這些人所處團體的健全程度。聽起來很奇怪，不是嗎？現實情況是：所有面試你的生物儘管職位不同，但他們早已迷失在各自的日常工作中。在數小時的面試後，你會擁有嶄新的視角，獲得獨特的資訊，儘管你仍會在現職待上一段時間，搞清楚面試過程中實際發生了什麼，但現在的你手上已經掌握了大量資料。

……如果你有認真按下大量的對話按鈕。

7

事業

在職業生涯中，我們會面臨關鍵的決定性時刻其實不多。人生中只有少數幾個精選時刻，會讓我們的職業生涯軌跡瞬間產生戲劇性的變化。我將這些關鍵時刻歸類為兩種：一類是預期中會發生的，另一類則是完全出乎意料之外。突如其來的時刻會帶來驚喜，充滿刺激的體驗令人腎上腺素上升，但會打亂後續所有布局，強烈建議各位讀者要盡可能預測關鍵時刻，才能提早做好準備。

第一次收到新工作的錄取通知，就是我們可以預測的關鍵時刻之一。這是我們心血的結晶：經過無數小時修改的履歷表、一連串的電話面試訓練（請見第 4 章），以及耗時兩天、令人筋疲力盡的現場面試（請見第 6 章）。而且，難得有一個關鍵時刻能讓我們回答這個問題：我在業界的身價，值得這家公司付出多少價碼？

事實上，你應該早就知道，你就是一門事業。

你是一門事業

分析薪資條件和薪資協商流程之前，我想讓各位讀者先重置大腦。我不知道你的現況有多糟，有多迫切需要下一份工作，但你對一份工作的需求程度高低會影響薪資協商立場，因此，我希望你先了解幾個事實。你要把自己當成一門事業。如果你獲得錄取通知也接受了那份工作，我認為你應該傾注心力在工作上，但我也希望你記住一件事：在你的職業生涯中，還會有其他 5 到 10 個工作機會，就跟這次尋找的下一份工作一樣。也就是說，每展開一份新的工作，你會度過興奮的時刻；與此相反，每離開一份工作時，你同樣也會迫不及待地開始投入下一份工作。

在這些你日後有機會從事的 5 到 10 個工作裡，唯一不變的常數，只有：你。你要付房租、搭捷運、買房、結婚、養小孩，還有建造自己的夢想家

圍，這些錢全都要你自己出。雇主不會優先考慮你的福利，經歷過裁員的人都很清楚這點。

請將自己視為一門事業，而唯一具有一致性的事業指標，就是衡量事業成長。職業生涯中少數幾個關鍵時刻之一的代表便是一份新工作，會直接讓你的事業成長軌跡永遠改變。將錄取通知中的薪資條件視為對你實際價值的估算值，這是落後的想法；職業生涯是一個內容更大的故事，這不過是其中的一小塊資料，你的責任應該是定義這個故事，一起來看看要怎麼做。

實際收入

近十年來，薪資協商流程明顯改變了。美國現在有許多州規定雇主不能問應徵者跟目前薪資有關的問題。即使你自願提供這項資訊，雇主也不能使用這項資訊來設定你的薪資條件。

在搞清楚你能接受怎樣的薪資條件之前，你還有一堆工作要做。首先，你要清楚掌握自己目前的收入是多少。來吧，各位讀者請大聲說出你現在的收入，我不會告訴別人。

你說什麼？你的收入是 10.4 萬美金嗎？你是怎麼算出這個數字？喔，其實這是你的底薪，你的實際收入超過 20 萬美金。

讓我好好解釋給你聽。

何謂收入？

這種維持職業生涯繼續發展的活動，就跟我們會頻繁更新履歷表一樣，都是設計成職業檢核點，促使我們回答一個簡單的問題：我表現得如何？

先來分析我是以怎樣的方式計算你的收入：

- 底薪：10.4 萬美金
- 員工福利：3.1 萬美金（提撥 10.4 萬美金的 30%）
- 額外獎金：1 萬美金
- 股票分紅：6 萬美金
- 總收入：20.5 萬美金

在這個薪資架構裡,有兩個部分是讀者通常不會計算進來的部分。首先是福利,各位讀者如果沒有自己創業過,或許不會將員工福利視為整體薪資報酬的一部分。根據過去的經驗估算,多數公司會額外提撥員工底薪的 30%,當作員工醫療與人壽保險以及 401 退休福利計畫的補助費用。由於這部分的福利跟退休金和個人健康有關,大部分的時候你都會無視這 30% 的存在,因為你認為自己的生命還很長,離退休還遠得很。然而,遲早有一天(這天有可能比你想的還快到來),你會完全理解這個部分在薪資報酬中的價值。

另一個部分是股票分紅。這 6 萬美金完全是我估算出來的金額,根據薪資網站 Levels.fyi 宣稱美國一般工程師每年股票分紅所得範圍從 2 萬到 10 萬美金不等,此處將最高值和最低值加起來,取一半作為平均值。為了說明方便,我採用比較草率的數學計算方式,但各位讀者請勿以同樣的態度看待股票分紅的重要性,這個部分通常會對整體薪酬造成最直接的影響,本章後續會進一步討論這個部分。

很好,各位讀者現在請隨手拿一張紙,以這個粗略的薪資架構,先弄清楚你到底賺了多少。不必花太多心思計算出完美的數字,只需要接近的數字即可。

估算薪資條件

快轉一下,你現在剛結束所有面試,在高科技產業裡,傳統做法是讓招聘人員進行當天最後一輪面試,他們的工作是探尋你的想法,以及你對這份工作的熱衷程度。此處提供一項指導原則給讀者參考:當對方知道你需要這份工作的程度越高,他們開給你的薪資條件會越低。

到此,你還不會收到任何通知。

薪資協商需要適當的時機,剛結束六小時的面試而且還是禮拜五,此時顯然不適合,甚至你連會不會收到錄取通知都還不知道。

所以,你要等待。先送出幾封推薦信,然後躺在床上回想面試過程中的所有細節,再發送幾封電子郵件,感謝面試團隊的每位面試官。做這些事的目的是在建立你積極專業的形象,但你真正需要建立的應該是自己的薪資條件內容。希望各位讀者嘗試制定自己的薪資條件,就跟你會計算整體薪酬一樣。

底薪

每個人都喜歡建立的商業模式,是擁有經常性收益金流。基於這個原因,消費者才能先以零元取得一台好的智慧型手機,後續再以電信業者提供的訂閱方案,多次支付手機使用費,例如每月支付 39.95 美金。消費者也很樂意每個月支付這麼多費用,因為這個方案感覺很划算,然而從電信業者的角度來看,他們關注的焦點不是你每個月付 39.95 美金,而是你在整個三年合約期間內支付的 1,500 美金。

同樣的道理,雖然底薪通常不是對整體薪資造成影響的最大因素,但底薪是你的經常性收益金流,是你的財務命脈,所以我們希望盡可能提高底薪,原因在於即使增加 1%,其影響力不只是今年而已,還有往後的每一年。

至於要如何在資料不足的情況下估算薪資,必須先確認一件事:你希望下一份工作的雇主付你多少薪水?而我給你的第一個問題是「跟你工作內容完全相同的某個人,他們拿多少薪水?」

當初我在撰寫本章內容時,驚訝地發現網際網路根本無用武之地,完全找不到跟薪資範圍有關的資訊。近年來情況已經有所不同,有許多來源提供相關資訊,但更好的方法是你可以直接詢問那些未來可能成為你雇主的公司。美國有許多州已經立法通過法案,要求雇主在公布職缺說明時,要一併附上薪資範圍的相關資訊。

看到這,請不要太興奮。法律雖然要求這些公司公布薪資範圍,但這個範圍涵蓋了公司付給不同年資工程師的薪資,包括剛進公司一年的新手工程師或年資十年的資深工程師。也有其他公司是選擇將兩個職位的薪水合併成某個職位的薪水,結果就是,你會發現這些公司的薪資差異範圍大到離譜。

讀者估算薪資條件時,可以參考此處提出的三項建議。首先,跟工作內容相似的朋友聊聊,想辦法了解他們的薪水大概有多少。雖然薪資會因為產業、工作地點和特定公司而有所不同,但你只要多跟幾個人聊過,大概就能抓到基本薪資範圍在哪裡。第二項建議是直接問招聘人員,跟他們確認看看是否能透露薪資範圍。例如這個薪資範圍涵蓋多項職務,還是只有一項職務?公司是否預期薪資範圍從低到高,跟員工的工作年資有關?公司的升遷理念是什麼?當員工在某個職位上表現良好,公司有打算多久之後讓他們升遷嗎?

後一項建議，讀者如果真的無法獲得能夠參考的訊息，請加上目前薪資的 10%；在資訊量非常少的情況下，可以利用這種最保守的方式來估算薪資。

職稱

雖然職稱跟薪水一樣，都會隨公司而異，但你想找什麼樣的新工作，就是你正在成長的跡象。你現在的職稱是軟體助理工程師嗎？很好，下一份工作就是丟掉「助理」這個職稱。卡在軟體工程師這個位子三年了嗎？下次跳槽到其他公司時，找一份職稱冠有「資深」二字的工作。

跟薪資一樣，同一個職稱放在每家公司裡的價值差異很大。新創公司裡的總監跟公開上市公司裡的總監，兩邊的職務角色截然不同。好消息是由於法律要求公布薪資範圍，連帶迫使許多公司將職務內容和職稱標準化，表示異於尋常的職務和職稱逐漸減少，也就是說，若 X 公司和 Y 公司都有資深工程師這個職位，兩邊的職務內容極有可能非常相似。

各位讀者估算薪資目標時，應該納入：這份新工作加入履歷表之後，你認為什麼樣的職稱才能展現你正在積極發展職涯？你需要強而有力的意見，說明為何這個職稱適合你的職涯目標。

到職獎金

到職獎金這個部分很難估算，因為這種誘因通常是用來補強薪資條件不足的部分，但現階段的你尚未收到錄取通知。如果招聘人員知道你很希望公司提供股票分紅，但他們在股票部分開出來的條件很低，認為你會因此感到失望，此時就可能會以高額的到職獎金來迷惑你。

專業建議：到職獎金是只會拿到一次的意外收入，以後可能都不會再出現。現在你只需要知道一點，到職獎金通常是作為短期的補救措施，問題在於：這家公司利用這個手段是想掩蓋什麼？

股票分紅

股票分紅雖然有可能在財務面為我們帶來最大的收入，但也是薪資條件裡最難估算的一塊。各位讀者一開始可能會遇到這兩種情況：公開上市公司和新創公司。接下來我會詳細解釋每一種公司的股票結構。

公開上市公司表示任何人都可以買賣這家公司的股票，更重要的一點是，你可以藉此深入研究這家公司的財務情況。透過公司的股價表現，可以了解該公司在業務面的表現情況。我喜歡回顧一家公司過去五年的資料，看看他們在這段期間的平均股價如何？模擬薪資條件中的股票分紅時，平均股價非常適合拿來估算每股價格。

全職員工可能會拿到限制股票單位（restricted stock unit，簡稱 RSU），這種做法是公司分三或四年授予員工股票，並且設有一年的等待時間。也就是說，員工第一年只會拿到 ⅓ 或 ¼ 的股票，但是因為等待期，所以一年內不能轉賣任何股票。

過了等待期，公司會每一季授予員工部分股票。

限制股票單位（RSU）取代了先前難以理解的股票選擇權，此處的重點是公司會將真正股票授予員工，但通常會限制投票權和股息。和薪資範圍不同，公司在法律上沒有義務告訴你某個職務角色的股票分紅範圍。當然，你可以問。各位讀者要了解這點：相較於新創公司，公開上市公司的每個職務都有其股票分紅範圍，而且更容易預測。

新創公司也可能拿到股票，只是情況較為複雜。首先，新創公司可能是給員工股票選擇權，而非限制股票單位。規模較小的新創公司傾向於先提供股票選擇權，日後等公司準備上市或尋求其他資金時，再趁機轉換成限制股票單位。第二點更重要，我們要如何評估新創公司的價值？又沒有股價可以查詢。其實，是有方法可以評估。

409A 估值是公開評估私人公司股票在公平市場上的價值。由第三方評定股價，由於你需要根據這項資訊估算薪資收入中的股價，面試時就必須詢問這個問題：「請問你們公司最新的 409A 估值是多少？」跟股票可以公開交易的上市公司不同，409A 估值現在通常一年只會評定一次，或是當公司出現重大變化時才會更新，例如募資事件、策略改變或是業務方面有其他重大變化。根據我在這類公司任職的經驗，409A 估值通常都是過時的數字，無法反映公司目前的真實情況，但有總比沒有好。

即使掌握了這項資訊，你還是無法得知最重要的一項資訊。那就是，這家新創公司打算何時上市？這樣你才能賣掉手上的股票啊。一家公司能否順利IPO，取決於整體市場的情況。在網路泡沫之後，IPO 市場冷卻了 20 年，直

到 2021 年才越過了網路泡沫。然而，在我撰寫本書的當下，2023 年的 IPO 市場又明顯冷卻下來，究竟何時會再熱絡起來？讀者如果發現了，一定要告訴我。

面對公開上市公司和新創公司，我們其實都要猜測股價，但我想不出有什麼情況會讓你不重視可以拿多少數量的股票；我換個更容易懂的說法，你為什麼要去一家你認為沒有機會的公司？對自身成長沒有幫助的公司？以及公司本身沒有成長的公司呢？

沒錯，以上對任何股票或選擇權的價值都是我們的猜測，但應該是在有根據的情況下推測。我們對股價的推測也是一種衡量指標，反映出我們對公司的信心。

薪資協商角色

到此，你完成了兩場電話面試、兩輪現場面試和資歷審核，歷經漫長的等待之後，你終於得到回報，收到錄取通知。開始思考對方給你的薪資條件之前，我們要先確認下一階段薪資協商的對象是誰。

一旦開始談到錢，任何規模合理的公司組織都會發生一個奇妙的現象，就是突然換個人來跟你協商薪資。讀者如果已經收到錄取通知，這個階段極有可能會由未來的直屬主管跟你聯繫，交流專業工作方面的事項。這名主管會持續以電子郵件跟你聯繫後續的到職事項，通常會為你加入團隊鋪路，讓你能順利轉換到新職場。此時如果你開始討論公司提供給你的薪酬條件，這名主管可能會自動消失。

當求職流程深入到這個階段，你或許已經跟該公司的招聘人員很熟。雙方可能就職場議題有過多次真誠的對話，造成你有一種印象，對方是你在公司裡的代言人，會為你爭取最佳利益。

錯！

在薪資協商過程中，招聘人員是擔任壞人的角色，負責傳達壞消息給你。公司考核招聘人員的績效時，不只是看錄用人數，還會衡量僱用進來的員工薪酬，跟公司內其他員工的薪資一起比較。沒錯，就算招聘人員想錄用你，他們還是得遵守公司內部的僱用標準，而這套標準不見得會符合你理想的薪資條件。

對你未來的主管來說，他們的角色是僱用優秀的員工，但招聘人員的工作是僱用員工和協商薪資，對公司的財務負責。

你必須做好充足的準備，堅定自己的立場，為你想要的薪資條件而戰。這樣的情況或許會令你不安，可能也會造成你和招聘人員之間的關係有些緊張，但如果我們先前討論過的這些面試工作你都有好好完成，反而是你佔有優勢。

薪資權衡

面試結束後第一次收到的薪資條件，從來沒有一個能讓我完全滿意。總是會有某個方面令我失望。例如股票分紅低於預期、不是我想要的職稱，或是底薪跟我預期的目標差距太大。所以我每次收到薪資條件之後都需要還價，我會根據事實提出想要的薪資條件，至今已成功還價多次。

以我擔任過人事經理和參與多次薪資協商的經驗，要是有人真的想讓我無視他們的還價，最保險的做法就是在毫無資料根據的情況下還價：

> 招聘人員：這個職位的候選者想要更高的底薪。
>
> 我：真的？為什麼？
>
> 招聘人員：沒說原因，就只是希望我們提高底薪。
>
> 我：呃……

薪資協商應該就事實進行討論，也就是說建立所有還價時都必須有憑有據。你可以說：「我希望薪資提高 10%，因為根據我的調查資料，這個薪資水準是這份工作在業界其他公司的平均薪資。」

當然，這個數字也是你估算出來的，但是你的估算值展現出強而有力的主見。我們身處在這個具有中斷驅動環境的產業裡，身邊不乏聰明人，他們總是會因為聽到最新、最有趣的事，就興奮地到處大喊大叫，但我個人反而熱衷於調查和研究。因此，我認為有資料根據的還價，證明你有好奇心、你在乎自己的職涯，是我未來想共事的人。

由於我不知道你對特定薪資條件有什麼問題，不滿意的點在哪裡，所以無法針對你的需求，提出具體的建議，但此處會提出一些令人挫敗的常見情況及其應對計畫。

底薪變低

如果你一直待在同一個產業裡，而且在一家發展成熟的公司裡工作，發生減薪的情況怎麼可能會是正面跡象，要是你覺得這很正常，那我還真是無法理解。如果你打算轉換到一家新創公司，沒錯，確實有可能拿減少的底薪換到股票。但你必須先確認自己是否能冷靜接受這個條件。

你希望薪資條件提高 10%，但對方回覆只願意提高 5%？為什麼？當然，有可能你估算的 10% 是遙不可及的目標，但招聘人員為何認為他們提出的底薪合理？招聘人員可能會說出類似這樣的理由，他們會說跟公司整體薪資相比，給你這樣的薪資比相同職等的 90% 員工還高。

這種說法聽來貼心，但其實是想要混淆你，我都會說這根本是鬼扯：你被放到錯誤的職等了，你應該為自己爭取更高的職等，就有更高的薪資空間可以協商。

底薪低沒關係，我還有獎金啊

如果招聘人員一直遊說你，要拿獎金來貼補固定底薪偏低的問題，我要再說一次，這也是鬼扯。跟獎勵計畫一樣，各位讀者要特別留心到職獎金，依照慣例，通常發過之後就沒了。不能指望公司會一直給你獎金。當有人把一大筆錢立刻堆在你面前，確實是令人分散注意力的最佳手段，致使你忽略一個事實：長期下來，你拿回家的錢更少。

遇到這個情況，你必須問自己兩個問題：對方提出一筆誘人的獎金，是想掩蓋公司有什麼問題嗎？獎金不再發放之後，你的感覺如何？

更棒的是這裡有一疊股票

這一疊股票有多大疊？公開上市公司很有可能會在薪資條件裡提出他們的理由，說明他們會給員工多少數量的股票，讀者可以將這個數量乘上該公司過去五年的平均股價，大概就會知道股票部分能帶來多少收益。跟我在前一章寫到的一樣，你可以直接問新創公司，從他們那裏獲得 409A 估值，以此設定這家私人公司的股份價格。還可以問這家新創公司已經發行的股數，了解他們提供給員工的股份占比有多大。

同樣地，這一切都是推測。股份數及其未來的股價都是你的猜測，如果你對股份數不滿意但對這家公司的股票評價很高，就可以拿部分底薪交換股票。

最後通牒

若該公司提出的部分薪資條件低於你的期望，而且該公司表示絕對不會再修改條件，此時你有兩種選擇：拒絕然後轉身離開，或是設法降低衝擊。本章隨後會談到最後一項選擇——拒絕然後轉身離開，但是讀者或許可以再考慮看看，以下列手段降低薪資條件不如預期所帶來的衝擊。

- 要求公司在你一到職就給予額外的特休假。

- 比該公司要求的時間晚一個月到職，休息 30 天不必工作的快樂時光，還有什麼能比這更能改善工作與生活的平衡點呢。

- 詢問該公司「在家工作」的政策為何？向該公司提出建議，建立更適合你的特定工作環境。

- 我最喜歡採取的彌補行動是協商到職六個月之後再進行績效評估，你知道自己很強，但對方公司不知道。

拒絕然後轉身離開

這是我給各位讀者的最後建議，有些人或許認為採取這項策略很艱難，但是如果前面介紹的這些面試工作你都有好好完成，而且你很有主見，堅定相信自身價值以及你對下一份工作的期望，這一步對你來說就很簡單。

拒絕對方提出的薪資條件，然後轉身離開。

請注意：我說的不是突然中斷聯繫，消失得無聲無息，我說的是「先拒絕再轉身離開」。如果對方公司提出的工作薪資條件明顯無法滿足你的期望，請你這樣做：發一封電子郵件給該公司跟你聯絡的人，表達以下重點：

- 向他們道謝。

- 針對他們提出的薪資條件，清楚說明哪些方面無法滿足你的期望。注意：如果這封郵件中有任何內容文字讓對方感到驚訝，表示我們前面討論的面試過程，你可能漏掉了幾個關鍵步驟。

- 沒錯，最後一定要再次向他們道謝。

這封電子郵件不會再向對方提出任何建議，像是「若能解決我們雙方的落差，我就加入你們團隊。」雖然最後這個步驟可能會帶來這樣的結果，但這類的建議不是我們寫這封電子郵件的目的，不應該成為郵件的內容。你必須

清楚自己的想法，為什麼你會拒絕這家公司提出的薪資條件，而且要說到做到。

這不是二手車買賣的還價，事關乎你的職涯。

我曾經拒絕過非常喜歡的工作，而且拒絕了兩次。第一次拒絕是因為我在面試流程的前期，強烈感受到一股第六感：「這份工作的職責不太對，不是對方所宣稱的那樣。」我簡短地向招聘人員道謝，說聲再見之後就轉頭離開。

招聘人員這種物種不會輕易接受「不」這個答案，果不其然，這位招聘人員很快就打電話給我，出動他的三寸不爛之舌，承諾會跟我進一步討論，還提出其他保證，總之，他準備了充分的理由來說服我繼續後續的面試流程。然而，收到錄取通知時，工作職責和公司文化讓我在意的地方依舊存在，所以我照前面說的流程做。經過深思熟慮，我寫下電子郵件中的一字一句。非常具體地說明我對這份工作的顧慮，所有內容、沒有任何一個字跟薪酬有關。我在郵件中清楚指出面試過程中讓我在意的地方（這是公司文化發出危險警訊的原因），以及工作職責定義不清。我還在郵件中說明原因，為何我認為這些疑慮日後可能會讓我在工作中發生失敗。

當我再次寫下「謝謝」，按下「傳送」，我已心滿意足。我相信自己的選擇，做好準備，繼續尋找下一份工作。沒錯，我確實渴望聽到對方正面的回應，但如果答案是「謝謝」，我也能冷靜接受。

我以非常明確的結構回應對方，具體而清晰地表達出我的疑慮。事實上這不是他們第一次看到這些資訊，讓我這次的回應變得更有份量。沒錯，他們確實做出了回應，親自跟我對話，多次與我溝通他們的想法。早在問題模糊焦點之前，我們就已經釐清彼此的問題。

各位讀者一定要記住，我說的這些疑慮跟薪資無關。

我最糟的一次工作經驗，錄取條件非常優渥，它讓我得到了想要的一切，舉凡加薪、升遷、夠多的股票，還有誘人的到職獎金全都到位。由於錄取條件太吸引人，以至於我興奮地完全忘記了自己的直覺，其實我對這份工作「不太感興趣」。

果不其然，90 天後我不在乎會少了那 15% 的加薪和到職獎金。由於我實在無法忍受單調無趣的日常工作，於是幾個月後我開心地離職了，接受了薪資變少的事實，也退還了到職獎金，換得在 Netscape 工作的機會。

這些跟薪酬有關的重要策略，全都忽略了一個簡單的問題，在我們決定是否接受對方提出的薪資條件前，我們要能自信地回答：我熱愛這份工作的哪些面向？

更好、更快還要更多

我想要一份前景更好的工作，渴望一項工作職務能帶給我前所未有的挑戰。我想和具有多元性又才華洋溢的團隊一起共事，光是團隊本身的存在就能告訴我新的想法，讓我有所成長。我渴望進入發展更好的公司，這家公司不僅已經找到自身的定位，而且正朝向下一個目標前進……不只如此，他們更全力打造下一個里程碑。

我希望自己的職業生涯能有更快速的成長。過去三年來我的工作一直在原地踏步，這是因為日常學習時間變少，連帶職涯成長的速度也隨之日益降低。我一直在為自己的職涯設定下一個目標，希望有一份工作能加速自己朝目標前進，提供新的機會讓我跟新的人合作不同的產品。若能如此，我朝向下一個目標前進的速度，應該會……很驚人。

我渴望擔負更多、更大的職責，也就是我希望將來能開發更有潛力的產品。我想深入了解產品的開發方式，還有公司如何打造一套架構來支援產品開發，進而開發出更多對人類有幫助的功能。

各位讀者應該注意到了，我在列出更好、更快還有更多工作目標時，完全沒有提到薪酬。我不是認為薪酬不重要，而是我們在面對下一份工作時，最重要的幾個考量因素跟我們能拿多少薪資無關。一般人衡量下一份工作時，往往過分重視薪酬，原因在於這是極為容易衡量和比較的部分。然而，我認為更應該評估的工作面向是：你會跟誰共事，以及這家公司的開發方式和開發內容。

但是，我們要如何評估這些面向？並沒有一套嚴謹的說明告訴我們，該如何針對人、流程和產品進行評估。這也就是為什麼「憑感覺」一詞會成為最棒的回應。現在我知道你對薪酬有感覺，但你對將來的同事有什麼感覺？想到將來要和這些人一起共事，你覺得如何？你對這家公司開發的東西和公司走向，有什麼看法？

所謂憑感覺是集合我們觀察的結果，彙整成個人意見，最後再轉化成個人情感。評估一份工作時，我當然希望讀者能感覺到對方提出的薪資條件很公平，但我更希望你們能感覺到這是一個絕佳的成長機會。

希望各位讀者今後換到任何一份新工作時，面對任何人都應該能快速解釋，新工作為何比上一份工作更吸引你，還有你熱愛新工作的原因。他們相不相信都沒關係，重要的是你相信自己對新工作的熱忱，因為你就是一門事業。

解析管理結構

從一串用來定義管理（management）的詞彙：指導（*direct*）、職責（*in charge*）、處理（*handle*）、掌控（*control*）和強制（*force*），就能看出管理一詞透漏出令人反感、具有控制意圖的 Orwellian 式氛圍（出自英國左翼作家 George Orwell 的小說《一九八四》），這點其實也沒什麼好驚訝的。

過去多年來，我已經開始使用「領導力」（leadership）一詞來取代「管理」（management）。這是為什麼呢？原因在於，不論是否有人需要向你直接報告，我們其實都是領導者。或許我們的職稱裡沒有反映出這個部分，但我保證，各位讀者每一天都在指導某個人、為某個情況負責，而且引領自己的日常生活朝某個方向前進。

本書第二部分的章節會使用「管理者」（manager）一詞，舉凡向上管理主管，平行管理同事，或者只是自我管理，順利度過一天。不論讀者現在是否位居管理職，這些經驗都能套用在團隊裡的每個人身上，因為領導力來自於每個人身上。

8

最棒的工作效率

那些我想遺忘的人反而給我最棒的建議。

這些人通常是我過去的主管,他們能力平庸,工作能力和一般人無異,但缺乏工作熱情,有時力有未逮,或是因為各種我無法理解的理由而流於安逸。

這些主管其實偶而也會冒出不錯的想法,但或許因為我主動避免與他們有所互動,以至於當時我沒有聽進他們的想法;也或許是因為我愚蠢地認為他們無法給我任何啟發和指導,所以根本沒打算聽從他們的建議。

姑且稱我當時的主管為 Zack。在我剛到職的前六個月,他一直採取放任政策。顯然是因為我的表現很出色吧,我本來是這麼想的。但我很快就意識到,原來 Zack 根本就不管事,沒有人真的知道 Zack 確實的工作內容。他每天正常出現在辦公室裡,出席主管會議,但一對一面談的內容索然無味,只會說些「工作上都還好嗎?」之類的場面話,產品開發工作則全交由專案經理推動。

唯有當某個工作的走向出現極端情況,Zack 才會介入並且採取行動。Zack 的鼻子很靈,經常能嗅到異常氣息,對於迫在眉睫的災難具有預知能力,此時,他就會跟我開會,先交流雙方手上的紀錄,然後說出那句我多年後還忘懷不了的話。

Zack 對我說,「我要給你一個禮物——專注。」

新年快樂

過了幾週年假後,我們已經厭倦了和家人膩在一起大吃大喝的日子,驀地就是全新的一年。多數人在二月下旬就會將新年新希望拋諸腦後。因為一大群人一起工作時,每個人心中複雜的盤算很容易就會把我們拖回平常熟悉、中規中矩的做事態度裡。這是一個大好時機,應該好好重新想像自己想要的生活、重新評估自己的目標,下定決心提升自我。

根據我多年來的經驗，下定決心的目標最好是每天都要做的事，這樣才能持之以恆；決定越小、越簡單，就越容易將新年新希望轉換成終生的習慣。此外，下定決心的目標越吸引你，你也會越想去執行。

今年，我也要送給讀者一個禮物，幫助你們聚焦在工作上。說了這麼多，簡單來說就是：專注。

專注就是當你的同事 Sarah 走進辦公室裏，希望和你單獨談談時，你要立刻轉身，全神貫注面對她。不論你當時手上正在做什麼工作，都請先放到一邊，重要的是將你所有的注意力放在這位同事身上。

專注就是當同事 Terrance 面對一整間會議的人發表簡報時，你會將手肘靠在桌上，傾身聆聽他說的一字一句。若有疑問就立刻寫下，在適當的時機詢問，更重要的是專注聆聽他回答的內容。

專注就是即使在大家看不到你的地方，你也要集中注意力。例如在一場二十個人出席的視訊會議裡，有十個人不需要露臉，而你是其中一位。就算你不需要參與討論，完全不用發言，但你的視線依舊要注視著螢幕上每一張臉，聆聽和理解他們說的一字一句。

全神貫注

到此是本章第 500 個字，看到這段之前，你已經被打斷幾次了？其中有多少次是你自己停下來的……就只是因為？

我們每天使用的裝置裡，充滿需要我們關注的應用程式和服務。在我們生存的星球上，滿是拼命想獲取我們注意力的媒體，就連政治都像是精心策畫的娛樂活動。再加上一個我們無法否認的事實，過去兩年多來，我們一直處於令人分心的工作環境之中，每一個需要我們關注的應用程式和吸引人的標題，就直接位於視訊會議旁邊的視窗裡。

「我只是看一眼，別擔心，不會有人知道。」

或許你能輕鬆看待這樣的情況，但過去兩年多來的視訊會議已經讓我的大腦注意力受損，我需要深切的提醒讓我清醒。專注就是全神貫注在一件事情上，不論是面對人、會議還是眼前這項設計。

「但如果是其他跟這項工作有關的事呢？讓我們往這個方向神遊一下……」

我現在不能分心，只能做眼前這件事。

「可是，你是社交高手耶！Rands，觀察一下這個房間的氣氛吧，你看看這群特定人士呈現出什麼有趣的政治動態？我懷疑他們……」

我現在不能分心，我是為了做這件事而來，這是他們邀請我來參與會議的原因。

「但我以前就聽他說過這個故事，看來他還要一直講、一直講，至少要再講五分鐘，所以你知道我想做什麼嗎？我只是要快速確認一下社群網站 Mastodon 上的動態，沒有人會知道啦。」

其他人確實不會知道，但我自己知道。

Zack，謝謝你

當我們成為領導者之後，主要的工作竟然會變成不斷收取外界資訊，再經過彙整然後重新發布給其他人知道，但現實就是如此，這類的工作確實可能佔據一名領導者職涯中多數的工作時間。更令人困惑的一點是，以往我們是靠著個人一己之力貢獻自身技能而獲得獎勵，但當上領導者之後學到的這項技能卻截然不同。

不過，這也就是我們為什麼必須感謝毫無作為的 Zack 送給我們的禮物——專注，儘管這名效能不佳的主管總是躲在自己的舒適圈裡，而不想投入心力去建立團隊。

專注就是投入所有心力，只處理眼前這份工作任務，此時就會產生最棒的工作效率。資訊管理的重要性雖然不可或缺，但很難衡量成果。當你集中注意力而且是全神貫注時，就能意識到你必須傳達的觀點或看法；發現那個關鍵的假設，幫助你將良好的設計轉化到卓越的境界；以最大的效率將你多年的經驗轉換成簡單、易懂而且無形的道理，幫助你身邊那些……同樣保持專注的人。

9

組織文化結構圖

最初我發現 Netscape 有幾個人固定每週三會在員工餐廳的正中央玩橋牌。

後來我才知道他們是一群來自電腦公司 SGI 的前員工，各自分散在公司不同部門裡工作，但幾個月後我意識到，這群人裡面的核心成員默默地定義了這家公司的工程文化……而且是透過橋牌遊戲。

90 天

剛換新工作後，通常得花上 90 天去了解團隊結構，才能對新職場有比較踏實的感覺。知道團隊裡有哪些成員，他們的工作職掌，各自擁有哪些知識，其中有誰特立獨行，誰又是到處游離的自由份子。假使你是在新創公司任職，包含你在內全公司只有 12 位成員，90 天就夠你認識整個公司。你會知道最初是哪些人創辦了這家公司，因為從你的座位就能看到所有成員，而且會定期與所有人互動。然而，如果你是在規模更大的公司任職，90 天只能讓你對需要了解的同事、這家公司及其文化，快速擁有基本概念。

幸好大公司已經建立一堆工具和文件，能幫助你穿梭在公司文化與流程之間，快速理解每個人在公司裡的定位。例如某天你收到某位陌生同事突然從 Slack 平台發送來的緊急訊息，此時你該如何處理？就算這位陌生同事花時間解釋他們是誰以及他們負責的工作內容，你還是會打開公司名錄，自問這個簡單的問題：這位陌生同事是在哪位主管底下工作？

公司名錄的作用就是以數位方式呈現一份以往非常重要的文件：組織結構圖。

只要快速瀏覽組織結構圖，就能回答多數跟個人評價有關的問題，像是：

- 她是在組織裡的哪個部門工作？是很酷的部門嗎？

- 直接向她報告的下屬有幾位？她擁有更大的權力嗎？

- 她離執行長這個職位有多近？擁有更大的影響力嗎？

組織結構圖是不可或缺的資訊來源，但無法呈現一家公司的完整面貌，所以我們要回到本章一開始提到的故事——在 Netscape 玩橋牌的那群人。

橋牌

如果找出橋牌遊戲中四名核心玩家的組織結構圖，可以從中看出一些端倪。一位是工程部門的經理，另一個傢伙來自的團隊正在做某個名稱獨特的平台，還有一個傢伙雖然職稱冠有經理，底下卻沒有直接管理的下屬，最後一個傢伙則看起來像是專案經理。

對這四個人形成的組織結構圖，我的評價是：嗯，很普通的組合。

幾個月後我才得知一件事，這四個定期坐在餐桌玩橋牌遊戲的人不僅定義了許多組成 Netscape 瀏覽器的功能，還持續定義這家公司的工程文化，也就是我所謂的文化結構圖。

跟組織結構圖不一樣，我們在公司裡找不到任何跟文化結構圖有關的文字說明，

因為這不是實際存在的結構圖。文化結構圖是以不成文的方式，呈現出一家公司的文化。理解一個組織的文化結構圖，就能回答以下這幾個我們必須知道而且跟組織有關的重大問題：

- 這個組織重視的價值是什麼？

- 是誰創造出這套價值系統？

- 在這套價值系統下，誰的貢獻度很高？

- 在這個組織裡，誰最熟知如何創造價值？

讀者或許覺得這套職場文化哲學聽來有些模糊又不知所云,讓我們直接切入主題。現在請各位讀者告訴我,在你目前的工作環境中,如果想獲得升遷,要採取什麼行動。

「我真的需要非常努力工作,才能獲得升遷。」

很好,不過在你一腳踏進目前的工作之前,應該早就知道你必須努力才能獲得升遷。我的問題是為了升遷,你必須採取哪些具體行動?我認為任何積極管理自身職涯的工程師,都必須盡快搞清楚這個問題的答案,為此,我們需要先了解自身所處的組織文化。

察覺公司文化

各位讀者如果想成功獲得升遷,必須思考公司內某一群特定人士的需求,然後提供所需。現在你直覺認為這群人就是公司的管理團隊,以組織文化為中心來看,你這個答案很好。

簽發薪資支票的人確實有可能對升遷具有實權。問題在於你的工作是要想得比主管更遠,滿足主管的想望,即便如此,你還是無法升遷;唯有當你給予的東西能滿足主管意想不到卻又迫切想要的需求,你才能獲得升遷。

這聽起來不合理,公司賦予主管的工作任務是發展你的職業生涯,我卻說你的工作是告訴主管他們的想望是什麼。雖然你不必這麼做,也能從老闆的反應中獲得升遷的線索,但是當我滿足主管們意想不到的需求時,自身也會衍生出強烈的工作滿意度,一切的起點是為了尋找公司文化,卻意外發現主管心中的想望。

為了推測出一家公司的文化,我們必須做的事就是傾聽。文化是一股暗藏於人們內心的想法,具有將一群人整合在一起的力量。文化若想存續,就必須由一個人傳承給下一個人,透過傳頌故事的力量來達成這個目的。

「Max 平常在公司表現平平,一副電腦怪咖模樣,然而就在我們預定交付的三週前,他帶著一張紙走進執行長辦公室,上面只有一個圖表。他將那張紙丟在執行長桌上,一屁股坐下,然後大聲跟執行長說『我們不可能在三週內交付,六週還比較有可能。』執行長無視他丟來的那張紙,冷冷地對他說

『如果不準時交付，我們會損失三百萬美元。』Max 倏地起身，指著紙上的圖表說『如果我們真的交付這樣的內容，公司會損失一千萬美元，我們不能交付如此糟糕的產品。』」

這個故事是真是假並不重要，重要的是人們每日不斷在公司走廊或是在酒吧喝酒時，重複述說這個故事的內容，傳頌 Max 大膽向執行長說「不」，如何為公司省下一千萬美元，並且反覆強調公司文化裡很重要的一個部分：

我們不會交付糟糕的產品。

當前在這個世界上，我還沒看過有哪家公司能如此直白又漂亮地陳述他們定義的文化價值。

各位讀者日後還會不斷聽到人們傳頌其他故事，這些故事蘊含了企業本身真正的價值。雖然每個故事在設計時帶有娛樂人們的目的，但都是為了幫我們上寶貴的一課，告訴我們特定公司重視的價值是什麼；學會如何提供這份價值，就是你在公司內獲得升遷的方式。

各位讀者也有可能沒機會發現這些故事，遇到這樣的情況，希望你們待的是一家重視工程部門的公司，因為工程部門會影響一家公司的文化。如果你都已經到職六個月，在這期間積極探詢卻完全沒有人告訴你這類精采的故事，傳頌這家公司的工程部門如何塑造出公司的財富，可能就代表一件事：工程部門在公司文化裡沒有一席之地。問題來了，當工程部門在公司文化裡沒有一席之地時，你要如何成功獲得升遷呢？

定義公司文化的人

收集到比較完整的故事後，大致上就能了解公司某個部分的文化，但距離整個文化結構圖還缺少重要的資料。你想想，這些公司文化的說書人，通常不是創造這些故事的人。

說故事前，得先創造故事。

那些負責定義公司文化的人並非刻意為之，他們不會一大早醒來就下定決心，「今天的我要引領公司文化發展，重視優質設計。」

他們只是做自己份內之事。這些對公司文化與公司發展影響最鉅的人,他們之所以這樣做,不為其他,單純只是認為自己在做正確的事。所以如果你打算在特定公司有所發展,至少要對這些人有大致的了解,知道他們是誰,坐在哪個部門,而且需要密切關注這群核心工程師,因為他們的行動會影響公司日後的發展。

遊戲結束

公司形成人際網路的方式可能比你想的還要多樣,別以為你反推出團隊的開發文化,就能完整描繪公司文化的整體樣貌。任何稍具規模的群體都會存在無數的人際關係,同時拉扯著這個群體,朝多個方向前進。在這個群體的人際網路中,有打算一直做到退休的人,有裁員倖存者,也有不許他人批評過去豐功偉業的人。

評估公司文化就是一場情報戰,而且永無止境。個人職涯成功與否,取決於如何盡快評估公司文化出現的微妙變化,不斷為自己找出最佳定位的能力。

當年 Netscape 的市場佔有率開始輸給微軟時,我並不擔憂。後來連股價都停滯不進,我也沒想太多。真正讓我開始想找下一份工作的原因,是我得知發生這兩件事的前幾個月,那一群固定在午餐時間玩橋牌的人,其中一位離職了。

於是,遊戲停止。無意間定義了公司文化的四人小組不再安靜地度過漫長的午餐時光,持續關注他們的每個人都注意到了。當其中一位成員低調完成定義公司的工作後,就認為自己已經沒有足夠的理由繼續待在這家公司了。

10

掌握上司的管理風格

每個人都知道大事不妙了。公司管理團隊很少露面，基本上公司內部許多會議並沒有取消，但管理層卻無視這些會議。公司內雖然瀰漫著重組的氣息，不過這家新創公司目前的營運狀況還不錯，三個月前才剛完成另一輪融資。在全體員工都出席的場合裡，公司談話的用詞都很正面，既然如此，管理層的主管們都去哪了？

終於，管理層和資深的一級主管們倉促安排了一場會議。

他們在會議上說，「公司決定要解聘工程部門的副總。」

欸，他們說的不就是我老闆？Tony 要被解僱？他、感覺、人很不錯啊。我真的⋯⋯不懂。

事後回想，沒有人清楚解釋我們部門的副總為何跟其他管理層之間產生疏離，但理解董事會的詭計並非本章的重點。雖然和本章內容無關，但我還是簡短提兩個教訓給讀者參考：首先，不要因為你喜歡自己的頂頭上司，就以為他也能跟公司其他人相處融洽；其次，時刻預防職場上的突發事件。

公司很快就找來一位可靠的人選，取代了原本的副總。我的新老闆 Gimley 走馬上任，工作交接十分順利，一切運作正常。他迅速安排了一場會議跟我面談，清楚表明這場會議的主角是我，讓我足足發洩了 20 分鐘。「Rands，發洩你心中的不滿吧，我坐在這裡的目的，就是要傾聽你的心聲。」

這場會議並不是為了解決任何問題，而是粗略勾勒出公司內部的競爭環境，深入認識彼此。我的新主管 Gimley 話不多，只是頻頻點頭，但這場會議結束前，他已經準備好對我下達指示。他給我的指示十分簡潔，最初我甚至有些失望。

他說：「Rands，我不希望工作上有任何突發事件發生。」

這項要求看似簡單，實則不然。詳加思考後，我認為這項要求是授權給我：*Rands，我相信你知道何時該讓我知道工作進展。*

管理評價

對於主管，我的理解之一是他們跟你不同。雙方之間的一切差異，多到可以寫成一本書。不過，本章內容會聚焦在如何與主管溝通，因為你如果搞不清楚這點，會連雙方之間有哪些差異都不知道。

不論你是和剛接任的新主管配合，或是已經和現任主管維持三年的工作關係，接下來這一系列的問題將帶你深入了解主管的溝通方式，以及他們渴望獲得哪些資訊。

公司有無一對一面談

撰寫這個主題雖然讓我覺得痛苦，但我要問各位讀者的第一個問題是：你的上司有沒有抽出時間和你私下聊聊？此處提到的一對一面談，是指你和主管之間會經常定期安排面談，如果沒有，呃，接下來我真的不知要從何談起。

一對一面談是提供時間給負責你工作福利的人，由他們來檢視你在職場環境中過得如何。沒錯，一對一面談確實也會討論團隊和專案狀態，但這些資訊肯定也會出現在公司其他會議。因此，我認為一對一面談的主要目的，應該是開誠布公地討論個人在工作方面的各項表現。

像 Google 這種成功的大型公司，員工主管比高得驚人，也就是說實務上不太可能定期推行一對一面談。那麼，問題來了，這些公司裡的員工要如何獲得成長？撰寫程式碼、和那個叫 Felix 的 QA 人員爭論，以及在交付期限前連續工作 27 小時，確實都能讓我們獲得豐富的工作經驗。可是，此時此刻，眼前明明就有免費、但願可以無痛接收的寶貴經驗，就在你的主管大腦裡啊。

主管應該承擔的職責之一是擔任你在職場上的導師。他可能比你見多識廣，也就是說你可以當面隨意問他任何問題、想法或失敗的情況，他都很有可能會給予意見……當然，希望是寶貴的意見。

在缺乏一對一的職場環境中，意味著沒有人會指導你，你必須自己從實戰環境中蒐集經驗。雖然我認為沒有任何經驗能取代「實務經驗」，但如果你的主管沒有撥出時間傳承他所學到的經驗，不禁令人懷疑他身為主管的價值是什麼？這樣他不就只是個專案經理嗎？

如果你的主管沒有提供一對一面談的機會，請向他們提出要求。或許無法要求每週面談一次，但有機會每月面談一次，這是讓你反思和規劃自身工作與職涯的重要時間。

團隊會議多為臨時起意或是結構化事件

從主管進行團隊會議的方式，就能對他們渴望獲得的資訊窺知一二。理解主管對團隊會議的構想和進行方式，大致上可以得知他們希望以什麼樣的方式呈現資訊。我自己設計了一系列的問題來評估工程師的特質，這些問題同樣也適用在主管身上。接下來我會簡短介紹兩種管理風格：有機式（organic）和機械式（mechanic）。

有機式風格的管理者常使用跟「情感」有關的字眼，非常重視人性。這類主管了解團隊成員的個性，原因當然是他們會定期進行一對一面談，希望得知團隊成員的感受，因為他們很清楚一件事：人一旦陷入混亂，就會大幅影響團隊士氣和專案進度。

機械式風格的主管則是透過結構化方式理解世界。這類主管跟傳統的科技宅一樣，他們跟整個環境互動的方式是依照大腦內建的一套流程圖，規範「事情如何運作」。機械式風格的主管重視一切事物的可預測性、一致性、具體性和客觀事實。

根據以上簡短說明的兩種管理風格，一起來定義看看各別團隊會議的特徵：

- 主管是否會準備面談議程？機械式主管會。
- 主管是否會遵照議程進行面談？機械式主管會。
- 主管是否會鼓勵團隊自由辯論？有機式主管會。
- 團隊是否會在沒有主管參與的情況下進行辯論？有機式管理的團隊會。
- 主管是否會限制團隊只能在特定時間進行辯論？機械式主管會。
- 主管每次安排的會議時間，是否會開好開滿？機械式主管會。

- 主管是否會延長會議時間？有機式主管會。

- 每次會議是否都會超時？有機式主管會。

- 會議是否充滿歡樂？有機式管理會。

以上這幾個特徵並非絕對，我們只能大致了解主管屬於有機式或機械式。以我個人為例，我的管理風格就綜合了有機式和機械式。各位讀者的主管也可能同時採用兩種風格的管理方式，他們可能會根據不同的情境，展現出不同面向的人格特質。像我上一任主管，他原本是極度崇尚有機式管理，自從公司管理高層開始器重他，他就完全轉變成機械式管理。

各位讀者如果希望跟主管溝通順暢，你的工作之一，就是想辦法弄清楚他們屬於哪種特定組合的管理風格，以及他們的做法。

面對典型的有機式主管，基本上不用擔心自己是否需要適應或重新改變溝通風格，因為這類主管很樂意主動配合下屬的溝通方式。有機式主管擅長理解人性，因此，他們會巧妙地主導會議中的對話，從中獲得他們需要的資訊。

機械式管理需要結構化和可預測性。我曾經跟過一位機械式主管，如果我在一對一面談會議中，突然改變更新資訊的順序，他會明顯出現慌張的模樣。「我們應該先談人的部分，再來談產品，對吧？」跟機械式主管開會時，你不能即興發揮。你必須明確告訴他們，專案預期的目標、要交付什麼內容，然後確認最後交付的成果。

和主管對立的溝通風格，會阻礙個人發展有效率的溝通能力。機械式主管認為有機式主管是胡言亂語、說話曖昧不清的人；有機式主管則認為機械式主管是毫無熱情的自動化機器人。其實，我們都錯了。

如果你跟主管溝通不同調、雙方意見分歧，請記住一點，建立溝通的橋樑不只是主管的工作，也是你的。

主管是否要求工作狀態報告？

在我過去的職業生涯中，我不斷反覆評估工作狀態報告的價值。當我呈現機械式主管的一面，我熱愛以結構化的方式，每週有規律地確認和溝通團隊成員的工作進度。出現有機式管理傾向時，則會提醒我注意，如果長期依賴工作狀態報告來瞭解組織脈動，或許會變成躲在自己的象牙塔裡，而被表面資訊蒙蔽。

工作狀態報告的存在，是機械式管理風格的象徵，這可能不是你的直屬主管想看，是主管的主管要求的。不管怎樣，這都不會是有趣的資料。此處假設要求工作狀態報告的人是你的直屬主管，看到這，各位讀者有什麼想法？

我對工作狀態報告的印象是，這表示主管不信任組織內存在的資訊流。我的意思並不是指主管疑神疑鬼，而是他們想充分了解資訊的需求沒有獲得滿足。主管要求看到工作狀態報告不過是一種手段，目的是藉此填補他們認為資訊不足的空白。

此時，你必須回答這個問題：你的主管為何會出現資訊空白的情況？或許他們是那種超級機械式風格的主管，缺乏社交技巧，所以無法在公司走廊跟大家交流，從而收集他們想知道的資料。也有可能，工作狀態報告是他們一貫的做法而已；亦或許你的主管偏好從一對一面談，獲得更多資料？

假使工作狀態報告是公司更上面的管理層強制要求的，或根本屬於公司文化的一部分，那可能只好提供，建議各位讀者以正面的態度接受這個情況。如果想讓主管看到一份出色的工作狀態報告，就不能只是被動消極地列出一些無聊的工作項目。這是你嶄露頭角的機會，寫下本週的工作動態、這些工作的重要性，以及下一步的行動。

如果主管只是要求你提供工作狀態報告，沒有特別重視的目的，那你的工作就是消滅主管交辦的任務。以下這兩項原則是協助各位讀者判斷，如何填補和主管之間的溝通落差：

- 你的主管屬於機械式管理風格，不喜歡跟人面對面的溝通方式。很好，那麼在一對一面談之前，先發送一份結構完整的議程給主管，如何？而且嚴格遵守會議時間，準時結束。這種做法跟真的一對一面談不太一樣，但至少有個開始，隨著時間一點一滴過去，主管或許會慢慢放鬆下來。

- 主管有太多下屬需要管理，沒有時間一個個面談。很好，那麼調整團隊會議的方式，加入一些一對一面談的要素，如何？

我強力推薦大家直接跟人面對面溝通，工作狀態報告或許能以結構化方式提供可靠的資訊，但比不上從跟他人的眼神交流和聽到的話語之中得到的理解。

主管會安排哪種類型的會議？

若想知道主管對資訊需求的喜好類型，還有一個不錯的評估方式，就是觀察主管除了一對一面談和團隊會議之外，他們會主動安排哪些會議？我並不是指主管有親自出席的那些會議，而是他們會特別撥出時間、主動安排的會議（定期會議或臨時安排的會議都算）。這些會議不是他們被迫必須參加的會議，而是他們主動想要參與的會議。

各位應該會發現以下兩種會議：

技術型

主管召開這類會議的目的，是想深入探究技術方面的議題，希望深入了解團隊手上的技術。這項會議並不是審查團隊已經開發完成的技術決策，而是針對已經做出的決策進行辯論。會主動安排召開技術型會議的主管，是想藉此方式提醒自己曾經也是工程師的一員。

協調型

協調型會議有上百個不同的名稱，例如，專案會議、工作狀態會議、全體員工會議等等，不論會議名稱為何，召開會議的目的都一樣，都是為了回答這個問題：你和我是站在相同的立場嗎？這些會議通常屬於專案和產品主管的範疇，他們對跨部門專案的脈動具有深入的了解和掌控，那麼問題來了，主管為什麼會主動安排協調會議？有誰和大家立場不一致嗎？

各位讀者若想透過安排會議的類型來評估主管，與其對單一場會議有興趣，更應該關注一段時間內召開的所有會議。我們必需退一步看，觀察主管兩週內主動安排召開的會議類型。如果大多是技術型會議？表示你的主管仍然視自己為工程師。到處召開協調會議？看來你的主管正企圖協調公司內某些部門的意見，讓大家立場一致。

傳統觀點是一個人成為主管之後，就會放棄職涯裡的技術面向，交由那些最接近第一線的團隊成員來做艱難的決策，但我認為此處應該取得平衡點。完全專注於技術面的主管，眼光不會放到更遠的專案願景，遇到棘手的人事問題就束手無策；反之，過分關注專案的主管可能會忘記激勵工程師的基本原則。

跟我們先前評估有機式和機械式管理風格一樣，我們也想知道主管會偏向技術型／協調型中的哪個範疇，因為我們需要知道主管想聽到什麼資訊，要傳達技術細項還是專案細節？

主管越級管理的頻率有多高？

若一切順利，主管應該從你、他的頂頭上司或是他的同事那裏，獲得他需要的所有資訊。然而，真實的公司環境幾乎很難存在所謂的「一切順利」。基於多得令人眼花繚亂的複雜因素（稍後會進一步討論這些因素），致使各項資訊在公司內以不同的速度流動。於是，主管有時就會出現令人費解的越級管理行為，直接將手伸進「餅乾罐」裡，獲取他們想要的資訊。

這裡我用「餅乾罐」來比喻主管不應跨越的組織邊界。典型的「餅乾罐」行為是管理高層越過自己的某位下屬，直接跟這位下屬底下帶的人詢問資訊。雖然這位高階主管做出越級管理的要求，有其完全可以接受的正當理由，但同樣也可能會在許多方面破壞團隊的溝通和士氣。

舉個例子說明。假設 Frank 是一位高階主管，在他底下有一名中階主管 Bob，Bob 負責管理一群員工，其中一位就是 Alex。有一天，Frank 對 Bob 團隊裡某個懸而未決的錯誤感到氣惱，可是他透過各種線上或其他方式，到處都找不到 Bob。在受挫的情況下，Frank 直接跑去問負責處理這個錯誤的 Alex，問他到底是怎麼回事。Alex 碰巧把這個錯誤查完，而且已經證實是使用者錯誤，他很高興自己能立即化解 Frank 的挫敗感。皆大歡喜，對吧？

單獨來看這個情況，很正常，就是團隊之間的人員溝通，但 Frank 現在知道了，若想了解錯誤的解決情況，他可以立即從 Alex 那得到令人滿意的答案，Alex 也知道他對大老闆做出可靠的貢獻。那麼，我的問題來了：該死的 Bob 在哪裡？

跟指揮系統有關的瘋狂規則算是軍事領域，不屬於軟體開發範疇。不過，組織結構圖以及主管、員工之間的上下級關係，有其存在的理由。這些關係用於定義組織中每個人的職責。然而，「餅乾罐」這種越級管理的行為在無意間開創了先例，避開了應該知情的人。

組織結構圖中任何一個管理方向，都可能會發生「餅乾罐」這種越級管理的行為。刻意繞過某個人，不讓他們得知資訊流和參與決策流程。如果你的主管將手伸進「餅乾罐」，做出越級管理的行為，通常有兩個原因：他們沒有獲得想要的資訊，或是不了解團隊之間的人員溝通方式。

重要元素

要出大事了。你正坐在總公司三樓的一間會議室，開一場跨部門會議，此時，副總起身說了一些無關痛癢的話。刻意設計成隨口說說的話中，你卻聽出話中有話，洞悉整個遊戲檯面上正在發生的事。你發現副總正在採取行動，計畫奪走你老闆帶的團隊跟在團隊底下工作的人。喔，大事不妙。

我的問題是，現在你手上握有這項重大、時間緊迫而且可能引發爭議的資訊，你要怎麼跟主管傳達？好，我們假設你喜歡自己的主管，而且希望讓他得知工作上的最新動態。如果你只是想有效率地傳達訊息給主管，你該如何塑造資訊？有機式主管會希望你盡快告訴他們這個消息，最好帶著慷慨激昂的語氣：「他正計畫偷走你的團隊！」機械式主管則希望你選擇在適當的時機，態度從容，以有建設性的做法提供資料給他。

塑造資訊不只如此，我們還必須思考哪些話不能說？在傳達資訊的過程中，我們可以在哪些地方適當穿插個人的意見？出於本能，我們希望鉅細靡遺地將每一項資訊分享給主管，認為這是一種榮耀，可是，如果這就是我們的策略，那我們除了將資料從 A 點搬到 B 點，到底還做了什麼？這種事透過 Slack、Twitter 或是傳聲筒（兩個罐子加一條線）也能做到。

塑造資訊的訣竅是歸納故事的重要元素，適當穿插個人意見，根據主管的喜好提供訊息。請跳過一些沒有意義的細微末節，相信我，他以前就聽過這類的故事了。故事內容不完全相同，但他會因此而追問很多問題，利用自己過去的經驗，搞清楚你現在說的故事是哪個版本。

最新工作動態

回頭來看我的主管 Gimley，大家公認他平常的管理風格是有機式，但在某些情況下會被動激發出機械式管理的傾向。Gimley 平常會有效率地定期進行一對一面談、在公司走廊跟大家交流和各種不同性格的人相處融洽。可是，一旦他處於壓力狀態、被逼入絕境或是被搞到火大，就會轉變成極端的機械式管理風格，此時的他會深入追究每個細節，自願跳下去救火，幫忙寫程式，整個人回歸到工程師本質。

我回想起他最初的要求，「我不希望工作上有任何突發事件發生」，這是因為他深知自己性格上的怪僻。他知道一旦發生天塌下來的危機，自己無法從容應對，所以他事先給予下屬指示：「不要發生任何突發事件」，其背後的含意是「如果你敢讓我最後一刻面臨措手不及的窘境，我保證你不會想看到失去冷靜的我。」

11

向上管理

我們希望公司解僱副總。

系統架構師、產品總監和我都希望副總走人。這是一家新創公司，每當我們在週末埋頭加班時，這傢伙總是不在。當他在公司，他的想法給人的感覺就是靠本能行動，缺乏願景。最重要的是，在我們為這家新創公司奉獻靈魂時，他無法激勵和鼓舞我們。

連續三個晚上，我們三人站在董事會會議室的白板前，列出應該解僱副總的理由、記錄我們的經驗，交叉核對我們手上的證據。建立論點之後，我們終於跟執行長安排了一場面談會議。

「這是怎麼回事？」

當時我們認為自己的訴求非常清楚，我們每個人都扮演了定義清楚的角色，相較於我們的工作職責，副總的表現根本就是零分。我們足足花了二十分鐘的時間，以無可辯駁的論述，證明副總怠忽職守。確證據鑿，連執行長也認同我們的說法。陳述完畢，整個會議室的氣氛充滿著各種可能性。

「所以呢？」執行長出聲了。

我們在心裡默默想著，所以呢？

「所以呢，你們的提案是什麼？」

提案？你不是老闆嗎？這不是應該由你來決定……

「顯然，你們確實有充分的理由沮喪，但是，你們打算怎麼做？」

什麼叫我們打算怎麼做？是你打算怎麼做吧？你才是老闆耶。

仰賴管理者的經驗

理解本章內容的前提是，各位讀者需要跳躍性思考，相信你的頂頭上司擁有寶貴的經驗。既然他們的工作經歷比你多了十年以上，你必須相信和接受這個事實——老闆或主管的觀點更有憑有據，他們所做的決策其來有自，不是靠個人直覺和偉大的幻想。

我們是知識工作者，這個說法聽起來沒什麼說服力，因為我們不是真的靠自己的雙手，打造出實體的物品。我們是利用自己的想法和創意，開發出無形的產品或服務。我們關在自己的小洞穴裡，以 0 和 1 創造出有趣的排列，將我們的巧思凝聚成有用的東西，希望其他人願意為此付費。

我們不需要收集和掌握全套實體工具，就能讓工作順利進行。工具間裡空無一物，所有技能完全仰賴頭腦功夫。相對於個人的職業生涯，老闆或主管唯一能傳授給我們的功夫，就是他們擁有的經驗，有時我們必須主動向他們請教。

我知道權力會帶來問題，權力使人腐敗，就連聰明的人也難以抵抗，所以我們會覺得管理者給人一種可疑的氛圍。我能理解各位讀者想獨立解決問題的心情，但有時去找你的頂頭上司會更有效率，列出你的問題，讓他們權衡。雖然無法獲得自己拼湊出解決方案時，那種學到經驗的滿足感，然而，這就是團隊合作第一守則：比起單打獨鬥，大家在一起能發揮更大的力量，創造更大的規模。

「規模」二字聽起來像是管理術語。轉換成管理層的說法，就是「我要更好、更多和更快。」管理層使用的術語定義常常給人強烈腐敗的負面感，但此處對「規模」的定義倒是讓我很有共鳴。

不論各位的職位是作為個人貢獻者還是管理職，當你在專業問題上面臨任何棘手的情況時，你的工作是判斷自己能獨立處理哪些決定，以及何時需要向更有經驗的人尋求協助。

這兩個極端的做法都會帶來風險和回報。一個人如果老是尋求他人協助，不禁令人質疑，你這樣能增加什麼個人價值？反之，一個人如果從不對外求援，就統計學上的意義來看，這類人會搞砸不必要的情況，因為或許有人已經有效解決過這個特定問題，但他們忽視周圍人們擁有的經驗，所以很容易發生失誤。

那麼，何時該選擇向上管理？本章將帶各位一起來界定使用時機。

向上流動的資訊

在組織圖的層層結構裡，每位主管都要負責管理底下的員工。我是說真的，以執行長這個職位來說，他們負責照顧和餵飽組織裡的每個人。然而，這不代表他們有責任了解公司每個人的瑣事和工作細節，也就是說，執行長負責每個員工的個人發展和福利，他們會因為你搞砸工作而被解僱。

可是，在有一千名員工的龐大組織裡，執行長要怎麼達成他們的管理職責？好吧，因為他們底下有一群小小兵。每位執行長底下有隸屬於他們的員工，這些員工又各自帶領底下的員工，層層下去，形成了公司的組織圖。雖然人資部門的說法是，公司組織是靠上下層級的報告關係維繫在一起，但我認為其實是資訊流將整個組織凝聚在一起。

關於資訊在組織內四處流動的方式，傳統觀點認為資訊、決策和策略是由位居組織圖更上層、經驗更豐富的人所設計，這些資訊慢慢在組織中層層往下傳遞，稱為向下滲透（trickle-down）。然而，同樣重要的是，組織圖中也會出現龐大的資訊量向上移動，這就是你進行向上管理時會發生的情況。

組織結構圖對於公司內各項工作的完成方式，只有觸及到非常表面的部分。我敢跟你們保證，貴公司的組織結構圖已經以某種有趣的方式遭到破壞，但是深入分析這個情況是另一章的主題。本章要了解的重點是，你的工作是主動了解老闆需要哪些資訊以及何時需要，這不僅是為了讓他們知道工作進展，還能讓你的職場生活更順利。

有限的資訊

讓我們先從「問題」聊起。本章不會具體描述是哪一類的「問題」，總之，這個「問題」會妨礙你的工作進度。當你面對一個獨特、不熟悉的「問題」，你腦中冒出的第一個想法會是，我……不太知道該怎麼處理這個「問題」。

很好，清楚自己的未知，是最好的學習方式。你的課題來了：你打算把老闆或主管拉進來，請他們一起處理這個問題嗎？

當你決定是否讓老闆或主管涉入，請記住一個最簡單的原則：只要你敢開口問，他們就會回答。而且，既然你主動開口問了老闆或主管的意見，就不能只讓他們參與一半。一旦你說出「我們可能遇到問題」，它就正式升格成真正的「問題」。

我並不是說，你的老闆或主管完全不知情或對你不懷好意，這只是因為他們手上的資訊有限，造成他們經常保持在低度警戒的狀態。這個狀態始於他們決定不再當工程師，決定跳進管理職的那一刻。你看，這些管理層相信你的理念，你們都認為程式碼才是唯一的真理，但是位居管理職的他們現在已經不再寫程式了，這會讓他們產生一種理性和非理性交織的恐慌狀態：**現在是怎麼回事，眼前這個情況會搞砸我的工作嗎？**

諷刺的是，老闆或主管一方面期望你獨立做好份內的工作，並且處理好你職責範圍內的所有問題，另一方面又不合理地期望你會讓他們了解所有的情況。但你不可能這麼做，你也不會這麼做，唯有採取完全相反的行動，你才能獲得高薪。當你有效率、獨立處理團隊裡的問題，事情就會進展順利，老闆或主管只會聽到你很有生產力（因為你已經有效率地默默處理好所有情況），其他糟糕的情況都不會傳進他們的耳朵裡。

不過，有些問題還是必須主動向上匯報，我會根據以下這份檢查清單評估問題的嚴重程度，決定是否要請老闆或主管涉入：

這個問題屬於你的職責範圍嗎？

這是你該負起責任處理的問題嗎？外部知情人士看到這個問題，會說這是你的責任嗎？根據判斷，如果確實是你的問題，你就必須處理。即使這個問題顯然不是你的職責範圍，也不能成為你不必處理的理由。如果處理的問題超出你的專業範圍或職責，可能會帶來龐大的政治利益，但同樣也存在風險。成功解決外部問題會讓你成為英雄，可是，一旦失敗就會落人口實，「搞什麼鬼，這傢伙為什麼一開始要插手？」

你有辦法處理這個問題嗎？

面對這個問題，你的直覺是什麼？你覺得自己有辦法處理這個問題嗎？以前曾遇過這類問題嗎？或者有看過其他類似的問題？在管理層不干預的情況下，你覺得自己有機會處理好這個問題嗎？很好，請繼續看下去。

這個問題的嚴重程度如何？

這個問題的重要性有多高？一旦評估問題的嚴重程度超出臨界點，就需要立即通知老闆或主管。例如，一些明顯需要向人資部門或律師尋求協助的問題、棘手的人事糾紛，或是跟團隊有關的勁爆八卦等等。不論你是否自認有能力處理這個問題，一旦確認這個問題不解決會出大事，就需要盡快向老闆或主管報告。

這個問題是否為管理層關注的重要敏感問題之一？

請想想你的老闆或主管一直以來都很感興趣的三個範疇？例如，績效、規模，還有跟他們討厭的其他圈子的主管有關的八卦，對吧？很好，那麼，他們最無法忍受的事情是什麼？跟老闆或主管匯報時，有什麼問題會讓他們瞬間失去理智？這個問題跟他們老是感興趣的問題有關嗎？除非有令人信服的理由，你才能對老闆隱瞞問題，否則你應該主動通知他們，讓他們參與。如果發生重要敏感問題卻沒有主動匯報，肯定會激起控制狂主管的憤怒。

獨立解決問題有什麼好處？

如果你在管理層不干預的情況下，獨立解決問題會發生什麼情況？當你能在不尋求老闆或主管的協助下獨立處理問題，就能在這幾個方面擁有寶貴的收穫——累積工作經驗、他人對你的信賴以及個人信用。一旦證實你已經成功，甚至能掩蓋你處理問題時的一些小瑕疵。你說這個問題不在你的職責範圍內？誰在乎呢？反正問題已經修正了！你說忘記跟老闆或主管匯報這個重要的敏感問題？沒問題的，我知道你有能力處理好這個情況，不過，或許下次你能先告訴我發生了什麼事嗎？

獨自處理問題卻搞砸了，會造成什麼負面的影響？

反之，萬一你搞砸了，你能預估會造成什麼損害嗎？老闆或主管會降低對你的信賴嗎？他們會因此解僱你嗎？你的失敗會牽連到其他人嗎？如果這次未能成功解決問題，反而會創造出更多問題嗎？萬一你以前從未處理過這類問題，光是要知道如何推測出這麼會做會帶來負面或正面的影響，就是件棘手的事。在這種情況下，你會採取什麼有效率的方式，幫助你預測會發生什麼結果嗎？

你能從中學到經驗嗎？

> 這個問題，我現在就能代替你回答。就算你只是坐在那裏謹慎考慮眼前的問題，完整審視本章提供的這份問題檢核清單，試著決定是否要自己獨力解決問題，光是這樣，我敢保證你就能學到東西。不論最終的結果是成功還是失敗，選擇正面迎擊問題，就能帶給你知識和經驗。

雖然我們的目標是希望自己能獨當一面，在不尋求他人的協助下獨力處理所有的問題，但請記住本章一開始提到的跳躍性思考——假設各位的老闆或主管具有某些能為你加分的經驗。因為他們以前遇過類似的情況，所以他們擁有的經驗能幫助你更快搞定問題。僅僅因為這個理由，就值得你偶爾從老闆或主管身上學些經驗，但我認為還有一個理由。

小心自以為是的管理者

現在我要請各位先把本章一開始提到的跳躍性思考丟在一旁，好吧，我得承認一個事實：職場上確實存在無能的管理者。這些主管顯現出來的無能和愚蠢不盡相同，但本節要特別談的類型是：自以為是的管理者。

自以為是的管理者雖然會疑神疑鬼，但還在合理範圍內。他們以往會很在乎自己不了解的事，但最後卻不了了之。有可能是他們認為自己累積了夠多的成功經驗，開始以為自己就算閉著眼睛，什麼都辦得到；也或許是他們開始相信自己什麼大風大浪都見過了，就懶得思考，以為不會發生其他意外情況。不論理由是什麼，結果就是他們變成了自以為是的管理者。

這一類的管理者自認掌握一切，無所不知，所以他們會兩手一攤，任由情況自由發展。當問題來到面前，他們會快速映射到之前的經驗，在短時間內做出判斷，然後將問題丟回去給你，完全不提供任何協助。

這些自以為是的管理者會讓下屬很崩潰，他們說起話來頭頭是道，好像很懂的樣子。當你把問題擺在他們面前，他們會點點頭裝懂，提出一些很有見解的問題，給你一種他們知道該怎麼做的印象，於是，你離開會議室，內心的OS是：好吧，我已經盡到向上匯報的責任了。

一個禮拜過後，你又回到一對一面談，並且再次向主管提出這個問題，可是你們的對話內容跟一週前簡直一模一樣，這一切不過是自我感覺良好。

什麼？現在到底是什麼情況？

真相就是主管一直在愚弄你。

我們之所以向上匯報，理由有二：和管理層溝通，以及尋求他們的協助。然而，向上匯報對自以為是的管理者來說根本不管用，我們無法達成這兩個目的。過去我也在職場上跟許多自以為是的管理者共事過，會造成這個情況，我認為部分的錯是出在我身上。

沒錯，優秀的管理者知道何時該介入，並且伸出援手。主管的職責之一確實是掌握團隊脈動，洞燭先機，但他們也會有思慮不周的地方，以至於錯失先機。團隊合作的好處是共同揪出彼此的錯誤，並且加以修正。你的工作之一是抓出老闆、主管和團隊忽略的地方；尋求他人協助你解決自身的失誤，也是你的職責。

向上管理最重要的部分，並不是選擇向上匯報，而是堅持尋求管理者的協助。自以為是的管理者自恃有豐富的經驗，會產生一種已經贏得遊戲或解決謎題的錯覺。因此，當你決定讓老闆或主管涉入其中時，你要看穿他們的管理謊言，主動尋求他們寶貴的經驗，這些也是你的職責。如果你不採取這些行動，被老闆或主管誤導，以為他們高明的話術代表實際的行動，職場上就會誕生這些自以為是的管理者，而你就是貢獻者之一。

人不可能無所不能

我很愛待在那種每個人都認為自己無所不能的產業。

雖然我能理解，人都會渴望擁有經驗、智慧和自信，擁有獨力做出一切決定的能力，但你永遠不會也無法到達這個境界。累積經驗和選擇解決問題，不僅有助於提升日後的決策能力，同時也更容易判斷，何時不應獨斷獨行。沒錯，個人職業生涯的目標是從尋求他人協助，轉而有能力為他人提供協助，但我們總會遇到需要別人幫助的時候。

沒錯，這些道理我們都懂，但問題在於我們想解僱的副總是個自以為是的管理者。於是，執行長的問題來了，「你們打算怎麼做？」他對資深管理團隊的要求沒錯：不是把問題丟給我就好了，你們要給我解決方案。問題是，我們需要特別協助，只有執行長才能提供。

跟執行長面談之前，我們已經把所有風險評估問題都思考過一輪。我們知道問題是出在主管身上，而且清楚問題的嚴重性；我們還知道如果能推動變革，明顯有利於公司發展，但我們只能說明問題，沒有權力改變現況。

我之所以記得這個故事，是因為我依然記得當時失望的感覺，我們走出執行長辦公室的那一刻，感覺被徹底擊垮。我們無法明確界定問題，更有甚者，我們無法向執行長提出解決方案。多年後我回過頭看，當時失望的情緒變成了挫敗感，因為我終於明白，那時無法讓執行長採取行動，是我們讓他變成自以為是的管理者的第一步。

12

彈跳人

如果要我簡短列出自己在專業競爭優勢上，足以和他人形成差異的因素，其中一項會是收件匣策略。對此，我採取的政策是零容忍，也就是說我無法忍受收件匣裡有未讀取的電子郵件。因此，任何電子郵件，不論大小，只要進入收件匣，我都會立即閱讀。為了清除郵件清單裡的雜音，我利用媲美業界強度的電子郵件過濾器來解決這個問題。沒錯，這表示我會忽略大部分收到的電子郵件，但能協助我持續快速讀取多數直接寄給我的電子郵件。

我還採用了其他收件匣策略，藉以判斷何時以及如何回覆郵件，但我得承認，即使結合了這些策略來處理郵件，也不是萬無一失。雖然立意良好，但我讀取電子郵件之後，卻從不回覆。面對不想回覆的郵件，我會消極抗拒，下意識不去處理——雖然有時我只是忘記回覆。一旦有人質疑我疏忽電子郵件，我就會拿出早已精心構思好的藉口。在所有電子郵件和電話交談中，當你必須承認自己的疏失時，標準的開場白就是……

「抱歉，我最近忙翻了……」

我沒有說謊，這是事實，但也是我的藉口。

現在，我甚至有點驕傲自己的生活忙忙碌碌。沒錯，我為自己繁忙的生活感到自豪。我很高興成為繁忙俱樂部的一員，因為我曾參與過無聊俱樂部的會議，那些會議真的很無趣。

可是，當無可避免的情況發生時，此刻心中的內疚會讓那一點點的驕傲消失殆盡。忘記回覆郵件這件事，以某種方式搞砸了我的工作，此時，我只好搬出標準的免責聲明：「我忙翻了」，但罪惡感在我心中揮之不去。我剛檢查了一下寄件匣，從去年已經寄出的 20,483 件訊息裡發現，「我忙翻了」這句話……竟然用了 712 次。這是多麼毫無創意又可悲的事。

然後，我想起最糟糕的一點是，因為我以忙翻了作為藉口，這句無用的廢話完全沒有提供任何有用的資訊給對方。

找藉口

我以前跟過一個主管，我們都叫他「彈跳人」，各位讀者稍後就會了解箇中原因。「彈跳人」這傢伙很聰明，是值得下屬尊敬的導師，他很有政治頭腦，對辦公室政治很精明，平常也很為團隊著想。「彈跳人」身為副總，肩負許多責任，他的管理策略是隨機抽查團隊成員的工作，找出會讓他彈跳的問題（看來，你猜到了）。

「彈跳人」的技能是感測廢話。出身工程師的他，不僅聰明而且熟悉專業領域的問題空間，能分辨出其他人是不是在糊弄他。只要聽到與事實相悖的話，他馬上就會知道。隨機抽查時遇到下屬含糊其詞，他通常能夠理解，唯有一個應對方式會令他暴跳如雷，就是：拿藉口塘塞他。

「彈跳人」會把藉口當作人身攻擊，除非大家都已經痛定思痛，清楚意識到他不接受已經打出的藉口牌，並且採取適當的步驟，確保這個情況永遠不再發生，否則，他不會讓任何人離開會議室。

對第一次找藉口的人來說，痛苦的地方是調整他們的想法。你看，當「彈跳人」提出問題但對方不願意回答時，此時回答者會做的事就跟我忽視電子郵件時一樣：他們會找藉口。找藉口就像下意識的反射性動作一樣，看似不會造成什麼後果，但在「彈跳人」眼中，他看到的情況卻不是這樣，他看到的是有人在推卸責任和無力的辯護。

找藉口就是推卸責任，世上沒有合理的藉口，稍後我會解釋這點。

表達方式

「可是，Rands，這次出包真的是 Antonio 的錯！」他手上明明有可以交付的東西，卻錯過了交付期限，是他搞砸的。冷靜點，你在爭論時，用錯藉口的組成部分。

藉口分為兩個部分：內容和表達方式。你提到 Antonio 的部分或許完全正確，但「彈跳人」會對你暴跳如雷的理由，是因為你的表達方式聽起來就像要轉移焦點，操弄大家。雖然你表達的內容確實是一項事實，但旁人聽來卻是情緒性發言。或許真的是 Antonio 的錯，但他為什麼會錯過交付期限？你知道箇中原因嗎？你不知道，因為你一直糾結於一項事實：是他搞砸了工

作，連帶也讓你搞砸了。這就是你傳達出來的內容，他人聽到的事實就是如此。

沒錯，你確實能以自信的態度表達沒有說服力的內容，但這只是暫時不會讓主管暴跳如雷，終究無法避免後續會發生的情況。即使你敢厚著臉皮掩蓋事實，但由於內容站不住腳，所以你其實不知道自己在說什麼。最終，你的名聲會遭受到打擊……而且是三次：第一次的打擊，是旁人發現你說話的內容很糟糕；第二次的打擊，是每個人都意識到你宣稱的事實，根本沒有自信；第三次的打擊，是同一群人以後每次聽到你說的話，內心都會質疑：「他真的知道自己在說什麼嗎？」

大家辛苦了。

這句話感覺諷刺意味濃厚。為了不讓自己看起來像不知所云的樣子，你只好開口說話，卻只是徒增他人困惑。如果你告訴「彈跳人」主管，「雖然我現在毫無頭緒，但我會研究看看，明天會知道該怎麼做」，聽到你這麼說，他應該就會冷靜下來。

不論公司大小，生活就是一場資訊戰，你能給予的資訊量以及資訊的準確率和及時性，就是他人評斷你的依據。離開個人貢獻者的角色，轉而投入管理職，這場遊戲會變得更為複雜。然而，作為個人貢獻者，你也應該知道身邊周遭的一舉一動，如實向其他人說明。

當公司某位高層只花了 30 秒，看完你投入六個月研究的東西，然後立即發現一個明顯的缺陷，令你痛苦不堪，我知道那樣的感受。此時你會開始在心裡跟自己對話，「這不可能啊，他怎麼會……」，最後黯然結束在這句「該死，我怎麼會漏掉這個問題？」遇到這種情況，真的會令人不知所措，尤其是當有人提問，「你為何沒想到這一點？」我知道你的藉口從何而來。因為你驚慌失措，急得團團轉；因為你的行銷手法很糟糕，而且不願承認心中的罪惡感。

所以，你打算怎麼做？此時你的名聲已經受損，下一步要怎麼做才對？

請記住一點，今天你會走到這個局面，很有可能就是一開始的藉口造成的。某個部門的某個人對你手上的產品的某個重要部分推卸責任，這就是會議桌上的每個人面面相覷的原因。所以，花些時間說點真話吧，表達時請掌握誠實、清晰和簡短的原則。當然，說實話可能會讓公司高層生氣，但在這種情況下，最不應該做的就是火上澆油，不應該主動展現出你的不安。

有些管理高層喜歡看到下屬侷促不安的模樣，樂於發現你的缺陷。雖然主管的看法或許是對的，但不代表他們有權利對你如此殘忍。我現在說的情況是你的缺陷暴露之後，現場氣氛一片死寂，每個人都看到了，大家心中都在懷疑，**我們怎麼會漏掉這個問題？**此刻，大家會期待有人跳出來說些什麼。你的機會來了，說些什麼來發揮你的價值吧。

說真話

跟在「彈跳人」主管身邊工作多年，我現在能在自己打算找藉口之前，感知到那一刻。當我軟弱地想將責任轉嫁給他人時，我能感受到後續即將發生的一連串事件。我在腦海中聽見自己接下來想講的話「**這不是我的錯**」，於是，我成功阻止自己找藉口。

我希望各位讀者回想一下你最近一次和他人的對話，想想你沒說出口的一件事。

或許你當時很急，沒有把某個人的問題當真；或許你進行了一場精彩的對話，也許你是和父親聊聊。想想你本來要提起什麼話題？你可以說說哪些小事，來讓你們的對話更有價值？

在我停止找藉口之後，這些想法是我腦海中閃過的一切。我反思自己不經意脫口而出的一切話語，其實可以說些更有價值的內容。我曾經寫下，「每當你說諸如此類、等等這樣的用語時，就會有一位創意寫作老師死去」，我是說真的。每次開口，你都可以創造一些東西。在令人不情願的死寂中，這才是你要的觀點，而非站在受害者的立場找藉口，說出情緒性的發言。

我很急，但我知道匆忙不能當成藉口，所以，請花點時間說真話。

13

敵對型主管

當你發現工作上造成的錯誤，會讓公司損失 15 萬美元；禮拜三就要交付的程式碼，卻發現架構中存在無法修復的致命性缺陷；聘僱了真的不適用的員工，導致公司面臨勞資訴訟。

這些日常工作中搞砸的情況都不是小問題，是災難級的窘境；這些情境不是未來式，是每個職場中都存在的現在進行式，保證一定會發生。當你發現遇到災難級的窘境，空氣瞬間抽離你的肺，你感到呼吸困難，你的頭傳來陣陣刺痛，口中出現彷彿含著金屬的奇妙味道。接著，你的大腦一片空白，腦海中只有一幅清晰的畫面，就是自己闖下的大禍。

第一次的震驚是源自於你個人發現自己闖下大禍，但本書要探討的是後續效應帶來的第二次發現。當你的頂頭上司得知你闖下大禍，此時你不該擔心他們口中是否會出現彷彿含著金屬的奇妙味道，你該擔心的是他們即將異變成哪種類型的主管。

主管的異變

理想型上司應當沉著冷靜，而且能利用自身多年的工作經驗，輕鬆俐落地收拾下屬闖的大禍。雖說如此，當下屬闖出大禍還是會打亂主管的工作節奏，逼得他們離開舒適圈。大難臨頭會讓人產生不尋常的壓力，即使是平常理性的人也會突然出現連自己都認不出來的可笑人格。接著我們就來聊聊，大難臨頭時可能會出現哪些類型的領導者。

審問型

審問型主管採取的手段是拋出無窮無盡的問題：顧客何時打來第一通電話？是誰先判斷問題處理的優先順序？產生的後果是什麼？後續的處理是什麼？審問型主管會繼續提出更多諸如此類的問題。

讓人厭世的一點是，審問型主管心裡其實只想問一個問題，但是在問出那個問題之前，他們要逐步引導下屬，鋪陳一個背景環境。後續會證實這一連串的問題，都跟主管真正要問的那個問題有關。當審問型主管唯一要問的重要問題出現了，才是會議真正開始的時刻。

各位讀者被審問型主管拷問時，本書希望大家記住這一點：主管之所以提出這一串無窮無盡的問題，是因為他們正在發洩心中累積的怒氣。雙方一來一回的問答過程雖然顯得乏味冗長，但是各位傳達給主管的每一塊資訊會更詳細地描述你闖下的大禍，提高主管協助你的機會。

有些審問型主管其實也沒有要追問特定問題，此時各位就需要向上管理。假設在一場一對一面談會議中，主管已經問了你第 27 個問題，卻還搞不清楚方向，完全不懂整個問題的來龍去脈，此時你該堅定自己的立場，直接詢問主管：「嘿，老闆。你真的想弄清楚目前的情況是什麼，還是你只是在生氣？我們可以試著在這個議題上取得一點進展嗎？」

計畫優先型

跟計畫優先型主管開會時，他們會先要求你列出完整的團隊待辦事項清單，因為他們想知道你為了解決這場災難級窘境，打算做的一切。如果你手上沒有這份清單或是或清單項目不完整，建議你最好擇日再安排一場會議，因為沒有其他做法能滿足計畫優先型主管。

等你手上有完整的工作清單後，計畫優先型主管會讓你經歷一段磨人的歷程，要求你根據每一項工作任務的輕重緩急，排列出執行的優先順序。萬一遇到主管心情很糟，他們搞不好還會想跟你討論，你在安排每一項工作任務的優先順序時，心中究竟是根據哪些考量。這類主管之所以這麼做，是想嗅探出下屬對手上要執行的這些工作任務是否缺乏知識，萬一被他們找到你有知識盲點，你就慘了。因為大難臨頭時，任何知識不足都會降低主管對你的信心，懷疑你是否真的有能力執行計畫。

跟審問型主管打交道時，很明顯會出現一個時間點讓你恍然大悟：喔，原來這就是主管想知道的，這就是主管要的計畫。但計畫優先型主管不同，你看不到明顯的時間點，因為他們想知道計畫裡的一切細節。你闖下的大禍讓主管極度驚恐，他們表現出來的反應就是盡力收集所有可能獲得的資料。感覺上跟控制狂主管很像，對吧？沒錯，正是如此，後續內容會有進一步的介紹。

無頭蒼蠅型

這種類型的主管是計畫優先型主管的瘋狂版,他們雖然立意良好,但會突然干擾現況,以無止盡的良好意圖,隨時打亂團隊的工作節奏。

各位讀者應該很容易就能辨別出無頭蒼蠅型主管散發出來的警訊:這些主管每隔幾個小時就會下達一次行動指令,改變應對錯誤的方針,剛開始可能察覺不到警訊,因為無頭蒼蠅型主管的身分是你的頂頭上司,大家很容易沉醉在這類主管散發出來的熱情和急迫感,因為每個人都想盡快脫離這種陷於錯誤的窘境,大家都想成功。可是,當行動計畫出現第三次戲劇化的轉變之後,團隊會開始感到疑惑,質疑「這種橫衝直撞、無頭蒼蠅式的做法,真的能幫助我們走出困境嗎?」

身為無頭蒼蠅型主管的下屬,你的職責之一是將雙方拉回到一對一面談,關起會議室的門,試試看能否召喚出計畫優先型主管。主管應該給予策略靈感,而非成為你執行戰略的夢魘。

啟發型

啟發型主管跟本章前面探討過的每種類型的主管一樣擁有相同的任務,只不過他們會採取巧妙的手段。和啟發型主管在會議室進行一對一面談時,你甚至不會察覺到他們的存在。我非常欣賞啟發型主管,也自詡要成為這種類型的主管。

啟發型主管看到你搞砸了,他們不會花一小時的時間審問你或是要求你排序工作任務的優先順序,他們會以優雅冷靜的態度,讓你意識到當前情況的嚴重性,還會引領你提出建議,找出合理的行動方案。啟發型主管會讓你在會議途中,突然拍著自己的額頭大叫,「哇,當時發生的問題原來是這樣,這才是我們應該要做的事!」你為自己提出的建議感到驕傲。

啟發型主管超越一般境界的實踐,就是你不會意識到他們正以循序漸進的方式,修正你的想法,提供無聲的指示。最厲害的一點是,即使你察覺到這種管理手段,也不認為主管是在操弄你,反而會覺得「喔,主管一直試著從旁協助我。」

敵對型

敵對型主管正好與啟發型主管完全相反。

敵對型主管雖然跟啟發型主管一樣不會立即顯露本性，但不像啟發型主管會提供無聲的指導，他們熱愛攻擊下屬。面對你闖下的大禍，敵對型主管會感到憤怒，表現出他們的怒氣，他們認為直接將怒火發洩在你身上，對你來說是有用的學習經驗。

此處我得提一個現實，關於敵對型主管的可怕之處：他們跟本章前面介紹過的各類型主管性格不同，不會站在你這邊。只要你闖下的大禍沒有觸犯法律，主管原則上是團隊的一份子，即使怒不可遏，應該還是要盡力引導和協助你解決困境，因為你是他的責任。

然而，萬一你的主管出現敵對型性格，你會瞬間面臨等級加倍的災難。因為你除了要面對自己闖下的大禍，還有一個完全不信任你的主管。這種時候我們只能祈求好運，希望主管出現敵對型性格只是一時的情緒反應，畢竟他們面對你闖下的大禍，正怒氣當頭，等主管怒氣消散之後，應該會回到原本比較冷靜的性格。儘管如此，就算主管冷靜下來，你也必須搞清楚為何主管面對極度驚恐的窘境時，會如此不信任你。

控制狂主管

本章最後要闡明各位讀者心中的疑惑，你們想的沒錯，除了啟發型主管，其他性格的主管都屬於控制狂主管。雖然跟控制狂主管一起工作很糟，但請先想想，你手上正捧著燙手山芋。如果主管面對你闖下大禍依然能處變不驚，當然最好，但我們都只是一介凡夫俗子，人都會有軟弱、情緒多變的一面，大難臨頭時，我們會出現什麼樣的反應，每天都不一樣。

各位讀者日後不論是遇到審問型、無頭蒼蠅型或是計畫優先型主管，請切記這兩件事。

當務之急，你的工作是設法帶那個平常冷靜理性的主管回到會議室裡。除了啟發型主管，其他性格的主管都在追求同一件事：**為了解決眼前的問題，跟我解釋團隊下一步要怎麼做、為何採取這個解決方案，以及團隊何時可以處理完成。**

接著，等待適當的時機。當你面對出現陌生性格的主管，必須記住這些擁有更多經驗的主管可以教你怎麼處理，你可以趁機從他們身上學習，只是要等他們恢復冷靜。

等待風暴過去的這段時間，我會建議各位讀者何不先主動面對災難，在合理範圍內判斷問題處理的優先順序？除非你遇到敵對型主管，不然一般主管最終都會跳下來幫你。雖說如此，各位讀者如果希望職涯發展過程中能取得長期的成功，就要積極了解災難損害範圍的全貌，判斷必須做什麼改變，才能確保同樣的災難不再發生。

14

不可能的任務

場景轉到一家新創公司的全體員工會議，此時此刻，執行長正站在 85 名員工面前，向大家宣布「我們必須在接下來的 90 天內完成一項不可能的任務。」

這個特別版的不可能任務是什麼，一點都不重要。重點是聽到執行長說的話，每個人都驚呆了，從會議室裡強烈的沉默便可窺知。

「什麼？我們接下來是要做什麼？」

這傢伙哪來的權力？他有什麼資格要求我們執行不可能的任務？當然，他是執行長嘛，但是，執行長就能站在眾人面前，隨興要求團隊製造一台懸浮機嗎？

你說的沒錯，確實如此。

然而，並不是說執行長就不會搞砸一切。

要求員工完成不可能的任務，屬於一種進階管理技巧，但工程師對此特別反感。工程師非常清楚什麼能做、什麼不能做，因為他們是負責開發工作和評估所有一切可能性的人。要求工程師執行不可能的任務時，他們通常會對提出要求的人嗤之以鼻，不只是因為他們認為這項不合理的要求非常荒謬可笑，他們手上還有資料可以證明這很離譜。

然而，即使工程師已經提出無可辯駁的資料，我們依舊需要考慮這項可笑要求的可行性。若能成功完成這項不可能的任務，不僅能提振團隊士氣，還能為公司帶來極大的利潤，因為市場上所有競爭對手都認為這項不可能的任務……嗯，不可能成功。更棒的一點是，若能成真，誰不想要裝在時光機裡的通量電容器呢？

當執行長要求團隊執行不可能的任務時，我們可以從三個面向來評估執行長的動機及其提出的要求。這些評估面向雖然無法幫助我們實現奇蹟，但可以幫助我們評估若要實現該奇蹟，其不可能性程度的高低和執行長性格。

瘋狂計畫的線索

首先，我們要弄清楚一件事：執行長是不是瘋了。所以，請先仔細聽聽執行長真正的要求。如果執行長面對整個工程團隊，要求你們點鉛成金，此時你應該露齒微笑、點頭贊同，同時在心裡開始編輯你的履歷表。不過，先別急著離開會議室。如果執行長現在要求團隊將發布週期從 90 天縮短到 10，此時你雖然有被自己嚇到，但可以先鬆一口氣，至少這項要求不是叫你執行物質轉換。

一項要求究竟是瘋狂還是不可能的任務，兩者之間存在著微妙的差異。

當你的內心開始揚起「對方瘋了」的旗幟，此時你該尊重自己的直覺，但不表示你要停止聆聽。你要繼續收集更多資料，有時看似瘋狂的做法，反而是對的事。

下一個評估必須做情蒐工作。調查執行長是否做了任何先行研究？為了實際確認看似不可能達成的想法是否可以實現。執行長對於自己提出的瘋狂想法，是否有什麼策略上的直覺？執行長是否清楚表達（不論有多模糊不清）他提出的想法為何對公司有利，以及團隊要如何實現？團隊需要的不是明確的計畫，而是策略性的大架構，讓各個主管能從一個出發點開始勾勒執行計畫的細節。

警語：有些主管和管理高層只要憑著自信這種小手段，就能推坑下面的人去執行不可能的任務。他們不需要憑直覺或仰賴可行性證據，就能讓團隊買單。這些大發豪語的人確實很能激勵人心，但稍晚在開車回家的路上，你該相信心中出現的煩躁感，激情退去，只剩下空洞不切實際的策略。當執行長提出的要求，除了他個人滿滿的自信，完全沒有任何依據時，實際帶來的後果就是這種空洞不切實際的感覺。關於如何實現不可能的任務，如果連一些頭緒都沒有，你可能會搞砸一切。

想實現只有個人魅力卻完全沒有計畫性的想法，根本就毫無希望可言。

切身之痛

接下來的評估面向,是搞清楚執行長在這場遊戲中投入的程度有多高?公司有多少身家被他押注在這項要求上?如果這項決策攸關公司存活,我會覺得比較安心,這表示執行長願意拿自己的去留為這項不可能的任務背書。他知道一旦這項計畫失敗,每個人都得找新工作,這會成為催生計畫成功的莫大動力。

如果執行長提出的要求涉及層面較小,假設只是賭上一個部門的成敗,嗯,表示風險更加限縮在某個範圍內,專案失敗的代價會由某些負責執行這項計畫的資深人員承擔。並不是說執行長不重視自己提出的要求(雖然是不可能的任務),但請相信我,他心裡應該有幾分把握,就算團隊失敗了也不見得會影響到他的去留。

這個面向需要評估兩件事:公司高層提出多大規模的要求,以及他們承諾為這項要求背書的程度有多高。評估這兩點時,個人直覺通常發揮不了多大的作用,因為根據你在組織中的地位,你可能連選擇要不要接這個不可能的任務的機會都沒有。只不過,如果能先就這兩點進行大概的評估,當不可能的任務來臨時,你至少可以在第一時間採取行動。

尊重的重要性

判斷公司高層提出的要求是否為不可能的任務時,前兩個模糊評估是就心理層面:初步評估計畫規模和管理層的自信程度,但還需要再納入一項考量。

請記住,我們現在談的是一項不可能的要求。這不是在說「嘿,禮拜五之前,你可以修完這十個錯誤嗎?」而是,「嘿,你可以重寫這個主要元件嗎?但只能用你當初撰寫元件時所花的一半時間。」這時候,請不要考慮是否有絲毫可行性存在,忘記那個自信心爆棚的執行長。如果你無法尊重那個對你提出某個要求的人,基本上你也無法信服他們,更重要的是,你無法全心全意投入。

公司提供員工獎金、升遷機會、推動 IPO(首次公開募股)、承諾將來會開發有趣的專案等等,所有這些外在的激勵手段都能用來點燃團隊的熱情,但員工個人是否願意全力以赴,參與開發一項不可能的任務,始於這個問題:我是否尊重提出這項要求的人?我敬重他們的程度,是否高到足以讓我願意承接這個不可能的任務?

「如何在組織中建立尊重」，這個主題大到可以寫成一本書。我的建議很簡單，就是：當你被要求接下一項不可能的任務時，請仔細回想以前執行過的每一項艱難的要求。公司高層提出不可能的要求時，他們的頻率是每個月？還是每個禮拜一？提出不可能的任務之後，公司高層會追蹤後續進度嗎？或是希望你自己執行這些任務？團隊是否曾經成功完成過一項不可能的任務？在某個禮拜天的凌晨三點，當團隊每個人都還在為專案奮戰時，這位提出不可能任務的公司高層是否也跟大家在一起，他看起來有沒有像一個禮拜沒刮鬍子的樣子？

我不知道各位讀者以前接下過多少不可能的任務，但我很清楚一點，公司高層如果頻繁提出不可能的任務，會削弱員工的尊重度，逐漸破壞他們對公司的可信度。也就是說，當執行長又站在眾人面前，要求大家創造奇蹟時，所有人心裡都會想：這傢伙是不是又在胡言亂語了？

執行長真正的目的

本章說明的建議雖然不夠具體，當執行長要求你做某些非常荒謬可笑又不合理的事，這些建議也無助於平息工程師一開始強烈的負面反應。

情況看似會變得更糟……但我要說，其實會變得更好。

領導力有時不應受到現實認知的約束，有時執行長完全不熟悉產品領域或生命週期也很重要。日常工作中執行的業務需要有合理的預期結果，必須嚴格遵照計畫執行，但這些一成不變的做法其實都會阻礙團隊產出卓越的成果。創造卓越的成果需要催化劑，像是不可能的任務。

當執行長提出看似不可能實現的要求，重點在於他真正的目的是，推動團隊重新定義自身究竟能達成哪些工作的可能性。執行長或許只是提出一個想法，從他提出的要求內容中，你只能感受到或許可以實現的可能性，但讓整個想法具現化並不是他的工作，此時就是你該出場的時刻了。負責將執行長的靈感、直覺、初步計畫和信心轉化成資訊和行動的人，是你。

你才是那個真正負責實現不可能任務的人，本書對各位讀者的請求只有一個，希望各位能好好考慮公司高層提出的要求，因為同意參與開發不可能的任務，能幫助你打破常規和克服恐懼。

15

本能反應

這次我們將場景轉到某個滾軸曲棍球場,今天早上那裏發生了一場爭吵。Anaheim 在比賽中快速衝撞 Philadelphia,Philly 不爽對方的作為,以手軸拐了一下 Anaheim 的胸部,而且是非常用力。Anaheim 反推回去,將 Philly 推往球門方向,導致他絆倒,整個人跌落在球場上。於是,雙方互相叫囂,加入了更多肢體衝突,後來我們花了五分鐘,才將雙方拉開。

這個曲棍球場是第一次網路泡沫之後留下的遺跡,因為這座溜冰場是由 Netscape 建造,自 1998 年啟用以來,每個禮拜六都會舉辦比賽。參加比賽的人大多互相認識,所以比賽過程中的氣氛都很溫和,著重於雙方磨練技巧而非實戰。因此,一整年之中只要發生一次爭吵,就是很不尋常的事。

Philly 回到板凳區(我認為他就是挑起這場紛爭的罪魁禍首),某人趨前問他方才在場上究竟發生了什麼事,他說:「是 Anaheim 衝撞我,我只是自保。」

八分之一秒

現在要請各位讀者回想一下,最近一次讓你感到驚訝的情況是什麼。不論是好的還是壞的情況都可以。上一次真正感到驚訝是多久以前的事?各位了解我的意思嗎?好吧,說到驚訝,各位讀者現在第一個想到的事情是什麼。我不想知道各位最後是怎麼處理這個情況,我希望各位回想的部分,是你們當下遇到情況的第一個反應。

當你感到驚訝時,你會如何反應?每次遇到令人驚訝的情況時,你是否一定會出現這個反應?我猜答案應該是肯定的。

Philadelphia 在曲棍球場上遇到令他驚訝的情況時,他的反應是舉起盾牌保護自己。這是一般人在自保時會出現的自然反應,有趣的地方並不是 Philly 面對自己被攻擊時表現出非常合理的反應,而是其他人如何解讀他的反應。所有人都看到他舉起手臂,抵擋 Anaheim 突如其來的意外攻擊,而且,所有的人都認為:*Philly 你這傢伙,根本是個混蛋*。

在任何超過一個人的群體中，只要遇到意外情況，通常就會出現這些立即反應。

重點是了解這些瞬間反應的影響範圍和後續帶來的效應，以便於應對這些尷尬、充滿緊張和職場上的棘手情況。

職場本能反應

在了解這些人類瞬間出現的本能反應時，各位讀者需要知道的第一點，是在不帶任何個人主觀判斷的情況下，先以客觀的態度觀察這些反應。由於我不是心理學家，所以我不知道為何有些人會積極出現這些本能反應，其他人則是被動出現。我也不知道這些反應是否由後天教育或先天遺傳而定，但我很清楚一件事，人類這種物種很難控制當下第一時間的反應，而且有很多這類的反應。

根據我個人的想像，所有反應都能歸類在一個範圍內，也就是要「戰鬥或是逃走」。理解某個本能反應的第一步，是先判斷這個反應屬於哪一個範圍。這個人遇到驚訝的情況時，會正面對決還是被情緒淹沒？他們會急著閃人還是畏懼不前？如果你想快速了解身邊周遭的人，重點是看他們面對驚訝的情況時，通常會選擇正面對決還是落荒而逃。

再提醒各位一次，請先不要帶有個人主觀意識。會自動出現戰鬥本能的人，不一定就是跋扈之人，這只是世界突然發生快速的轉變時，人類會有的預設直覺。我知道自己的團隊裡有誰遇到突襲狀況時，會一馬當先；我也知道誰會默默消化眼前發生的詭異；我還知道誰會在三小時或三天後，以全然不同的態度回歸，因為他們經過消化處理，準備面對眼前的詭異。

遇到令人詭異的情況時，對方第一時間發生的反應，只是幫助我們初步評估這個人會選擇戰鬥或是逃走，但是他們還會發生其他瞬間反應，了解這些反應，有助於我們預想下一步要採取什麼行動。

為了說明本章接下來的內容，假設我們遇到令人詭異的情況，而且是壞消息。不論面對哪種類型的詭異情況，以下介紹的這些反應都能套用，但此處假設的情境是職場環境中發生造成負面後果的壞消息，而且在一群人之中散播，此時坐在會議桌對面的人可能會出現這幾種類型的反應。

Dr. No 型

「否定」，就是 Dr. No 會出現的反應。不論眼前發生的詭異情況是否合理、好懂或已經解釋清楚，一點都不重要。Dr. No 唯一的反應就是迎戰，他們的做法就是說「不」。

「我『不』同意解僱她。」

「我『不』接受組織異動。」

「我『不』會解散這個小組。」

各位請記住一點，本能反應未經大腦思考，屬於非理性反應，雖然是有趣的戰術，卻不是有效的策略。Dr. No 針對某個主題的否定言論，不代表他們對該主題的想法，是人類的爬蟲類腦（也就是腦幹）遇到詭異情況時出現的反應。

「不」。

如果是一群人集體面對突如其來的詭異，而且 Dr. No 坐在會議室裡，對整間會議的人拋出「不」，可能會讓每個人陷於混亂。好吧，Dr. No 都說「不」了，我同意他的看法，**我也說「不」**。突如其來的情況發生時，當下只允許人做出立即的反應，還來不及採取任何行動。整間會議室充斥著「不」和一堆其他反應，如果你是會議主持人，你的工作就是讓大家說話，讓他們做出反應。目的是讓 Dr. No 和其他人先表達出他們的反應，我們才能清楚知道下一步要採取什麼行動。

後續處理：Dr. No 已經表達出他們心中的情緒，這是個好消息。讓他們表達心中的不滿，你就已經成功了一半。下次跟 Dr. No 交談時，他們雖然還會說幾句「不」，但他們知道自己的想法已經被聽見了，會更樂意和大家集思廣益，討論下一步要採取什麼行動來處理突如其來的意外。

蠻牛型

蠻牛型反應的人或許最危險，因為他們想要戰鬥。遇到令人詭異的情況時，他們會視為對個人的人身攻擊，不僅會說「不」，還會向對方挑釁，蠻牛型的人可以說是帶有敵視態度的 Dr. No。

處理蠻牛型反應的做法，就是知道他們正要暴衝，你正面對蠻橫不講理的人。假設你心裡有譜，知道如何控制眼前發生的意外情況。在這個情況下，你會想把這些暴怒的蠻牛放在一個安全的環境中，讓他們盡情宣洩情緒，以免對其他人造成心理傷害，或是影響一群無腦的小蠻牛，激起暴民心態。如果純粹是個意外事件，而且是發生在一群人開會時，我的建議是盡快結束該場會議。蠻牛型的人跟 Dr. No 一樣，也是在表達他們震驚的情緒，不同之處在於，他們一定要跟某個人挑釁，情感上才能獲得滿足，不然就會覺得情緒反應沒有完全釋放。

後續處理：面對突如其來的意外，每個人都需要時間思考，盤算如何處理，但比起其他反應，蠻牛型反應更需要時間消化眼前的情況。每一個本能反應都是由一種特定的心理渴望所引起，就蠻牛型反應來說，表現出這些反應的人認為從心理和言語層面讓他人感到恐懼，對他們自身會有幫助。

但其實不然。

我發現所有反應中，蠻牛型反應最有可能在事後重複上演。意外情況剛發生的幾天後，蠻牛型反應的人常常會繼續出現挑釁的行為，我們採取的做法就是盡可能讓他們忙著思考接下來會發生什麼。面對突如其來的意外，我們下一步要怎麼做？為了成功解決這次的意外情況，他們有什麼特別的關鍵想法？

靜默型

靜默型反應會被解讀為逃避，因為這類反應不會採取不停迎戰的姿態，他們雖然只是靜靜坐在那裏，但實則內心澎湃，正試著理解眼前發生的一切，而且不放過任何小細節。靜默型反應表面上完全保持沉默，但在面無表情的撲克臉下，他們正仔細處理和評估所有可能情況的排列組合，各種最好最壞的情況將對他們的日常生活造成哪些衝擊。

根據他們內心處理外界資訊的做法，會產生兩種截然不同類型的靜默型反應。在意外情況持續的整個期間，「真正心如止水的靜默型反應」會保持冷靜的神態。他們之所以能持續保持鎮靜，是因為他們已經透過內心的一套處理方式，找出令他們安心的應對計畫。他們相信自己知道接下來要採取什麼行動來應對意外情況，這種對所有一切了然於胸的意識，帶給他們內心的平靜。

第二種靜默型反應則會出現無法控制自我情緒的狀況。當然，他們表面一樣看似冷靜，但是內在處理眼前意外情況的方式，導致他們出現越來越瘋狂的夢魘情境。如果不立即採取相應的行動，瘋狂版的靜默型反應會找理由讓自己爆發成蠻牛型反應。

後續處理：意外情況發生之後，我們要盡快將靜默型反應的人安置在有安全感的環境裡，因為他們內心一點也不平靜。跟 Dr. No 和蠻牛型不同，靜默型反應的人會權衡自己手上的機會，深陷在自己的思緒之中，陷得越深，就越有可能對自己編故事，將自身推向瘋狂的境界。

此時，我們需要讓靜默型反應的人大聲說出他們內心的感受，他們對眼前突然改變的世界有什麼想法。跟先前應付蠻牛型反應一樣，我們需要靜默型反應回到現實，和大家一起面對眼前的意外情況，將腦海中的各種問題攤在檯面上，讓每個人都可以採取行動。

淬鍊型

在所有職場本能反應裡，我最喜歡淬鍊型反應的人，因為他們會以提問的方式來迎戰意外情況。「為什麼會發生這樣的情況？」「我們為何沒有預想到這個問題即將襲來？」「好吧，這會帶給我們什麼衝擊？」「很好，那我們接下來要採取什麼行動？」

淬鍊型反應的人雖然會擺出迎戰姿態，但他們會採取有建設性的做法。面對突如其來的意外情況，他們跟任何人一樣也會感到不安，可是他們的應對機制是積極主動去了解情況。不斷提出相關問題，直到他們覺得已經全盤了解實際上究竟發生了什麼。

如果是在一群人開會時意外事件突然襲來，我會任由淬鍊型反應的人主導當下的情況，因為他們會不斷提問，這點有助於會議室裡的每個人認真思考實際上究竟發生了什麼事。淬鍊型反應的人會將焦點放在意外情況這個事實上，而非個人的情緒感受。

後續處理：我們會覺得還好有淬鍊型反應的人在場，因為他們會不斷提出問題，不過，我正好藉此解釋一點，每個人從突發情況回神的方式不同，這也就是為什麼每種反應都有其各自不同的後續處理方式。淬鍊型反應的人可能在睡了一覺之後，就變身成蠻牛型，靜默型反應的人也可能會轉變成淬鍊型。在突發情況發生 24 小時後，沒有人能確定明天走進辦公室大樓的人會

變成誰。這就是為什麼絕大多數的意外情況會精心安排在週末前發生，而某些人相信所有本能反應都會在週末過後冷靜下來。或許是吧，後續本書會有進一步的介紹。

偽處理型

偽處理型反應實際上是一種逃避反應，但旁人卻感覺不出來他們在逃避。偽處理型反應的人表現出來的態度是對意外情況一點也不驚訝，彷彿他們不管遇到什麼突發事件，都會立即採取行動，就像是他們早就知道會發生這個意外情況。他們是怎麼做到的？

然而，偽處理型反應表現出來的冷靜，其實只是一種假象。淬鍊型反應的人是透過問題理解情況，偽處理型反應採取的應對機制則是幻覺，以為自己比每個人早十秒全盤掌握所有情況。當蠻牛型反應的人正站在會議桌上挑戰每個人，準備來場近身肉搏戰時，我們當下會覺得有偽處理型反應的人在真好，但他們其實需要旁人的幫助。

後續處理：偽處理型反應的人一旦崩潰，就會格外嚴重。偽處理型反應其實是 Dr. No 型，只差在他們沒有表現出否定反應。夜深人靜的時刻，當偽處理型反應的人意識到自己實際上完全沒有處理任何情況時，就會看到他們顯露出真實反應。

自責型

自責型出現的逃避反應之一是出於自身的責任感。他們給人的印象是會自我反省，就像是他們個人做錯了某件事，才會造成這個特定的意外情況。他們還會認為，當時只要有一件事採取不同的做法，大家就不必面對眼前的突發情況。

自責型反應中存在著個人的一線希望。面對意外情況時，他們會表現出有建設性的同理心，跟 Dr. No 或蠻牛型那種具有破壞性的社交互動傾向相反。此外，我們會希望他們不要過度高漲個人的責任感，因而深陷於負面的情緒之中。

後續處理：自責型反應並不是該為突發事件負責的人，他們的責任感雖然值得讚賞，但還是必須理解造成突發情況背後的真正原因，並非他們的行動才導致突發情況，所以他們不應該認為眼前的意外是自己造成的。他們如果越內疚，越覺得自己該負起責任，就越難集中精力在取得進展上。

絕望型

絕望型不僅是最常見的逃避反應，我相信也是當每個人消化眼前發生的突發情況時，都會經歷的情緒反應——絕望。

當整間會議室的科技宅剛聽到突發情況時，他們的第一個想法是：「眼前這個突如其來的意外情況，該如何跟我內心的運作系統配合？」若無法將意外情況轉換成內心既有的模型，他們就會開始意識到心中的不安：「這個世界無法照我預期的方式運作，如此一來，肯定會隨時發生其他意外情況，以上證明完畢。該死！原來我對這個世界絲毫沒有掌控能力。」

後續處理：科技宅一旦察覺到他們對自身存在的世界失去掌控或理解力，會嚴重破壞他們的自信心，對抗這種絕望的最佳方式就是投入專案。不論這個專案是否跟突發情況有關，重點是他們需要做點什麼或是藉由開發某些內容獲得的滿足感來分散注意力。在積極轉移注意力的過程中，他們會釐清自己對突發事件的真正感受。

離職型

最後一種類型的本能反應是我們最強烈的逃避反應。離職型反應是絕望型的極端版，跟我們預期的完全一樣：他們會當場威脅要離職。

他們的本意並不是離職，好吧，可能有這樣的想法，但不會現在離職。我們要將「我要離職」這句話轉換成他們內心真正想說的話：「我對這次的意外情況感到非常驚訝，我不喜歡面對突發事件。」不幸的是，離職型反應就是如此，若出現在一群人開會的場合，尤其需要注意。因為離職型反應的態度會造成職場上的集體恐慌，也就是說我們必須立即處理，千萬不要等到週末過後再跟離職型反應的人解釋情況，因為他們可能會在睡了一覺之後，轉變成跟此時此刻截然不同的反應。我們要像鏡子一般指出他們的問題：「不論突發情況為何，這世界明明還有那麼多選項，你為什麼要視而不見，當場就提離職？」

後續處理：離職型反應的人冷靜下來之後，他們會接受其他意見，然而他們的本能反應卻暴露出一個更大的問題。我不知道各位讀者面對的突發情況為何，但我很清楚兩件事：首先，若某個人想要離職，這確實是很大的突發情況；其次，動不動就提離職的人，對工作的重視程度低於個人內心的平靜。

階段性本能反應

人類明顯是相當複雜的生物,從來不是一個名字就能簡單帶過,但本章為了給讀者初步的概念,刻意簡化人類本能反應的類型。

如同本章前面給各位的建議,當我們領悟到公司發生突發情況時,人們在職場上會出現多種本能反應,就會覺得這是很稀鬆平常的事。這些反應就像悲傷一樣,會經歷不同的階段,身為主管的你或者你是和這件事息息相關的同事,你的工作其實沒那麼複雜,就是傾聽而已。

人類之所以具有本能反應,原因是為了應付突發情況的發生。觸發一套吸收消化的流程,重點是理解突發情況,而非人們對此出現的反應。雖然每個人會有不同的反應,但大家最終的目的都一樣,都想努力弄清楚方才發生的突發情況。在這個過程之中,我們讓信任的某個人坐下來,聽聽我們初步評估的想法。以口頭方式完整闡述我們的想法,是幫助我們組織和理解自身想法的做法之一,進而找到令人安心、有建設性的結論。

面對蠻牛型反應,我也跟大家一樣會感到不安,但我知道這類本能反應並非他們的本性,這只是他們面對突發情況時當下的反應。理解人們潛在會有各種不同的反應,是消化吸收突發情況的第一步,有助於我們預期接下來會發生的事,清楚掌握下一步的行動。

16

定期召開日常乏味的會議

我得承認，我很愛那種天要塌下來的時刻。這種面對迫在眉睫的災難威脅，是最吸引我的狀態。

我在這些危急時刻完成了很棒的工作，帶領團隊從「我們註定要失敗」的狀態轉變成「我們做到了」。為了救火，曾經有一次我們必須取消聖誕假期，還有一次我連續三天沒有離開辦公大樓，但我覺得很值得，因為瀕臨混亂邊緣，是最令人興奮的境界，畢竟人類的天性就是逃離危險。

在危急關頭投入全力，成功力挽狂瀾之後，你會獲得名聲。旁人眼中你就是「修復者」，當他們失去希望，你會是他們想召喚的人，擔任修復者雖然能獲得很棒的殊榮，但這只是表面上的假象，為了掩蓋了一個事實：你看，有人犯了嚴重的錯誤，搞砸了一切，而那個人可能就是你。當天塌下來時，同時也意味著先前在某個地方有人低估了專案、沒有做出決策或讓小失誤變成嚴重的災難，修復災難的感覺雖然很棒，但並沒有真正解決任何問題。

危機管理令人興奮，但這種管理方式更重視處理危機的速度，而非徹底解決問題；追求短期進展的假象，卻犧牲了創造力。

然而，此時此刻，天就要塌下來了，與其等著危機襲來，我們必須立即採取行動。我給大家的第一個建議是：深呼吸。

嘆息

看到危機逐漸逼近，人的身體會出現明顯的自然反應。認真思考危機時，我們會先深吸一口氣。各位讀者通常不會注意到自己出現這個反應，但如果我當時正好坐在你旁邊，就會聽到你發出嘆息聲。

嘆息伴隨著絕望，表示「我們搞砸了，唉（嘆氣）」但我對嘆息有不同的解讀意義，深呼吸其實是一種準備。本書將深呼吸分解成兩個階段：首先是呼氣和聚集力量，「喔，該死，我要怎麼處理眼前的情況？」；然後憋住氣、穩住，很好，吐氣，「好吧，雖然還沒想到確切的計劃，但是讓我們開始準備行動吧。」

深呼吸過程中，最有趣的環節是憋住氣的時候。現在我要請各位讀者試試看：先深呼吸，然後憋住氣。請觀察看看，憋氣的時候，你會做什麼？首先，你會慢慢感到窒息，但在這種危及生命的緊張時刻，人反而會做出有趣的事；接著你會出現微妙的變化，從製造緊張變成釋放壓力，然後冷靜下來，同時也在刻意創造一個深思熟慮的時刻。

各位讀者現在可以吐氣了。

接下來我會利用深呼吸的各個環節作為比喻，延伸說明我如何建立團隊的溝通結構。後續內容會有進一步的解釋，在此之前，我要先說個故事。

曾經有一家新創公司的團隊陷入設計危機，當時該家公司的產品剛推出 1.0 版，而且頗受好評，所以每個人都想要……嗯，包山包海，考慮將每個設計功能都納入產品裡。團隊無限上綱的野心是很大的問題，但最初的一個禮拜，大家都覺得這是好事。一個月後，團隊出現三個不同的設計方向，各自擁有不同的支持度。當初因為開發新版本而衍生的創意衝勁，逐漸退化成一場場無用的設計會議，團隊分裂成不同陣營，提出策略只是為了防禦對手，而非進行討論。雖然做出決策卻難以傳達，混亂取代了創意。

人類在危急時刻出現以下這幾個行為時，會讓整個局面變得更糟：

- 喪失明確的方向時，人就會捏造事實。跟自然界厭惡真空的原理一樣，人在缺乏可靠資訊的情況下，會自己產生資訊來填補空白。這些人不是說謊，也沒有惡意，他們只是嘗試在一片混亂之中，建立看似有結構的假象，但事實上這樣的行為會加劇混亂的情況……

- 遇到危機時，人們會不斷地進行討論，彷彿互相提供集體治療。他們沒有創造新的內容，只是重複消化最新得到的消息。這種大家在走廊相互交流的行為，在適當的時機下，確實有助於推動新的想法，但如果我們只是談論危機卻沒有其他作為，就只是引起大家的焦慮，而非處理真正的問題。

- 最終，每個人都想知道一切。缺乏資訊再加上集體治療，人們會源源不絕地創造出其他有待商榷的內容，在這種環境下，團隊裡的每個人會渴望全面掌握資訊，其實不足為奇。他們會想：「**等訊息完全公開之後，再考慮採取後續的行動，我要加入自身獨特的想法，並且盡快找機會表達。**」

這是一種資訊溝通的災難，即使員工在公司走廊交流卓越的想法，螢幕上的便利貼寫著許多出色的創意，但在混亂的溝通結構下，每個人都陷入恐慌，沒有人記得要先深呼吸。

三個會議

為了解決這場溝通災難，我從星期一開始，推動了新的會議結構。我先說明會議型態，再來討論會議目的，共有三種類型的會議：

跟團隊個別成員的一對一面談

星期一早上，開始了我在本週的第一場會議。工作上悠然自得的團隊成員安排 30 分鐘的面談時間，深陷危機的成員則安排一小時。一對一面談的議程很簡單，就是先深呼吸，然後聊聊：

你最近工作上有什麼煩惱嗎？

這是我目前擔心的問題。

然後互相討論……

團隊會議

才剛結束一對一面談，會議的餘韻還殘留在腦海之際，我隨即又召開了兩小時的團隊會議。雖然聽起來像是一場漫長的會議，但如果會議進行順利，整間會議室的人都很配合，幾乎總在不知不覺中就結束了。

所有成員當然可以繼續在團隊會議上，公開表明他們擔憂的問題，但我希望這個會議可以扭轉局勢，讓大家從吸氣變吐氣。也就是「**了解，雖然我們大家都很擔心，但接下來要做什麼才能處理這個情況？**」

這場會議的氣氛和內容，會隨開發週期處於哪個階段而異。如果開發週期處於早期階段，就會討論設計狀態；若是開發週期後期，則會檢視我們對產品品質的信心度。

召開團隊會議時，我會帶團隊逐一討論三個層面的議題，而且每個議題會越來越棘手。我們先從營運層面開始討論（了解我們當前的處境），再來是戰略層面（接下來我們打算採取什麼行動），最後則是策略層面（我們實際上要採取什麼行動），接下來解釋每個層面的議題：

營運層面：我們當前的處境是？

營運層面的議題是確定而且不具爭議性的衡量指標。例如，我們手上有多少錯誤要處理？招募人員的進度到哪了？何時要搬去新的辦公大樓？圖表等任何確定的資料，這些都是團隊成員需要知道的事實。因此，不會有任何爭議，也不需要討論，只要讓所有人對齊資訊。我們衡量的指標就是我們要修復的問題。

戰略層面：我們打算採取什麼行動？

這個層面是制定執行計畫，戰略就是團隊下週準備要執行的變動計畫、任務、事件和事項，目的是解決一對一面談時發現的工作上的煩惱。戰略層面的議題和營運層面一樣，也是可以衡量、消耗的指標，差別在於這些議題不只是出現在我們的報告上，還是我們正要採取的行動。例如，在達成下一個產品里程碑之前，努力清除現有版本的每一個錯誤，確保這些錯誤只會出現在這個版本裡；Jason 預計在本週四前提出新設計。定義這些戰略，同時也是在定義我列出的最後一個會議的議程，但我們必須先介紹完策略層面。

策略層面：我們真正要採取的行動是什麼？

所有經過完善定義的戰略都很出色，這些戰略也是團隊實際要執行的工作，我希望團隊能在本週結束之前，定義出可以衡量的進度計畫。加油，我相信你們能辦到。然而，面對一些跟組織、產品和人有關的問題時，我們通常無法在一週……或是一個月內處理完畢。策略層面的議題牽涉到公司政策和文化，會為組織帶來深遠層面的變革。例如，由於品質不佳，我們打算建立程式碼審查文化；我們的設計風格紊亂，所以要定義統一的程式碼風格指南。在整個團隊會議中，討論策略層面的議題，絕對是我最喜愛的部分，因為這些議題反映出最重要的契機，意味著組織或團隊中有機會實現根本性的變革。然而，這個層面的議題也最難定義和評估成效。

更糟的是，在危機即將來臨的情況下，若想實際推動策略層面的變革也很棘手，因為每個人都在努力防止天塌下來，所有人都認為聚焦在眼前要執行的戰略，才是正確的應變措施。這並不是說團隊會議中策略層面的討論就不重要。我們或許無法找出策略層面的變革方案，但是，對那些陷入危機、已經快喘不過氣來的人來說，就算只是討論跟變革有關的想法，也能讓他們對未來抱有一絲希望。

團隊會議結束後，我不只帶團隊深呼吸，還讓他們吐氣，開始冷靜下來的過程⋯⋯現在我清楚知道我們這週需要採取什麼行動。然而，這個環節通常也最容易讓人搞砸。吐氣這個動作伴隨而來的安心感會讓團隊混淆，以為他們擁有帶來實際進展的計畫。可是，團隊除了坐在會議室裡三小時，現階段還沒有真正採取任何行動，所以我們還需要再開一個會議。

「確認進度」會議

團隊在每週五下午四點固定召開這個會議，會議存在的理由只有一個：就員工會議定義的戰略，評估執行進度。例如，**團隊是否執行了預定要進行的計畫方案？**從議程的角度來看，更容易理解召開這個會議的目的，因為在週一的員工會議上，團隊已經明確定義、滿懷希望地列出本週要進行的議題和評估指標。再提醒各位一次，這個會議的內容會隨開發週期處於哪個階段而異，不管內容版本為何，這個會議固定在週五召開。例如，讓團隊一起檢視設計內容、看看進度表上還有哪些錯誤未修復，確認團隊做出了哪些重大決策等等。

「確認進度」會議是讓團隊展示進度的好時機，證明他們知道如何推動進度，即使在面臨危機的情況下，這也是讓團隊短暫慶祝的絕妙時機。

為某個目的保留空間

透過這種反覆召開冷靜會議的模式，不僅能在面臨危機期間發揮作用，在日常工作中也同樣有效。我知道你已經和你最喜愛的設計師合作三年之久，也知道你相信雙方都完全了解彼此的想法，然而，這種對心有靈犀一點通的自信，並不代表你應該省略彼此的一對一面談，就算危機尚未來臨。

一群人之間要保持良好溝通，達成共識，需要不斷的練習。不論你對團隊的了解程度有多高，你永遠無法預測團隊內部的對話會往哪個方向偏離。本章提出這個會議結構的作用在於設定組織期望：

- 團隊裡的每個人都知道他們可以私下表達自己的想法。

- 不管有沒有參與這些會議，團隊裡的每個人都知道這套會議系統，透過這套系統在整個辦公大樓內傳播大量的資訊。

- 團隊裡的每個人都知道如何衡量每週是否成功達標，以及危機是否即將來臨。

跟這些會議存在同樣重要的是，有規律而且機械化地召開會議。即便多年後團隊已經解散，當你在禮拜一早上看到時鐘顯示 10:15，希望你會想起 15 分鐘後，我要和主管進行一對一面談。這種規律性並非威脅的手段，是建立團隊信賴的基礎，讓每個人知道：我有發言權。

我甚至還沒提到，召開這些會議還有一個更大的好處。

反覆召開所有無聊的會議，這種會議結構存在的意義，是為了某個目的而保留空間。不論是獨立開發或是參與團隊設計，各位讀者在發揮創意時，都會需要兩個條件：一個鼓勵發展隨機性的環境，另一個是有足夠的時間沉浸在這個環境裡。執著於定期召開日常乏味的會議，為一切瑣事劃定某個固定存在的空間，進而讓其餘時間都保留給創意潛力。當我們不斷鼓勵環境中發展隨機性，這些隨機性就是我們將來致勝的契機。因為隨機性會帶我們發現旁人尚未找到的解決路徑，而這一切都始於深呼吸。

17

玩轉激勵系統

我有一份管理創意的解決方案清單，應對危急情況時，我建議使用移動式白板。

過去我在某家新創公司工作時，公司裡的移動式白板引起大家的好奇心。這裡指的不是一般那種完整尺寸的白板，而是門板大小、附有輪子的白板，適合推到會議室和類似小隔間的地方。我到現在還是不知道白板的主人是誰，但那張白板是我在絕望時刻抓住的一片浮木。

團隊當時處於專案開發的最後階段，先前我們取巧用的每個捷徑、每個沒寫到的規格，以及忽視所有來自工程師的警告，在在都讓專案付出時間這個代價。我們手上擁有的資料全都令人擔憂，錯誤出現率暴增，錯誤解決率卻很淒慘，呃，因為各項功能都還在努力完成中。

就跟我剛說過的一樣，這個專案的前景令人擔憂。

接連而來的壞消息，讓每個人都十分懊惱。我們已經連續三個週末都在加班，完成之日卻遙遙無期。向來對悲觀情況抱持樂觀態度的工程團隊變得安靜，他們的沉默令人不安。每個人都盯著我們「不能錯過的最後期限」，心裡卻同時想著「我敢保證我們一定會錯過交付期限。」

為了突破眼前的僵局，我需要一個「遊戲」。

富有樂趣的系統

工程師們都是系統性思考者。我們將這個世界視為非常複雜但可以理解的流程圖，限制輸入流程圖的資料，同樣也限制了輸出內容的集合。難以理解的流程圖帶給我們一種安心的錯覺，讓我們以為自己能控制和理解一個混亂的世界，但這種錯覺的存在，只是因為工程師長期以來在日常生活中審視、推

導和構建系統,所帶來的便利副作用。這也是為什麼工程師會如此熱愛遊戲的原因(遊戲只是一套富有樂趣的系統),當你越了解遊戲伴隨而來的吸引力,就越能管理工程師。

消費一款遊戲的過程跟所有心靈探索活動一樣具有定義完善的流程,由以下幾個階段組成:

- 探索
- 最佳玩法、重複任務然後獲勝
- 成就

探索:從一團混亂到掌控一切

遊戲最初的樂趣來自於探索,混亂的世界和逐步揭露未知的一切,兩者之間達到微妙的平衡。雖然遊戲一開始吸引玩家的地方,是因為遊戲世界的混亂和未知,但即使在一團混亂之中,一定會有一絲線索存在……提示玩家遊戲結構的建立規則。例如,支配這個遊戲的具體規則是什麼?我要如何得知這些規則?

當遊戲進行處於最初狀態下,我們會不斷從某個來源尋找喜悅。這種感覺就像是探索和一步步朝向目前未知的目標,我想了解這套引擎是如何定義這個特定宇宙……我想知道這套引擎究竟如何運作。我們會不斷尋找遊戲系統的邊界,只要我們找到建立邊界的那座牆,心境上就會覺得這是一個容易控制和可以理解的環境,因為遊戲變成可以控制的事物。

遊戲探索的規則和節奏,其所具有的創意性和彈性往往取決於遊戲的規模大小和設計意圖。《俄羅斯方塊》(Tetris)的美妙之處在於,遊戲規則顯而易見,玩家立刻就能上手。然而,像《魔獸世界》(World of Warcraft)這種大型線上遊戲,其令人驚豔之處在於,遊戲之中雖然有龐大數量的規則存在,但這些規則是可以改變的,本章稍後會談到。

探索就像帶著魚餌的鉤子,只要短短幾分鐘內,就能知道某個特定遊戲是否符合工程師的特定胃口。但只是通過最初的探索階段,不代表我們已經成功引起工程師的興趣,真正的考驗還在後頭……

最佳玩法、重複任務然後獲勝：矛盾與警告

探索階段已經確定了遊戲定義的基本規則，這個階段要開始進行最佳玩法。很好，我已經知道遊戲玩法了，但我要如何才能獲勝？在這個階段，工程師已經掌握了遊戲規則，接下來他們要嘗試利用規則為自己帶來優勢。

探索遊戲規則背後建立的結構，依照正確的順序進行遊戲，玩家就能獲得遊戲提供的某種類型的獎勵。例如，在《俄羅斯方塊》中提前思考 3 個積木，或是在《寶石方塊》（Bejeweled）中抓住那些有趣的立方體，這些技巧都能為遊戲進行帶來優勢。深入探索以規則為中心建立的遊戲系統，帶給我們的奇妙喜悅有如指數般激升。

不過，最佳玩法和重複任務中存在著矛盾和警告。

這項矛盾涉及獲勝的含意。工程師的習性是努力探索遊戲規則，然後利用這些規則來判斷致勝之道。然而，一旦找到致勝之道，實際上卻是令人掃興的事。興奮激動不已的心情，腎上腺素激升，全都來自遊戲進行過程中的探索和搜尋，乃至於最終掌握未知的一切；然而，令人困惑的是，這意味著如果我們想持續引起工程師對一款遊戲的興趣，就不能讓他們獲勝，雖然我們知道這正是工程師的想望。

換個想法：如果你玩《小精靈》（Pac-Man）的時候一定會拿到高分，這個情況會令你煩惱嗎？這點倒是讓我很困擾。

因此，像《魔獸世界》這種以月費訂閱制為收費基礎的遊戲，為了避免這種扼殺娛樂性的矛盾情況，遊戲設計師會自由更改遊戲機制的規則，作為遊戲定期更新的一部分。他們會編個說法：「我們正在提升遊戲可玩性」。換句話說就是，「遊戲社群即將破解遊戲，我們不能讓這個情況發生，因為這樣他們就會停止付費。」

不過，也不是所有遊戲都能套用這個矛盾的論點，像《俄羅斯方塊》這種遊戲，實在很難認為玩家想對遊戲有更多的了解，儘管如此，玩家還是持續不停地玩遊戲，這種過度沉迷於遊戲的行為會引發一項警告。

這項警告就是，最佳化玩法裡存在社會恐懼行為，正常人難以理解這種密集重複進行無意義的遊戲行為，竟然能帶給人心靈上的平靜。例如，《魔獸世界》中有許多遊戲任務就涉及重複行為，而且次數異常地多。像是「嘿，你去殺 1,000 隻這個傢伙，回報任務之後，我會給你很酷的獎勵。」你沒看

錯，是一千隻。如果每殺一隻要花 1 分鐘，就要重複進行 16 小時的無腦斬殺任務，這個任務不需要技巧或思考能力……這才是重點。

假使各位在我斬殺第 653 隻怪物的時候走進我房間，從我身後看著重複進行任務的我，應該會以為我的精神狀態已經陷入焦躁不安的神遊狀態，確實如此，此刻的我……是一台機器。機器對外界的一切漠不關心，而且覺得這種狀態很好。這種行為是我們將自己的精神層面暫時從充滿紛紛擾擾的人類世界抽離，此外，工程師有能力從完成內容明確的小任務中找到樂趣。全心全力投入於反覆執行任務之中，是工程師高效完成工作任務的能力。

在此，我要為遊戲設計師辯護，他們沒有在遊戲中的任何一個任務上寫著「快去浪費 16 小時做無意義的事」，他們以更優雅的話術說明任務，將各種不同的任務拼湊在一起，分散玩家對大型勞力密集任務的注意力，讓玩家不覺得過程枯燥乏味。但他們知道驅使玩家執行任務的部分動力，是玩家在追求遊戲成就的過程中，著迷於完成任務的渴望，從中獲得小小的喜悅。

由於我從未設計和發行過遊戲，如此自信滿滿的言論或許很無知，但我認為遊戲吸引人的神奇魔力，來自於最佳玩法和重複任務的設計機制。這是我們在遊戲中花最多時間和精力的部分，也是衍生最多樂趣的地方。換句話說，工程師在遊戲以外的地方，也會渴望進入這種抽象的精神狀態。

最後我們還有一個階段需要考慮：成就。

成就：有誰在乎你是靠自己的能力獲勝？

一旦我們透過探索得知致勝關鍵，會嚮往追求更高境界的勝利，將興趣放在我們的致勝方法是否也能放諸四海皆準。我們想跟其他人比較，惦惦自己的斤兩，回答這種社群性問題：「我贏的次數有比你多嗎？」我們相信自己完全制霸這個遊戲，但除非其他人也能看到並且認可我們的成就，否則我們獲得的名聲（成就）就沒有意義。

網際網路誕生之前，在遊戲中獲得勝利，完全是個人私事。當你獲勝之後在《小精靈》機台上輸入三個字母的英文名字，但沒有人知道你是誰，你跌跌撞撞地找到下一款名為《大金剛》的遊戲，繼續個人挑戰。然而，當世界相互連接，連帶讓遊戲變得社交化，人們一旦在虛擬世界發現彼此，就會找方法比較彼此的實績。開始了解到我們不只希望自己的成就在遊戲中變得很厲害，還希望得到他人的認可，承認我們很厲害。

成就變得跟分數一樣簡單，也可以用數值方法比較；遊戲越複雜，成就也越複雜。當你在《魔獸世界》忙了 7 個小時，百般無聊地消滅巨魔，此時你看到夜精靈跑過眼前，身上帶著……那是什麼？一根法杖……我的天啊，她去哪裡得到那枝法杖？超可愛的。當下你心念一轉，除非擁有那根法杖，否則我的世界不會完整。於是，現在你的任務變成要獲得那根法杖，為此你又多花了四小時在斬殺遊戲怪物上。

遊戲中並沒有明確的規則表示，「為了獲勝，你需要這根法杖。」當然，擁有這根法杖，可能會讓你接下來的兩百場斬殺任務更加容易，但這不是你全部的動機。對你來說，法杖是你的個人徽章，證明你已經掌握遊戲；你配戴這個徽章不是為了自己，是要向他人展示你的成就。

遊戲中絕大多數的成就確實具有經驗值，但這不是成就之所以重要的原因。獲得成就的重點在於，你想讓認識或不認識你的人，看到你的坐騎紫羅蘭原始幼龍時會說：「該死，他到底是做了什麼，才得到這隻坐騎的？」大家會好奇你究竟投入多少努力，才能在 Stack Overflow 網站上得到傳奇徽章。

我們在虛擬世界裡，花了大量的時間跟素未謀面的人相處，成就相當於名為尊重與認同的貨幣。

遊戲規則

到此，我們已經了解遊戲如何引起工程師的興趣，就能歸納出一套規則，根據業務目標建立自己的遊戲。我無從得知各位讀者的具體情況有多嚴峻，所以需要你們發揮自身最大的創意。你手上的臭蟲數量可能跟我一樣糟糕？你招募員工的速度或許不夠快？也或許是你無法評估現況有多糟？我不知道各位讀者需要設計怎樣的遊戲，但我知道你們必須依照以下這幾個通用規則。

遊戲規則必須清楚

各位讀者不管日後設計了什麼遊戲，都必須經得起眾人審查的目光。遊戲正式推出之前，要先讓我們選出的團隊成員測試規則。向團隊成員介紹遊戲之前，先行找出其中的漏洞和不合理的地方。曖昧不清的做法、與事實矛盾的設計和缺失，都會導致任何一個好遊戲落得失敗的下場。

不可違反遊戲規則

我們必須以鐵腕力行規則。相較於定義不良的規則，團隊成員不遵守遊戲規則是加倍嚴重的情況。違反規則就是冒犯工程師，他們會出現激烈的反應，因為違反規則意味著系統無法正常運作。規則的存在是讓遊戲能公平進行，當大家停止遵守規則，工程師就不玩了。

遊戲進行過程必須具有包容性、透明性和傳播性

我們必須讓團隊裡的每個人都參與其中，即使是不在這個團隊裡的其他人，也應該讓他們知道遊戲的進展和影響。

金錢獎勵只能作為最後的手段

以金錢作為激勵措施，是管理行動的本能反應，問題在於金錢會產生戲劇性的變化。說到錢，每個人都會認真起來，雖然我們設計這種激勵手段時，當下的處境可能十分窘迫，但我們是希望／還是不希望團隊成員糾結於是誰拿到獎金？我們真正的目的其實是希望團隊專注在工作上。

我並不是說激勵遊戲中禁止提供金錢獎勵，而是希望大家先跳脫金錢，思考以成就作為獎勵。在我頒過的獎盃裡，最棒的一個其實是一隻超醜的藍色陶瓷犀牛，大小跟一隻比特犬一樣。贏得這個獎盃的團隊成員驕傲地將這隻犀牛放在他的辦公室裡，多年來一直展示著他的成就。

不只是遊戲

雖然「遊戲」這個字眼在本章隨處可見，但不能只是因為遊戲二字，就讓團隊以為激勵工具是微不足道、簡單或不值得認真看待的遊戲。團隊看待激勵工具的認真程度，取決於我們建立和推出這套工具時，選擇重視的程度有多高，因為他們都想贏。

白板遊戲

最後分享個小遊戲，在某個週日晚上，團隊裡的每個人都在加班，我盯著辦公室裡的移動式白板，上面一片空白。從某個週末時團隊成員在公司走廊交談的對話、修復錯誤的情況和非正式測試，在在都證實我已經知道的事實：產品不穩定，不斷發現錯誤，而且嚴重程度和數量都十分驚人。

好，來玩個遊戲吧。我稱這個遊戲為「聚焦」，目的是將我們的注意力結構化，集中在產品最糟糕的部分。我思考了週末發現的錯誤，從中挑出十個最嚴重的，然後列在白板上，接著在每個錯誤項目旁邊畫了四個方框：

- 根本原因
- 已確認修正方案
- 已修正
- 已測試

我抓起一把白板筆，將白板推進系統架構師的辦公室，對他們說：「這就是我們當前要專注解決的所有問題。」

其中一位系統架構師盯著白板看了十分鐘，最後點點頭：「這個做法很好，但每個人要用不同顏色的筆，代表自己的顏色，而且應該為每個方框配分，根本原因和已確認修正方案給十分，已修復和已測試各給五分。」

「這些分數要做什麼？」

「當然是為了得到更多的分數啊，因為我們是工程師嘛。」

「每個人都要有自己的顏色嗎？」

「沒錯，這樣才能知道誰得分最多。給我一支藍筆，我已經找到了第三個錯誤的根本原因。」

「你要藍色的？」

「嗯，我一直都用藍色。」

18

御狼術

我只要一動，就死定了。我相當確定 Jane 就是狼人，她正在觀察和測試每個人的意志力，從一個個的玩家中找出他們的弱點。看看有沒有誰顯露出一絲內疚或是不安的跡象，而且不是只有她這麼做，整個房間的人都在找下一個受害者。

這個遊戲的名稱是《狼人殺》（Werewolf），是令我異常興奮卻又感到恐懼的遊戲。奇怪的是，我每天都在職場玩這個遊戲，還有薪水可拿。

危險情境

《狼人殺》是一款派對遊戲，根據這款桌遊的設計者說明，「這款遊戲充滿指控、謊言、虛張聲勢、揣測、暗殺和一群歇斯底里的傢伙。」重點在於理解這款遊戲的基本玩法，為何可以幫助你在職場上提升批判性思維的技巧。

遊戲一開始，主持人會先將牌發給各個玩家，表明他們的角色：村民、預言家或狼人。所有卡片發完之後，每個玩家會宣布他們在村莊裡的角色，每個人都會說同一句話：「嗨，我是 XXX，我是村民。」

此時此刻，有人正在說謊。玩家中混了一群狼人，但他們不會承認這一點，因為村民想殺死狼人，在狼人殺死他們之前先下手為強。

主持人接著宣布現在是晚上，要求所有玩家閉上眼睛。由於狼人明顯害怕兩個東西：牛和殭屍，因此，所有的玩家會發出以下的聲音：「哞～哦～哦～」或「哺啦～啊～啊～」。

這些叫聲的目的其實是以聽覺掩護晚上真正要發生的事：主持人會要求狼人醒來，挑一名村民殺掉。狼人默默選了一名受害者之後，就回去睡覺。接著，主持人叫醒預言家，讓預言家指定一名玩家。主持人透過豎起大拇指或拇指向下的手勢，確認預言家認為該名玩家是否為狼人。每個人都回去睡覺之後，主持人接著叫醒村民，宣布誰已經死亡。

然後，遊戲開始。全體村民必須根據村民的自我介紹或前一晚殺戮收集到的微薄資訊，共同選擇要犧牲某個人，也就是決定誰是狼人。即使手上的資訊不多，但他們必須殺死某個人，因為每個晚上（也就是遊戲每一輪）狼人也一定會殺死一個人。當狼人數量多於村民，就是狼人獲勝。

我們不能讓狼人贏得最後的勝利。

到此，我已經解釋完遊戲的基本機制，但我還沒解釋這個遊戲的美妙之處。我熱愛《狼人殺》這款遊戲的理由，是因為日後可能會在最危險的情境中遇到這些爛人，透過這款遊戲，我可以安全地學習如何處理爛人。

有人說謊、有人邪惡，剩下的只是想搞垮你

長久以來，我一直秉持樂觀政策，這是我的第一心態，我認為團隊就是共同努力做正確的事。樂觀對我來說是很有幫助的策略，但我得告訴大家幾個壞消息：

- 人各有異，有不善溝通的人，也有徹頭徹尾的騙子。
- 政治和流程經常會扭曲人們的價值觀系統，把它搞得面目全非。
- 有時會隨機發生邪惡的事。

各位讀者在職涯發展過程中，不論是作為個人貢獻者或是管理職，都難免會面臨這些意想不到的糟糕情況，涉入他人別有用心的意圖。雖然人資部門會努力舉辦一些名稱很巧妙的研習會，教員工如何處理衝突管理和情境領導，但這些都無法取代親身經歷，某個人當面對你說謊時，你必須自己想清楚下一步要怎麼做。

這個問題帶我們回到桌遊《狼人殺》的關鍵部分：指控階段。早上村民們醒來後，他們必須選擇犧牲某個人。選擇的流程是什麼？由誰主導這個流程？如何選出潛藏在玩家中的狼人？雖然是由主持人負責記錄時間，但是會由村民自然地引導這個流程。

遊戲裡總會有某個村民自願跳上領導者的位置，他們會開始質疑其他村民，引導指控流程。然而，為什麼是由他們主導這個流程？他們的動機是什麼？在這個情況下，每個人說的每句話、每個動作，都會視為具有不同的意義。其實，這就是公司內老闆或主管召開的團隊會議，差別在於這個會議中有人會死。

當一群村民選定某位可能的受害者，主持人會問一開始的指控者們為何認為這個村民是狼人。大家指控的理由可能各不相同，例如，「他的樣子看起來焦躁不安」、「好吧，因為我們必須殺掉一個人」。這個遊戲也會給受害者機會，讓他們針對這項指控為自己辯護——萬一他們真的是狼人，就表示他們平靜地坐在那裏，對整個房間的人說謊。

這就是我熱愛《狼人殺》的原因，還有什麼其他場合比這個遊戲更適合讓我們磨練一些最詭譎但也最重要的人際關係技能。其中一些技能包括：

根據一個人說話的方式，快速評估對方的可信度。

「我……是村民。」對方說這句話的時候，眼睛是否遊移，目光投向哪裏？眼神有跟大家交流嗎？這個人是否坐立不安？他們平常的舉止也會像這樣動來動去嗎？他們的語調為何結結巴巴？這些行為都給我一種感覺……對方就是狼……

觀察各個角色在高壓情境下的快速轉變。

是誰自告奮勇站出來領導大家？他們有受到來自其他人的挑戰嗎？他們是否持續主導？現在為什麼變成這個人在主導？她之前明明很沉默。是懷疑誰在說謊嗎？她問了哪些類型的問題？有使用什麼非言語類型的語言嗎？她和另一個人似乎目標一致，為什麼？

理解如何順利融入一群陌生人之中。

人們如何根據微薄的資訊和他人結盟？這群人之中有哪些人已經彼此認識？他們以什麼方式溝通？誰是真的熱衷於玩遊戲？又有誰只是想掌握大局？我可以立即跟誰結盟？對方為什麼願意接納我進入這個特定的小圈子？我不信任對方，但出於某種原因，對方卻願意支持我。

學習如何說謊，而不會感到內疚或被識破。

如何區分無心之罪、扭曲事實和當場公然說謊這幾個行為。分辨何時說謊是圖一時之便？何時則會帶來長期的麻煩？我們可以說多少謊，還能保持故事的真實性？要說出令人信服的謊言，關鍵是什麼？思考特定的一群人想聽到什麼樣的內容？你們不能殺我，因為我是預言家，我知道狼人在哪裏……真的。

一皮天下無難事，主動將自己身上的鎂光燈轉移到其他人身上。

> 分辨誰是房間裡最弱的人，他們如何顯現出自己的軟弱？如何讓語氣在令人信服和絕望之間保持平衡？若想以問題回答問題，在什麼時機使用才是正確的行動？對方是否能感覺到你正積極地試圖隱藏某件事？如何瓦解領導者的權威和可信度？不，我不是狼人，但我很確定她是！

完美的撲克臉。

> 你有辦法隱藏自己的情緒和反應嗎？運用眼神交流、肢體語言和語氣時，要採用什麼適當的方式和表達程度？在什麼時機保持冷靜，能贏得他人的信任？何時的冷靜又會顯得不真實？面對哪些人，你依然能保持冷靜？誰會成為你的累贅？何時需要完全改變自己人格特質，以表明自身立場？例如，當你說：「我⋯⋯是村民」。

這不是角色扮演遊戲，是關乎個人生死的遊戲

《狼人殺》這套遊戲以虛構的方式將現實生活簡化，其遊戲設計帶有神話色彩和一套規則，讓遊戲玩家練習以平常無法運用的方式探索現實生活。

從現實生活中，可以察覺出一群人之間存在微妙的互動流程。人們會自然扮演一些標準角色，可以明顯看出他們的行為表現是依照某些規則。不幸的是，這套規則的數量多到不可思議，因為規則會因人而異。

《狼人殺》這套遊戲的設計只運用了少數規則：

- 村民會想方設法盡力消滅狼人。

- 狼人會無所不用其極殺死村民。

- 依照主持人要求閉眼裝睡。

- 依照要求發出牛或殭屍的聲音。

- 生存。

上述這些規則交織出遊戲的本質，也是《狼人殺》這套桌遊的精妙之處。面對動態的人際關係，玩家必須靈活變通和他人鬥智，才能通過嚴峻的考驗。短短數小時的遊戲過程中，玩家將真實體驗到一些平常能想像到的、最糟糕的會議場景，逼迫自己以驚人的動力，迅速處理眼前這些情況，好吧，這是因為誰都不想死。

現在的我雖然保持樂觀的態度，但也有現實的一面。在正常情況下，我不認為有人會真的故意撒謊或是單純想要作惡，我認為這些人只是另有所圖，而他們的意圖恰巧和我不一致，誘使他們做出有違我個人利益的行為，但原因並非出自於他們想搞垮我，而是他們想要成功……這點跟我一樣。

我知道現實生活中大多數的會議不會像遊戲這樣，出現這麼多高壓、適者生存的激戰，多數會議都是有完善結構的事務，幾乎不會發生任何流血衝突。我也清楚你在會議上的每一次發言都是你發光發亮的時刻，沒錯，你的發言在在都證明了你理解會議過程中發生的事，清楚掌握這個特定遊戲的模糊規則，而且你會全力以赴獲得勝利。

不能讓狼人贏得最後的勝利

我強烈懷疑 Jane 就是狼人，因為她正主導這一回合的進行。她讓大家的目光焦點保持在她身上，這表示她現在處於亢奮的狀態，整個人精力充沛，而且我懷疑她很嗜血。我在等她來找我、指控我，而我知道她一定會這麼做。

我刻意保持沉默，並且設下陷阱，因為我以前跟她交手過，所以我知道她的想法跟我一樣：「我們會殺死安靜的人，因為他們沒有用處。」

19

撲克牌遊戲 BAB

我的管理團隊經常吵架，尤其是其中兩位主管：Leo 和 Vincent。這兩位主管開發的專案都表現得很好，他們帶的團隊都很有生產力，但只要是出席代表各自團隊的會議時，他們就會開始激怒彼此。每次開會只要討論到一些瑣碎的話題時，就會發生以下對話的各種變化版本：

> LEO：Vincent，你們團隊會如期在週三交付工具嗎？
>
> VINCENT：一切依照計畫進行。
>
> LEO：所以你們禮拜三會給？
>
> VINCENT：我們會按照計畫完成。
>
> LEO：禮拜三嗎？

這兩位 A 型人格主管，被動消極進行著永無止盡的口水戰，他們徹頭徹尾討厭別人對自己指手畫腳。我跟他們兩位單獨一對一面談時，開會效率很好，但只要提到最近一次 Leo 和 Vincent 的意氣之爭，他們就會立刻開始指責對方：「我真的搞不懂他的問題是什麼。」

我很肯定，他們不信任彼此。

職場話題：信任

問題來了，在職場中，你想跟同事保持多近的距離。有一種觀點是主張採取「職場距離」政策。支持這個觀點的人認為，職場上適合跟同事保持一定的距離。

相較於個人觀點,從管理層面推論,理由更為具體。主管算是公司的代表或行政人員,因此,公司可能會突然要求他們按照公司的意思執行各種決策。這次裁員要裁誰?這個人為何沒有獲得升遷?這個人可以加薪多少?不論是否保持職場距離,這些職責永遠都會讓主管和員工之間存在格格不入的氛圍。

問題又來了:當他人需要協助時,你是否願意成為他們信賴的對象?不論你是否為主管,看到某個人因為信任你而表現出來的行為,是否符合你想成為的那種人?

沒錯,你確實需要在自己和同事之間畫一條界線,和整天一起共事的人保持職場距離,似乎是個好方法,但這就像在自己和需要協力完成工作的同事之間設下人為障礙。

你想成為這樣的人或是為這樣的人工作嗎?

在我的個人理念和管理哲學中,信任這個話題就是如何在自己和同事之間畫一條界線。團隊基礎若能建立在信任和尊重上,比起主管遠遠在一旁監督,同事都是朝九晚五、偶而才在會議上碰面的團隊,我相信前者的生產力和工作效率都會遠高於後者。你不需要拼命成為每個人的朋友,這不是我們的目標。我們的目標是建立一組相互信任的關係,信任彼此的可靠性、誠信、能力和優勢。

這是很棒的關係。

而我們可以利用紙牌遊戲建立職場上的信賴關係。

撲克牌遊戲 BAB

BAB 一詞的英文發音取決於個人,押韻方式跟單字 *crab* 一樣。BAB 是撲克牌遊戲 Back Alley Bridge 的縮寫,以意想不到的方式,讓團隊透過遊戲訓練,凝聚團隊向心力。本書末尾雖然有附上遊戲規則說明 [1],但此處必須先讓讀者了解一些規則,稍後再來解釋為什麼練習這套遊戲能在建立團隊方面發揮很棒的效果:

---

[1]　由此連結也能取得遊戲規則的 PDF 檔案:*http://randsinrepose.com/assets/BAB.pdf*

BAB 不是橋牌

這套撲克牌遊戲的重要設計確實跟橋牌有許多相似之處。首先，這個遊戲也需要四名玩家，分別組成兩個隊伍。屬於同一隊的兩個人會坐在彼此對面，共享遊戲分數。其次是這個遊戲的計分基礎也是以「墩」（Trick）為單位，每個隊伍的目標是盡可能贏得最多的墩數。每一墩由每個玩家依序出牌，除非有其他玩家打出的王牌花色（在 BAB，王牌一定是黑桃），否則就由牌面最大的玩家贏得那一墩。

叫牌

跟橋牌一樣，BAB 也有叫牌制度；叫牌的意思是每個隊伍要在發牌之後，預估他們認為能取得的墩數。BAB 的計分方式經過完善之後，取得叫牌墩數的團隊獲得獎勵，沒有取得叫牌墩數的團隊則要接受嚴重的懲罰。讀者可以將叫牌想成是一種蒙眼團隊合作，因為我們不知道隊友手中有哪些牌，只能從對方叫牌的內容去推測。

手牌張數遞減

BAB 跟橋牌不一樣的地方，是每一局每位玩家拿到的手牌張數會減少。最初第一局，每位玩家手中都會拿到 13 張牌，第二局拿 12 張牌，以此類推。遊戲持續進行到只發給每位玩家一張牌時，會再遞增手牌直到每位玩家手中又有 13 張牌。為了更適合在工作時間玩，我個人微調了遊戲規則，只玩每隔一局的手牌數（例如發 13 張、11 張、9 張等等），修改之後的手牌張數非常適合在午休時間玩這個遊戲。

賭一把

BAB 設計了兩個特殊的叫牌方式：Board 和 Boston。叫牌時喊出 Board，表示該隊打算拿下這一局的每一墩；叫牌時喊出 Boston，表示該隊打算拿下這一局的前六墩。不管是達成 Board 還是 Boston 都是非常厲害的成績，從計分的角度來看，可以獲得相當可觀的獎勵；反之，失敗則會在得分上慘敗。這兩個特殊叫牌方式都會讓得分出現極大的變化，對於分數落後的隊伍來說，是非常好用的戰術。

本書附錄中的完整規則裡還有說明計分方式、遊戲玩法和其他資訊，現在我要解釋為什麼會挑選這個撲克牌遊戲，讓團隊在每週午餐會議重複遊玩。

玩 BAB 就是訓練說垃圾話

至今我已經讓三個不同的團隊持續玩 BAB，令我印象深刻的是，不管是哪一個團隊，一旦玩家對遊戲上手之後，他們就會開始講一堆垃圾話。這不僅是我個性使然，也是聰明人之間進行良性競爭時附帶產生的結果，更是健全團隊的象徵之一，讓我娓娓道來。

講垃圾話是一種即興發揮批判性思維的能力，也是一種只能利用當下情境提供的話題素材，進行搞笑的藝術創作。每次挑選下一次玩 BAB 遊戲的候選玩家時，我的考量因素有二：誰有能力說垃圾話，以及誰需要接受這方面的訓練。

說垃圾話是一門藝術，巧妙之處在於小心探索真實的邊界在哪裡。當某個人有效發揮說垃圾話的能力時，表示他們能說出某些令人有點尷尬又不失禮貌的實話。當然，說垃圾話時萬一逾越了對方心裡的那條底線，一定會伴隨著風險。萬一說過頭就會冒犯對方，但正因為有這條底線存在，說垃圾話這件事才會顯得如此有趣。

遊戲過程中，真誠互相觀察對方會瀰漫一股危險緊張的氣氛，卻是構成彼此信任的基礎。當同事對你進行了重大觀察並與其他玩家分享時，你會注意到——有人在觀察你。這種情況聽起來好像有不良企圖，但請記住，我們只是坐在這裡玩牌，這是很安全的情況。

在一場新的 BAB 遊戲中，玩家需要花時間適應說垃圾話，尤其是像 Leo 和 Vincent 這種處於對立的情況。態度對立的同事，如果分在同一隊，就需要學習拋開公事，在遊戲中擺脫工作角色。他們需要理解日常工作之外還能建立其他關係，像這樣以幽默滑稽的口吻吐槽對方，最能提醒他們放鬆心情。

BAB 讓你學習於無形之中

一旦你跟一群固定的玩家固定玩某個遊戲，而且大家都熟知規則，你會從中學到兩件事：一是透過練習，提高說垃圾話的能力，二是資訊會以無法預期的方式在人群之中傳播。

像是發生以下這樣的情況：

> 玩家 1：我 3 墩。
>
> 玩家 2：我 1 墩。
>
> 玩家 3：我 PASS。
>
> 玩家 4：我很確定、Kevin 準備離職。
>
> 玩家 1：啊，我知道。
>
> 玩家 2：你慘了。

遊戲進行到一半，某個人突然憑空冒出一句話，評論某位同事即將離職。當出現這樣的跡象，我認為 BAB 遊戲已經進展到十分熱絡、健全的階段，因為團隊開始更加信任彼此。在遊戲的安全傘下，他們將當下心中擔心的事攤開在遊戲桌上，讓所有人知道，這點令人印象深刻，這是因為每個人都知道在 BAB 遊戲桌上，任何事都是公平公正，大家都可以公開說垃圾話。

BAB 讓你獲得擬真職場體驗

人際關係需要花時間慢慢培養，信任關係不會神奇地憑空出現，需要透過共同經歷，以謹慎的態度，投入時間一點一滴建立而成。絕大部分的共同經歷都是在日常工作中創造出來的，我確信許多很棒的職場關係，就是以這樣的方式定義和維繫，但我希望自己的團隊成員之間擁有更加緊密的關係。不過，我並不是建議大家要一群人抱在一起，齊聲高唱露營歌「Kumbaya」。我希望團隊裡每位成員都能透過工作以外的機會更了解彼此，而非只看到其他人在工作上的一面。

當你越了解同事的工作方式，就越容易與他們建立深入合作的關係，不再將這些同事視為某個職位、職稱或把他們當成特定政治議程的代表人。他們就只是……名字叫 Phillip 的同事，當你問我對 Phillip 這個人的認識有多少？我知道他是公司裡的主管，開會時總是等很久才發言，他有很多重要的觀點想說，但他常常羞於發言。

所以，我找 Phillip 來玩 BAB，在那兩個月之中，我們說了不少垃圾話，也因此了解他為何每次開會都語帶保留，後來我在會議上，都會盡快將他拉進大家討論的對話之中，拉了幾次之後，他就會開始自己主動參與討論。過了幾個星期，我們甚至無法讓他閉嘴不發表意見。

另類的團隊會議

我想讓團隊玩這個遊戲的靈感，來自於當年 Netscape 定期舉行的橋牌遊戲，並不是因為 BAB 有什麼特別之處而成為完美的午餐遊戲。我挑選 BAB 的理由，只是因為它是一款非常適合在午餐時間玩的團隊遊戲。

各位讀者想的沒錯，在我精心安排之下，Leo 和 Vincent 連續幾個星期都在同一隊。但沒大家想得那麼神奇，他們當然不可能只因為一場比賽同一隊，就突然理解彼此。Leo 和 Vincent 持續在會議中爭吵，但隨著時間累積，他們爭吵的語調變了，從被動消極的口水戰，變成彼此鬧著玩的垃圾話，他們將惡性競爭變成了有趣的良性競爭。

在 BAB 提供的安全競爭環境中，團隊成員能從中了解到，不一定是按照預定的時間達成工作任務、獲得報酬或加薪，才能稱為勝利，進而學會更好的合作方式。勝利也可以是一件簡單有趣的事：我們真的很棒，把對手打得落花流水。

更重要的是，BAB 提供讓大家定期聚在一起的論壇，體會到同事之間的關係，不僅僅是由工作面的共事基礎來定義，還可以由我們不經意和對方成為什麼樣的關係來定義。

20

屬於你的人脈

我們在職業生涯當中,會擁有一份重要而且無形的「職涯資產」清單。為了在職場上取得成功,我們需要做一些努力,但這些努力在無形之中累積起來的職涯資產,極難衡量其所具有的價值,因為這些活動完成與否和加薪之間沒有直接關係。雖然這些目的不確定的工作任務完成後,最終不太可能會出現在績效評估裡,但是透過組織和社群的潛移默化,我們已經了解到這些無形資產對職涯成長的重要性。

本章想聊聊其中一項職涯資產:拓展人脈。

拓展人脈的方式有兩種,最基本的做法是在職場環境中建立人脈。職場這個環境具有充沛的人脈目標,不管是同事、主管還有那些我們感興趣的人,全都近在咫尺。雖然需要投入精力但很容易建立人脈,因為我們整天都和這些工作上息息相關的人打交道,而且深知和這些人在職場上建立友誼,可以讓我們輕鬆掌握工作情況。

不過,本章要談的是另一種拓展人脈的方式,我稱之為「人際關係網路」,但需要投入更多努力。這種做法是在職場以外的環境建立人際網路,例如參加全都是陌生人的會議,或是開車去城裡的咖啡廳,和十位因為程式語言而結緣的陌生人坐在一起聊天。對不善交際的人來說,這是一大突破,但回報是偶然可以發現屬於自己的人脈。

我無法清楚定義這些屬於自己的人脈,因此,以下列出我個人對於這類人脈的觀點。希望各位讀者閱讀我條列的這些內容時,至少會想到一位你認識的人,那麼這個人就是屬於你的人脈:

- 遇見和自己志同道合的人脈時,會有明顯的方式直接和這些人建立人際關係,你們之間的關係能跨越年齡和經驗。

- 若想了解某個人是否為志同道合的人脈,最好的做法就是雙方暫時分開一段時間。當他們再次回歸時,如果對方的態度彷彿不曾離開一樣,他們就是屬於你的人脈。

- 跟你志同道合的人其實比你想得還多，但因為他們在你的生活中來來去去，以至於掩蓋了他們的數量。

- 你和他們一起投入的時間會得到回報，但你無法預測或期望回報的方式，這就是關鍵所在。

- 那些跟你志同道合的人不怕會惹怒你，因為你們之間的往來是真誠的關係。他們不會吹捧你，也不會操弄你，把你耍得團團轉。正因如此，這些屬於你的人脈會以他人無法做到的方式，糾正你的錯誤。

- 你跟那些志同道合的人有時會沒來由地隨意互相拜訪。不管是你還是那些屬於你的人脈，每當你們臨時起意拜訪對方時，往往不會注意到時間的流逝。

- 反之，你們也能接受雙方之間存在長時間的沉默，不會因此感到不安。

- 那些屬於你的人脈擁有奇特的本領，會在你需要他們的時候出現，即使在他們到來之前，你根本不知道自己需要他們。真不知道他們是如何做到這一點的，但是你擁有的人脈越多，就越有可能發生這種情況。

- 那些屬於你的人脈很少會對你提出請求，然而，一旦你或他們提出請求，任何一方都會毫無疑問地完成對方的請求或協議。

- 擁有屬於你的人脈會幫助你保持平衡。首先，他們的存在是提醒你永遠不會獨自一人面對困境；其次是，每個故事都有兩面。

- 跟你志同道合的人直覺了解你是怎樣的人，即使他們手上擁有的資料少得驚人，依舊能給你精準而且有價值的資訊，以及精準說出對你這個人的寶貴看法。

- 雖然你一整天會收到不同的人發給你的電子郵件和訊息，但只要人脈團裡有人聯絡你，不論何時你都會停下手邊的事，立刻回應他們。

- 那些屬於你的人脈會沒來由地想要聯繫你……他們的關心總是令人高興。

- 跟你志同道合的人永遠都會是你的人脈，即使他們離開之後不再回來。

本章截至目前為止一直在談的「屬於你的人脈」，不見得是指和你關係最密切的朋友。當然，你最好的朋友也可能會在你的人脈團裡，但本章談的人脈範圍更廣，不一定是你的朋友，也不見得會是你的家人。他們是一群你在各種地方發現的奇人，因為是你主動尋找他們。

此外，我並不是說那些不「屬於你的人脈」在某種程度上就沒有價值。事實上，相較於那些跟你一見如故的人，日常生活當中多數與你互動的人，會需要你付出更多的努力與他們交際。面對這些比較難以理解的人，跨越你們之間的距離也是一項重要的無形技能。

關於「屬於你的人脈」，最後我要再提一點，跟他們相處雖然會比較輕鬆愜意，但他們不會讓你的生活太好過。因為他們不會讓你待在舒適圈裡，會像鏡子一般指出你將大難臨頭，極度詳細地解釋你完全不想聽到的事實。如果沒做這些事，他們就稱不上是你的人脈。

和他人交流你所開發的成果

各位讀者若想置身可能偶遇「人脈」的環境，就需要一股強大的內在動力，將自己推出當前穴居的舒適圈。否則，就算我列出的理由多達前一節的兩倍，也無法說服你移動一小步，因為陌生人，好吧，通常都很怪異。他們是你無從預知的無名人物，而且就連他們自身也不知道日後是否會成為和你交心的新朋友。

長久以來，我一直拿這個興趣來逃避社會給我的不安全感，那就是：寫作。週一深夜，我聽著英國搖滾樂團「T'Pau」震耳欲聾的歌曲，這種一曲爆紅之後就沉寂的樂團歌曲，很符合我此刻的心情，同時我正將部落格上的某篇文章改寫成本書其中一章。我還把燈都關了，穿著連帽上衣，因為這個月我只要罩著頭寫作，效果特別好。你們看看，我這樣這也太詭異了吧。

寫作這個興趣，過程中充滿美妙、黑暗、反社會等各種面向，但優點是可以幸運吸引到我不認識的人，在我無法投注心力留意他人的時候，寫作幫助我找到方法結識更多人。每當我發表一篇部落格文章，我會仔細閱讀底下的每一條評論，找找看有沒有蛛絲馬跡，從中發現日後可以追蹤的人。當我將一篇文章做成一份簡報，對著滿屋子的陌生人進行演講，演講結束後，偶而會有人過來跟我聊聊這些我寫的個人想法。發現某個研討會環境具有充沛的人脈目標，而我需要認識他們，我通常就會在這些研討會上進行演講。

工程師的本質是開發東西。雖然我不太了解你開發了什麼，但你私下應該會開發某些東西。我說的不是你拿公司薪水開發出來的工作成果，我指的是你自主開發的個人成果。相較於被動開發的工作，我們在面對主動開發的工作時，會衍生不同的感受。面對完全屬於自己的工作，你會更有自信，而你絕

對有充分的理由將這份自信成功運用在跟他人的對話中，和其他對我們自主開發的內容有興趣的人進行交流。

更棒的消息是，這些與你交流的人可能就在你身邊。你或許已經知道他們是誰，每天都會跟他們交談，但可能從未見過他們。

不要因為你在 Twitter（現已更名為「X」）上有數百名追蹤者，或是社群平台 Discord 的好友名單爆表，就以為已經找到屬於自己的人脈。關於人脈，我要補充最後一項特性：唯有志同道合的人，才是真正屬於你的人脈。請不要誤解我的意思，Facebook 上的好友當然也可能在我們的生活中佔有重要的一席之地，但除非你跟某人坐在酒吧裡爭論到凌晨兩點，只為擁護自己偏愛的程式語言有哪些相對優勢，否則你無法了解對方真正的面貌。

網際網路這個媒介雖然很方便就能將我們連繫在一起，但也過濾掉人性中那些讓我們變得有趣以及讓他人得以了解我們的面向。因為唯有看到我和你說話的一舉一動，你才能真正認識我這個人；而我如果沒有意識到，原來你認真思考一件事情時，為了不讓自己分心會無法直視任何人的目光，那我也不算真的認識你。

說故事

我們一整天都不斷在腦海中組成各種故事，這就是你現在正在做的事。你以為自己正在閱讀我寫的這一段文章，但事實上你是在對自己說故事，故事的內容就是你在閱讀這段文章。這是內心的自我對話，而且往往很容易說出對自己有利的謊言。

我不是指各位讀者會刻意對自己說謊。好吧，或許我的想法就是如此，那又如何，大家都會這樣做。我們每天都在收集資料，然後根據這些資料、個人經歷和當下的心情創作故事。將故事敘述引導到對自己有利的方向，這完全是自然現象，人都會以自己想要的方式看待世界。當你將自己的日常生活編入這些故事時，一定會存在虛構的風險，這就是我們為什麼需要辨識和培養「屬於自己的人脈」。

當你毫無保留地將這些編撰的故事告訴「自己的人脈」，他們會喜愛你說的所有故事，包含虛構的部分。人脈團的成員不僅喜愛你說故事的方式，他們還會笑看你對自己說的謊言，然後停下來告訴你事實的真相。

拓展人脈是一門藝術，目標是尋找誰願意傾聽你說的故事和批評你的故事，所以請看看你的收件匣。然後進一步看看你的寄件匣，檢查你的手機，看看你最常打給誰，還有誰最常打給你。我敢肯定，「屬於你的人脈」裡現在一定有人想聽聽你的故事，同時，也一定有人想說故事給你聽。

21

我們「徵」的需要你

Jesse 離開了。

星期一是新進員工統一報到的日子。所有新進員工會花一上午的時間了解公司，弄清楚如何新創員工帳號，並且向他們傳達公司文化。到了午餐時間，各主管會帶各自的新進員工去吃午餐。

新進員工訓練從早上 9 點開始，9 點 15 分我接到人資部門的電話：「Jesse 沒來公司。」

Jesse 為什麼還沒出現在公司，我想了千百個好理由，他可能遇到塞車、溝通有誤等等，但我立刻感受到一股沈重的打擊：「Jesse 離開了。」

我立刻打電話給招聘人員，謎底開始揭曉。「喔，對了，Jesse 上週五下午五點前有打給我，他說想跟我聊聊，但我週五休假，需要我現在打給他嗎？」

好，打電話給他，然後把我隱約知道的事告訴我。

電話接通後，招聘人員發現 Jesse 沉默了一段時間才開口，因為他上週五打來的那通電話，其實就是臨陣退縮。經過三個月的電話面試、現場面試、薪資協商，最終接受雙方說定的薪資和工作條件後，Jesse 打電話告訴我們他在兩週前提出辭呈了，但是他目前任職的公司在最後一刻提出還價，希望他留任。於是，在期限最後一天的下午 4 點 45 分……他決定留下來。

Jesse 離開了。

我坐在辦公桌前，手中拿著 Zebra Sarasa 0.5 中性筆，輕輕敲打著額頭，我想，要是生氣就能解決，那該是多麼簡單的事。從尊重、信任和職業操守來看，Jesse 幾乎用盡各種方式欺騙了我，但就這次的情況來說，錯誤其實是出在我身上。

因為我沒有向 Jesse 解釋清楚，我們確實很需要他。

人員增補情境

不論各位讀者現在是否位居管理職，我必須確定你們知道兩件事：第一、你們了解招募的緊迫性有多高，第二、如何確保已經錄取的人選會真的到職。雖然整個招聘流程中涉及大量的工作項目，包括電話面試、現場面試和提出薪資條件等等，但本章內容只會聚焦在整個流程的開始和最後階段。

那我們就從整個招聘流程的起點開始了解，先來聊聊人員增補申請表（requisition）。

許多公司會以人員增補申請表（後續簡稱人員增補名額），作為管控公司內部職務的規範。這些虛擬文件除了賦予掌管人事的主管（也就是你）聘用員工的權限，還提供其他兩個目的。首先，以文件和系統化的方式記錄一名全職新人的招募流程，更重要的是，讓管理高層能清楚看見公司成長的現況。

雖然每家公司的做法不同，但人員增補名額（特別指經過公司批准而且公開發布的人員增補）是管理層需要評估和控制公司成長時，較常採用的組織手段。在軟體開發業界，員工底薪通常是公司較大的開支項目之一，也就是說一旦公司前景出現不確定性，首先被取消的支出項目就是人員增補名額（解讀：明顯是公司最大的費用）。

這個情況促使人員增補申請表帶來第一個痛苦教訓。

> **注意**
>
> 公司隨時都會取消人員增補名額，通常是不預警、沒有理由，而且發生在最不便的時刻。

在規模較大的公司裡，提出一項人員增補需求後，要經過層層批准才能獲得許可，整個官僚體制令人印象深刻。當公司裡第 17 個你不認識的人終於批准了你提出的人員增補需求，你會有一種虛假的成就感。當下你會以為這個人員增補名額已經屬於你，但只有一個方法才能真正完成這個需求——就是成功聘用到你需要的人。

造成人員增補名額取消的原因，不只是因為公司對未來感到不安，你的主管可能也是偷走人員增補名額的元凶。例如，*Anton* 為他的團隊找到一名完美人選，但主管說我們部門現在只有一個人員增補名額，現在先讓

Anton 僱用這個人，等你找到某個適合的人選，我發誓會讓你獲得人員增補。

於是，你相信了主管說的話。出於對主管的信任，你把人員增補的名額讓給了快樂的 Anton，覺得自己為團隊做出貢獻。不過，當你真的找到某個適合的人選，猜猜看會發生什麼？你沒有人員增補的名額，你的主管也無法生出一個名額給你，因為在你讓出手上的人員增補名額後，到你真正找到某個適合的職務人選時，這段期間公司啟用了第一項規則：凍結公司內部所有人員增補名額。

在我過往經歷的職業生涯中，曾經設法取得批准的人員增補名額，我猜最後應該只有 50% 的機率有招到人。也就是說，我用丟硬幣的方式就能準確預測是否能成功招募到某個人。

從你有一絲想法，考慮將來需要人員增補的那一刻起，就必須努力提高你能成功招到人的機率。也就是說，你必須盡快採取行動：先找到適合的人選、對他們進行電話面試、請他們來公司現場面試、進行第二輪面試、薪資協商、讓他們接受你提出的薪資條件，最終是讓他們進入公司上班。當你盯著剛獲得批准、閃閃發亮的人員增補名額，必須意識到這個事實。這個業界從批准人員增補到成功招募一名員工的時間，平均需要 90 天，也就是三個月，表示這當中的每一天，都可能會有人在某個地方竊取你的人員增補名額，這就是我們為什麼需要……

每天花一小時關注手上的每個人員增補名額

本章稍後會討論，如何確保我們招募到的人一定會到職，但我們必須先推動招聘流程。我之前的主管曾告訴我一個有用的建議，「每天花一小時關注手上的每個人員增補名額。」

一個小時？

如果公司已經批准你申請的人員增補名額，就是允許你擴編團隊，增加新的技能組合，開發更多東西。我想問身為主管的你，有什麼事會比發展團隊更重要？沒有，所以每天投入一小時應該不是非常困難的事，而且，這也是每天提醒你必須埋頭處理人員增補的事，直到成功招聘到某個人。

Rands，我手上還沒有任何人選，但人員增補名額剛剛已經批准下來了，我該怎麼做……

我要再強調一次，人員增補名額隨時都會取消。每天工作結束時，你都要想到：呼，幸好沒人偷走我的人員增補名額。

以下提供幾個做法，協助讀者啟動招聘流程：

- 在網路上搜尋適合的人選。請顯示一個完美的陌生人給我吧。

- 發封電子郵件給可能認識完美人選的朋友。你有認識任何適合的人選嗎？你要不要推薦自己？

- 拼命去煩你的招聘人員。我要的履歷表在哪裡？

- 發電子郵件重新聯絡那些過去拒絕你的人。你現在準備好要加入我們團隊了嗎？

- 瀏覽你的收件匣和寄件夾，找找看其中有沒有你需要卻遺忘的人選。你現在準備好了，真的嗎？

- 閱讀你寫的職缺說明，看看有沒有其他靈感。我真的知道自己需要找怎樣的人才嗎？

各位或許會問，這些難道不是我們僱用招聘人員協助徵才的原因嗎？

我剛聽到你有僱用招聘人員，這真是太棒了。他們會幫你精簡整個招聘流程，但你還是需要每天花一小時，關注每個人員增補名額的招募進展。稱職的招聘人員會幫你尋找適合的人選，節省電話面試的時間，持續讓參與招聘流程的人選保持熱度。進入薪資協商環節時，招聘人員是很出色的智庫，能提供重要的薪酬資訊，而且擅長在談判時扮演壞人的角色。然而，正如我們後續會看到的部分，身為主管，你的工作就是向你想招聘的人選，展現公司需要他們的誠意。

我找到人了！招聘工作完成！

不，你還沒找到人，而且，招聘工作也還沒結束。

不，我真的招到人！對方已經口頭接受我們提出的薪資條件，而且兩週後開始上班，一切都說定了。

不，一切尚未成定局。就跟第一個痛苦的教訓一樣，人員增補名額隨時都會消失，現在我要告訴大家第二個痛苦的教訓。

> **注意**
>
> 人在工作過渡期間會失去理智。

各位讀者請回想你上一次轉職的情況，想想你當時內心的混亂。何時才完全相信自己真的已經接受這份新工作？就我個人的情況來說，我大概是在新工作開始兩個月後才進入這個狀態。

在新進員工到職，坐在辦公室之前，我們要不斷進行招募和尋找完美的員工。雖說接受薪資條件後又反悔拒絕的情況，實屬少見，但只要曾經發生過一次，必定會讓你記取教訓，而且突然意識到「喔，我需要從頭來過，這感覺真糟。」

因此，唯有新進員工坐在他們的位置上，腰間掛著公司的識別證，才能說你真的招到人。

誠意徵才

Michele 的團隊當時正準備開發一個新的技術方向，基本人才都已經到位，但她還需要再招聘兩個人，而且我們手上已經有人員增補名額。在一次腦力激盪會議中，我勾勒出我們需要招聘的人才類型。「好，我們需要 Alex，這傢伙才華洋溢，擅長結合技術和系統架構，但他現在還是其他公司的資深架構師。我們這次開發的新技術是從無到有，很需要像他這樣具有技術能力又願意強力推動的人。」

> Michele：要不要找 Alex 來公司上班？
>
> 我：他從未離開他那家新創公司。
>
> Michele：你有問過他本人嗎？
>
> 我：沒有。
>
> Michele：好，那我來問問。

後來她真的做到了，雖然花了六個月說服 Alex 加入了團隊，但對團隊和專案來說，他確實是完美的人選。在招募 Alex 的過程中，他一度似乎不為所動，於是，我丟了另一個完美人選給 Michele：「或許也問問看 Sean？」結果，在 Alex 加入團隊後的一個月，Sean 也加入了。

本來我以為我們絕對沒有機會一次招到兩名員工，但他們兩個人卻都在數個月內加入團隊。我知道你想問：Michele 的秘訣是什麼？答案超級簡單——就是誠意和持續表達對人才的強烈需求。

我們提供的這兩個職位都很有吸引力，在一家知名品牌公司擔任資深工程師，開發新產品的 1.0 版。但這些人都是這個領域的佼佼者，本身就具有很高的知名度。整個矽谷有很多機會而且都很吸引人，我們要如何在眾多公司中勝出？

我們只能持續不斷地向他們解釋，我們「徵」的需要你。

新工作、新的開始，這樣的想法之所以吸引人，原因很簡單，因為你對未來要加入的團隊一無所知，你還沒遇到不眠不休的開發期，或是在走廊遇到無緣無故騷擾你的傢伙。我們很容易對未來抱持樂觀的想法，因為未來還沒……欺騙你。

然而，這種樂觀的情緒會在半夜散去，你突然驚醒，一股想法湧上心頭，**我有一份穩定的工作、一群認識的人和光明的未來，我為何要離開目前的環境？**儘管有千百個理由，但這些都不是重點。重點在於人要下任何重大決定時，自己會從各個角度質疑這個決定，不斷跟自己進行無止盡的內心對話，一下子說服自己接受那個工作，過一會又告訴自己拋去離職的想法。

結果，搞得自己精疲力盡。

Michele 在整個招聘過程中只傳達一個訊息：「你是這份工作的最佳人選，我們真的需要你。」各位請記住一點，我們現在談的不是網路上隨便找一個沒沒無聞的人，我們談的是精心挑選出來的人選。

每次面試之前，Michele 一定會親自開車去找他們，跟他們解釋這份工作，開始遊說他們：「你是這份工作的最佳人選，我們真的需要你。」第一輪面試結束後，她傳達的訊息還是一樣：「你看，你就是這份工作的最佳人選，我們真的需要你。」

雙方開始進入薪資協商階段時，Michele 跟招聘人員配合，確實掌握我們需要提出什麼條件，才能吸引這些人才加入。她知道底薪對 Alex 來說是很重要的考量因素，也知道 Sean 特別在意股票部分的條件。雙方後來沒有出現薪資協商的情況，因為他們兩位都接受了 Michele 提出的薪資條件。說明薪資條件時，Michele 對他們說：「這是你想要的薪資條件，你就是這份工作的最佳人選，我們真的需要你。」

當對方接受我們提出的薪資條件後，Michele 也完全沒有改變她的語氣或她要表達的訊息。因為她以前曾讓頂尖人才溜走，所以很清楚這些人此刻內心的動搖，以及持續不斷的內心對話。她很清楚這樣的轉變會引發後續更多變化，當求職過程結束後，新舊工作轉換間，痛苦的空窗期是最容易失去一個人的時刻。於是，Michele 讓她的團隊帶這兩個人去喝酒。她撒下種子，讓他們兩人知道將來需要完成哪些工作的美好願景，而且不忘提醒他們：「我們真的需要你。」

解讀 Michele 的招聘策略，像是極力討好那些渴望得到關注的工程界明星，努力滿足他們巨大的虛榮心，但事實並非如此。不管各位是事先鎖定某位適合該項職務的人選，或是夠幸運在一堆沒沒無聞的履歷中，隨手挑到一名非常適合的人選，兩者的招聘策略都是一樣：不斷提醒你的人選，你有多需要他們。當他們處於職涯轉換期間造成的內心混亂，你向他們傳達的訊息中，要表達出你和你提供的職務約定不會改變。你不是吹捧他們，你是他們在一團混亂之中唯一不變的方向。

為自身職涯招聘人才

接下來我要提出的策略，會跟多數招聘人員的想法有所衝突。招聘人員的專業之一是建立人際關係，他們在判斷某個職缺的人選時，直覺往往出奇地準，但他們的工作僅止於招聘，一旦招聘人選到職，招聘人員的工作就結束了。因為招聘工作已經完成，建立起來的人際關係也會跟著結束。

然而，那些你招進公司和你一起共事的人，你們在職場上的關係永遠不會結束。如果招募到適合的人才，你不僅是為這項職務招聘員工，也是為自己的職業生涯加分。不論你招進公司的人表現好壞，他們都會跟其他人說說和你一起共事的感覺。他們會介紹你的怪癖、你的弱點，還有你的強項。最後當他們離開團隊時，也會帶著你的名聲一起離開。今後你可能永遠沒有機會再和他們聊聊，但他們會繼續談論你，我的問題來了：他們談到你，你覺得會講什麼故事？

建議大家平常要親自管理招聘流程中的各個環節，不僅能改善公司的招聘流程，還能提升自己的職涯。因為從你與未來員工互動的第一刻起，就在展現你重視這次的招募流程以及你對他們的用心。

Jesse 其實不是在期限最後一天的下午 4 點 45 分才決定拒絕我們。早在那之前，他就開始有這個想法了，只是我沒有聽進去。因為我沒有親自進行電話面試，所以我沒有聽他說說，目前這份工作他喜歡哪些部分。這份工作是 Jesse 大學畢業以來的第一份工作，而且他很熱愛這份工作，我沒有理解他對離開這份工作的顧慮，因為我在面試過程中沒有和他建立足夠的信任關係。乃至於在薪資協商期間，我也沒有傾聽到他漸行漸遠的聲音。於是，最後我聽到的一件事，就是 Jesse 離開了。

22

職場毒瘤悖論

每個人都擁有適應協調能力。跟任何人互動時,我們多少都會偏離自己的核心,變得跟對方有點像。這不代表我們背叛自己,而是在任意兩人之間定義中間地帶,設定一個妥協點,彼此才能相互溝通。

有些人很容易、也很自然就能到達這個境界,即使某些朋友跟你六個月沒見或毫無音訊,但你們雙方都知道彼此只需要 12 秒就能回到熟悉的境界,六個月的空白時光瞬間消弭。

有些人際關係則需要我們用心經營,這類的人需要一套規則,先設定雙方背景環境、轉換彼此對話以及謹慎聯繫。「嗨,我現在說的這些話跟你聽到的內容一樣嗎?你能理解我的話,太好了。」這套能力和溝通技巧要付出更多心力,需磨練多年才能完善技能。這也是經驗豐富的主管必須具備的技能之一,因為他們經常被丟到各種會議中跟陌生人開會。在這些會議上,他們必須快速且有效率地行動,盡快從「很高興認識你」這個階段,轉換到下一個階段「我們得開始一起工作了」。

我猜多數人際關係大多會落在這兩種類型:天生有緣型或用心經營型。我們和身邊周遭人們的互動關係,不論職場內外,多數都能加以管理。雖然我們無法跟所有人形成自然互動的關係,但只要我們願意投入心力去維繫,依舊可以跟這些人一起生活。

然而,我們還是會遇到一些無法應付的人。出於某些原因,我們可能永遠無法理解這些人為何會表現出這些行為,甚至永遠無法掌握、定義和喜歡他們這樣的行為。

因為,這些人本身就是毒瘤。

兩大毒瘤假設

本章接下來的內容要從兩大令人不安的假設前提談起。

在解釋毒瘤同事引發的嚴重問題之前，我必須先提醒讀者一點，當某個情況涉及兩人之間的隔閡，究竟誰才是毒瘤，總是會有兩個截然不同的故事版本。如果你聽到我說 Felix 這個人具有毒瘤性格，那你應該多花一些時間跟 Felix 相處，了解他對我的看法。雖然我可能已經謹慎地從各個角度對 Felix 的性格做了全面的調查，但你還是必須直接從他本人那裡蒐集資料。

宣稱某個人是毒瘤，這是一種個人的主觀判斷。有時來自一群人的集體定義，有時只是因為某個具有影響力的人無法跟某個人建立健康的人際關係，就將矛頭指向對方。不論情況如何，各位一定要自己親自調查，永遠不能相信他人貼上的毒瘤標籤。

再來，本章內容不是教你怎麼修理毒瘤人，而是談你對他們的看法，所以本章會先假設你已經做了各項嘗試，努力彌補自己與對方之間的鴻溝。讀者如果目前位居管理職，希望你是經過數月的謹慎協商、精密權衡和苦心溝通，最後才得到這個結果。

本章還會假設各位讀者工作的組織中，有一個完整的部門會針對如何改善團隊成員之間的互動關係，而且你也採用了他們所提供各種想法和技巧。

由於你已經越過這個階段，本書就不再提供處理毒瘤人的策略。雖然你知道這個毒瘤人正帶給團隊不好的影響，但你嚴重低估他們每天毒害團隊的程度。

因此，本章的目的是說服你，讓你相信該做出改變了。

團隊合作！

毒瘤人會扼殺團隊，我的意思是他們會將團隊之間的合作關係破壞殆盡。

團隊合作是令人痛苦的管理術語，如果在不適當的時機提出來作為激勵手段，就會變成笨拙的管理方式。「我們需要更好的團隊合作關係，以提升工作效率和生產力。」我知道你想表達的意思，但應該還有更好的說法。團隊合作是真的很神奇，透過這樣的關係，讓不同的團隊、不同的人實際一起工作。

事實上，團隊合作不是一種魔法，是我們透過多年練習而成。從小學開始，我們學習基本的團體生活規則：想說話時要舉手、對他人說「請」和「謝謝」，還有不要吃膠水。學校就是一個小型的現實世界，讓我們學習如何應付不同類型的個性，所以進入職場時，我們早就累積多年的社交經驗，知道如何與各種性格的人互動。

然而，當我們面對毒瘤性格時，所有這些預先累積的輕鬆練習，不管是舉手還是不要吃膠水，幾乎都派不上用場。

回到本章一開始描述的人格特質類型：天生有緣型、用心經營型和毒瘤型。假設天生有緣型的成本是 1x，因為經營這種類型的人際關係不需要付出心力，也最簡單，所以本書將其當作經營人際關係成本的基本單位。用心經營型的成本是 2x，因為我們需要加倍努力才能彌補雙方在溝通和社會經驗方面的落差。經營這類的人際關係不難，只是需要投注心力。當我們累積更多經驗，對人們認識更深，就能降低經營成本，可是不管我們怎麼努力，這類人際關係永遠不可能跟天生有緣型完全一樣，現實生活就是如此。

毒瘤型則無法衡量經營成本，基於這類關係的本質，不管我們怎麼投入心力都無法經營。在這些人際關係中，我們永遠無法進入安心溝通的狀態。因為我們會一直處於社會常識不斷淪喪的情境，永遠無法預測這些人際關係的發展，當然也就無法帶來多高的生產力。某些時刻我們會有短暫的領悟，突然靈光一閃：她那個人之所以會有這樣的表現，是因為我說了那樣的話，原來這就是她為什麼老是會出現這種反應的原因……所以我不會再那樣做了，能找到原因，真是太好了！

然而，喘息的片刻非常短暫，出於某些永遠無法理解的原因，我們無法逆向分析毒瘤型人格特質或是我們對這類性格的反應模式，而且遲早會再次發現雙方之間基本上就存在著脫節的情況，於是，我們又回到先前的窘境，拼命掙扎著想理解這種難以捉摸的性格。

沒錯，這就是面對職場毒瘤時最糟糕的情況。

當我們看到一群人相處融洽，多半是因為大家都認同相似的文化。這些人當然各有其獨特之處，卻還是能處得來，全然是因為他們擁有類似的信仰體系，以及追求相同的目標。相似的信仰能帶來許多好處，但最大的好處是減少組織成員之間的摩擦。雖然成員之間還是會產生激烈的爭論，但是這些爭論是基於相似的信仰，只要有這些信仰存在，就表示有機會解決這些爭論。

現在請各位讀者想想自己平常面對毒瘤人時，會有哪些基本互動。假設你此刻身處在會議室裡，和毒瘤人面對面坐著，準備討論一個簡單的議題：目前我們正在討論，要對架構進行微幅的異動，由於你負責開發大部分的架構內容，所以我想聽聽你的意見。

你認為自己的表現合理、專業而且尊重對方。

你提的異動一點也不小，根本沒有深思熟慮，為什麼不早點跟我商量？早在 14 個月前，我就針對這個議題提出意見，當時大家都無視於我，事到如今你們卻說要認真考慮⋯⋯？

一連串難以理解的毒言毒語，排山倒海而來。連珠砲似的話語正在數落每個人過去犯下的一串錯誤，可是，請回頭去看前一段的內容。這些內容是言之有物？或只是毒言毒語？

各位讀者好好想想吧，在這場會議裡，當大家都冷靜下來，你可能是最後的贏家，但會議前 30 分鐘你得先承受一連串的言語砲轟。這裡我要說個壞消息：團隊裡多數人都有過類似的經驗，跟毒瘤人互動過程中，多數人會窮盡心力思考怎麼避免讓毒瘤人發飆，而非實際上要怎麼完成工作。

這種情況持續一段時間後，甚至會產生更多有害的情況。大家在安排會議時，會避免跟這個人一起開會，不再前往這個人工作所在的辦公大樓。我要再次強調，這裡說的不只是一、兩個人會這麼做，而是指團隊中多數人都會出現這樣的行為。

我在定義毒瘤人時，我的想法不是基於能否跟這個人在職場上建立良好關係，反而是看一個團隊和公司文化實際上是否拒絕接納這個人。當每個人都在盡力迴避某個會造成危害的人，這種迴避性會持續從各個面向去影響團隊的生產力和士氣，進而變成每個人每天都要承擔這樣的情緒：挫折和士氣低落。

一個已然形成的文化幾乎不會因為某個人而改變，所以當毒瘤人出現時，文化會以拒絕接納對方的做法來保護自身。

職場毒瘤悖論

Rands，毒瘤人只是沒有遇到和他處得來的人。

話不能這麼說。

我們身處的環境是職場，不是高中校園，所以我談的不是學生時代的小圈子，我談的是職場文化。小圈子很難避免，通常是一小群喜歡彼此外貌和聲音的人聚集在一起；文化則是由一大群人共同形成一個大的基礎架構，其中包括信仰、價值觀和目標。一個健全的文化具有包容性，會尋求新成員加入，推動自身進化成某個更好的新文化；以有趣的方式不斷發展，因為文化建立的根本就是人。

發現自己身處於不被接納的文化之中，任何人都不會感到高興，但這種拒絕接納的情況並不是基於個人喜好，也不是因為某個人不喜歡另一個人所造成的，純然是因為雙方缺乏共同的核心信仰。當一群人有共同的目標時，即使個性截然不同也能相處融洽。

沒錯，人就是會變得小心眼，似乎會因為一些無聊的理由就討厭對方，所以主管和人資的工作就是要想方設法，怎麼在這些人之間建構具有建設性的工作關係，但這不是我現在要說明的情況。我要說的是，當你試著想把一個方形的毒栓子硬塞到一個圓形的文化孔裡，這根本行不通。你當然可以使出洪荒之力，持續推進，但……還是不會發生你想要的結果。

當毒瘤人對著你大吼大叫時，你很難想起這一點，他們真正想吼叫的對象其實不是你，是這個拒絕接納他們的文化。他們生氣的原因，是因為他們心裡清楚知道自己的信仰結構跟其他人不一致，他們自知……永遠無法勝過這個論點。同時，他們也知道，為了勝過這項論點，就必須重新塑造公司文化，相較於這方面需要投入的艱鉅努力，公司重組似乎簡單多了。

最糟的一點是：毒瘤人的論點可能是對的。

矽谷發展史上充滿著毒瘤人的故事……最終也證明他們當時的想法是對的。在當時的時空背景下，現有的文化制度難以接納這些人提出的議題和想法，導致他們被各自的公司革職，但對那些公司來說，其實這些才是他們應該採取的正確策略。

悖論在於，公司需要毒瘤人的存在。這些以自我為中心的混蛋完全漠視文化常規，把事情弄得一團亂，搞得面目全非。這些人不需要社交禮儀，也不需要個人魅力，即使兩者對他們都有助益，但他們強烈相信自我價值在於自身信奉的文化。

雖然公司和團隊需要這些傢伙，但我們不能以犧牲團隊士氣和生產力作為代價。確實，毒瘤人自恃的信仰或許與公司的核心文化相違背，卻是公司未來發展的關鍵，我們可以採用，但要謹慎評估風險。如果我們將毒瘤人的想法整合進來，代價卻是團隊裡有一半的人因為無法與他們共事而揚言退出，這樣也能算是一個可行的解決方案嗎？

不是？或者是？

是否要將毒瘤資產驅逐出境，做出判斷的基本想法是：對現況妥協很容易，要實際做出改變卻很困難。

每個人都擁有適應協調能力

「我們在工作上解決了哪些困難的問題？解決這些問題時，是誰和我們一起並肩作戰？」這兩個任務能幫助我們定義職業生涯。我認為遇到越困難的問題、遇見越棘手的人，越有助於發展職涯。因為我相信每一個不可能的挑戰之中，都存在著寶貴的經驗。

當我們確信某個人的本質真的是毒瘤人，他們的存在對職場不只是一種干擾，更是一場災難。衡量這一類人對團隊造成的損失和精神痛苦程度時，我們不該問自己「接下來要做什麼？」，而是要問「我能多快解決這個情況？」

23

職責所在

這個故事發生在我第一次加入的新創公司,當時我們正處於第二輪和第三輪裁員之間。那時公司找來一位新的工程副總主持大局,雖然公司僱用他的要求是希望「扭轉局勢」,但科技業的經濟發展已經陷入困境,所以他採取的第一個正式行動是把船上的乘客丟下去(也就是裁員),以免我們沈船。

現在即將進行第三輪裁員,也是我們最後一次裁員。第一輪裁員是由第一位副總指示現有團隊的三名主管一起完成,接著的第二輪裁員則是改由臨時副總下達指示(這位臨時副總是當時的業務開發總監……這是另一個故事,下次再說)。每一次發生裁員的情況,都是在執行團隊檢視最新數字之後,當天稍晚就突然召開會議進行。

會議結束後,公司高層的請求來了:「我當然認為我們不需要這樣做,但你是否可以用你們團隊的電子試算表,記錄下每位成員正在進行的專案,以及他們投入的程度有多少?這件事不急,你慢慢來。」

當然可以。

24 小時過後,公司高層走進我的小隔間,他們問我:「那份紀錄表你做完了嗎?」

你們不是說不急,可以慢慢來嗎……?

「是這樣說沒錯,但我需要在一個小時內獲得這些資訊,情況緊急。」

好,沒問題。

快轉到四個星期後,我們三個團隊共產出了三份電子試算表,上面滿滿都是每位員工的相關資訊。透過這份電子試算表,我們能了解團隊裡有哪些成員及其各自擁有的能力,他們目前開發什麼產品以及這些產品對公司利潤有什麼貢獻。

然而，這三份電子試算表都帶有個人偏見。三位主管中的每一個人都精心建立自己的電子試算表，以證明自己的團隊成員為何必須留下。但這次的練習結果不符合公司的意圖，原本的目的是希望主管們建議一項策略，讓公司生存下去。第一位副總和代理副總都知道我們這樣做的目的，也理解他們一部分的工作就是協調我們手上截然不同的資料集。

這項練習聽起來似乎很有趣，但每一位主管是各自定義一套原則，自行解釋這些原則，再將這些原則套用到每個團隊的電子試算表，最終才完成了這個複雜的流程。

沒錯，每一位主管會在這份電子試算表上畫一條線。這條線以上的人留下，以下的人離開。應用這些原則意味著線的位置只要一變，通常就會產生戲劇性的變化，也就是說某一位主管的團隊最後可能會比其他兩位主管裁掉更多人。我希望你們都不要經歷這個可怕的過程。

現在要進行第三輪裁員了。

我的同事，也就是另外兩個團隊的主管已經準備好電子試算表，根據我們之前的練習，對這份含有個人偏見的電子試算表做完全相同的事。我們的目的當然是想保護團隊，但這麼做對整個公司沒有幫助。

當我們把帶有個人偏見的電子試算表交給副總，他看了一眼，很快就看出我們沒有完成公司交辦的工作，他說：「你們必須裁掉更多人，比你們提出的人數更多。」

他說的話讓我們很困惑，我們問：「這不是你要幫我們做的決定嗎？」

他說：「不，你們才是主管，這是你們的工作，職責所在。」

題外話

這種把戲我已經在 Twitter（現已更名為「X」）上玩了好幾年。我都這麼玩的，當我聽到某個人隨意說了某件事，我會在腦海裡將他們的話，轉換成我認為他們真正想說的話。例如他們表面上說「我認為這太簡單了」，我想他們的本意是「你只根據自己能看到的部分去理解……你的理解並不完整。」

我會換個方式轉推,「當你說『我認為這太簡單了』,我聽到的是『我認為自己理解我能看到的部分』」,其實是有點諷刺意味。他們真正想說的話通常不是如此,但所謂的幽默,就是我們說話時可以中斷在自己不願意說的部分。

早在 Twitter(現已更名為「X」)存在之前,我就已經有這種在內心轉換他人對話的習慣。直至今日,我還是會想到當年新任副總指示我們如何判斷公司要裁掉哪些人時,他掛在嘴邊的那句話,尤其是最後幾個字。他提醒我們「不,你們才是主管,這是你們的工作,職責所在。」

所以,當主管說「職責所在」時,下屬聽到的其實是「我懶得跟你們解釋決策過程中的細微之處。」

回到我們要進行的第三輪裁員。雖然我們這三位主管盡力想採用一致的原則,但我們無法達成共識,所以最終還是由不同的團隊各自建立不同的原則。進行裁員面談時,不同團隊會聽到不同的敘述,當然也會跟即將離開和留下來的員工分享這項資訊。可是被裁員的那些人不清楚自己為何被解僱,留下的人也不清楚自己為何被留任,因為他們聽到的故事版本不同。

在我擔任領導者的職業生涯裡,這種不人道的人為災難,為我上了最具有決定性意義的一課。

身為領導者的職責

身為領導者,你的工作不是做這種陷入兩難的決定。這種決策過程只是你在自說自話,領導者的職責應該是清楚解釋自己如何做艱難的決定,團隊才能理解你的想法、你會採取怎樣的策略,以及你依循哪些原則。

如果你手上沒有任何策略,請花點時間定義。如果你沒有能夠據以做出決定的原則,請盡快跟更多人合作,盡可能明確定義出這些原則。原則就是基本真理,是一套系統的基礎(不管是對團隊信任、個人行為或一連串的推論),你肯定清楚這些原則很難定義,但這是你身為主管的工作。

這是你職責所在。

24

職場友善的核心

本章打算簡化管理。首先，假設你是一名主管，身兼三種角色，分別是領導者、修復者和教練。接下來我會就每一個角色簡單解釋其發揮的作用，以及我在每一項角色上搞砸的經驗。本章會反過來介紹這三個角色，因為我想製造一點緊張的氣氛。

教練

教練是個標準角色。身為教練的你是這個團隊中經驗較為豐富的人，你的工作是將得之不易的智慧傳承給其他團隊成員。多數的經驗和教訓無法事先分享，因為在商業環境中，你必須全神貫注，快速行動。畢竟，這是你的致勝之道。

當問題出現，衝突接踵而至。有些問題是你親眼所見，有些則是你事後聽說的。在這兩種情況下，你的工作通常不是讓衝突加劇，而是教育團隊。

你可以這樣說：

- 「你們有從這個角度去思考嗎？」
- 「過去我也遇過這樣的情況，這就是問題發生的原因。」
- 「請容我解釋過去我在這方面的失敗經驗。」

建立團隊以及將自己打造成平易近人的教練，兩者的關鍵就是傳承這些智慧。

跟各位分享一個我曾經在這項角色上搞砸的經驗。

有一次我從上一份工作離職幾個月後，我收到一封電子郵件，是接替我原先職位的人發來的。他非常友善地向我說明，希望了解我是否能告訴他們關於團隊的事，我立即回覆：「當然可以」。

我們的對話層次非常豐富，僅僅四個月，他們就對團隊有相當全面的了解。我甚至還透露團隊中幾位同事對工作的期望和夢想，並且詢問他們是否需要我提供其他方面的協助。

當時那個人隨口說了一句話，卻盤旋在我腦海中揮之不去。他們聊到自從我離職後，感受到團隊發生的一些變化。我不記得整個故事，只記得這句話「團隊成員喜歡你，或許太愛你了。」一句不經意的話，他們立刻就忘了，我卻永難忘懷。

你們看看，教練這個角色就是想當好人，希望自己受到團隊喜愛，希望自己永遠平易近人，喜歡積極的氛圍，厭惡衝突。團隊喜歡我？或許太愛我了？然而，我從字裡行間聽到的意思，卻是團隊很欣賞身為教練和幫手的我，但是他們不相信我有魄力做出艱難的決定，因為我害怕傷害自己和團隊成員之間的關係。

他們的想法是對的。

修復者

修復者是很特殊的角色。當我們全神貫注、快速行動時，很容易成為這樣的角色，因為這個業界時不時就會出現天塌下來的情況。當天塌下來時，你會一躍而起，跑到眾人面前，揮舞著雙手宣稱：「我來搞定這一切」。

發生需要修復者的情況並不有趣，但修復者這個角色非常具有爆炸性。為什麼？首先是可以打破官僚主義，其次是每個人都想幫忙，第三則是行動會異常迅速。改變工作步調，會令人感到開心。

多年來，我寫了很多跟修復者有關的文章[1]，主要是因為我喜歡當修復者。

跟各位分享一個我曾經在這項角色上搞砸的經驗。

事情是這樣的，出於某種原因，那時的副總要我們轉移到新平台。公司之前已經指派其他主管做了兩次嘗試，但都以失敗告終，導致於我們留在非常糟糕的破舊平台上，而且這個平台花費了公司數百萬美元。公司先前投入的嘗

---

1 請至本書作者 Michael Lopp 建立的部落格 Rands in Repose，參閱他於 2018 年 8 月 8 日發布的文章「Kobayashi Maru Management」（https://randsinrepose.com/archives/ kobayashi-maru-management）。

試並非我專精的工程領域，但副總以前見過我修復這個平台，所以他把這個工作任務指派給我，希望我再次修復。

於是，我立刻開始著手進行修復任務！我花了一整個週末的時間，研究第一次和第二次嘗試會造成失敗的原因。自我學習如何建立未來的新平台，列出一份很棒的優缺點清單、一份會讓人嚇破膽的成本分析，以及前兩週的行動計劃。最後，我在週一早上安排了一場全員都要出席的會議。

你們看看我！我滿懷著熱情，正在眾人面前修復問題！

週三下班時，副總來我的辦公室，他說：「一起去散個步吧」。

一到公司外面，他開口說道：「很謝謝你，立刻就開始著手修復這個問題。你的行動非常迅速而且目的明確，但有一個問題。就是你對病人的態度，你站在他們床邊發出即將死亡的訊號。」

什麼叫對我對病人的態度？死亡？副總話中有話：

> 副總：你認為那些已經努力解決這個問題的人搞砸了這個平台嗎？
>
> 我：沒錯，我確實認為他們搞砸了，而且是兩次。
>
> 副總：你說的沒錯，而且他們能從你看待他們的方式，判斷你對他們的感受。
>
> 我：但是，他們確實搞砸了啊。
>
> 副總：你以為他們不知道是自己搞砸了這個平台嗎？

領導者

我在這項角色上搞砸的經驗，次數多到我都數不清。曾經有段時間，我太傾向於扮演教練這個角色，以至於團隊成員不相信我有魄力做出艱難的決定和帶領他們。還有一次，我一心只想著要修復問題，卻扼殺了團隊的士氣，原本立意良好的行動，卻明顯傳達出我有多確信就是他們搞砸一切的。

管理不是升遷，是一項新工作。領導力不等於管理，是你持續向團隊展現的一套原則，而且具有一致性，顯現你的重要理念。領導力闡明團隊能從你身上學到什麼。主管告訴你在職場上的定位，領導者則會告訴你未來前進的方向。

有時你需要身兼指導和修復，但這難道不是同一件事嗎？教練可以幫忙修復問題，修復者也可以指導團隊解決問題的方法，兩者難道是截然不同的角色嗎？

我常會提自己寫的一篇文章作為演講的結尾[2]，文章主題跟始終如一的友善有關，各位讀者可以前往我的部落格看看這篇典型的 Rands 風格文章。演講結束後的 QA 時間，總會有人問我跟職場友善相關的問題。他們特意設計了一個寬容的環境，想要測試能否實踐職場友善，此時我都會很認真嚴肅地回答他們：

「你們認為會解僱員工的職場，稱得上友善嗎？」

整個演講會場陷入一片沉默。

「你們直覺認為這『不友善』，但你們會聯想到某個人在不知情的情況下，突然被公司解僱了。這些被解僱的人會感到震驚，覺得這個職場一點也不友善。」

「一開始發現到團隊裡某個人正面臨某項挑戰時，你就要明確、有建設性地跟他們討論，傾聽他們的反應，然後開始指導他們。持續數週跟他們討論如何解決眼前面臨的挑戰，就這樣持續數個月之後，有時也會發生無法解決挑戰的情況。」

「你要向他們解釋為什麼無法解決，繼續傾聽他們的反應，調整你的指導方式，然後跟他們多多討論。萬一最終出現『解僱他們』的選擇，他們也不會感到驚訝，或許多少會覺得失望，但至少沒有任何人置身事外。」

「經過所有討論和指導後若依舊無法解決問題，在這種情況下，對那個人來說，解決辦法就是尋找不同的工作角色。可能在目前的公司內申請調職，或是換去其他公司工作。你絕對不會將這樣的情況稱為解僱，因為這對雙方來說都不厚道。」

教練傾聽團隊的聲音，修復者採取行動，這兩個角色都是抱著善意行事，是優秀領導者的表現。純粹的善良只是友善的一部分，而職場友善的核心是尊重，領導力也是一樣。

2 　請至本書作者 Michael Lopp 建立的部落格 Rands in Repose，參閱他於 2015 年 8 月 3 日發布的文章「Be Unfailingly Kind」（https://randsinrepose.com/archives/be-unfailingly-kind）。

PART III

日常工具組

身為軟體開發人員，每天工作所需的技能清單非常可觀，但高中和大學課程卻沒有協助我們準備這個部分。

輕易就能解釋出什麼是大 O 符號（Big O）的讀者，確實很優秀，但你曾上過哪一門課有教你如何向執行長簡報嗎？我雖然也很樂意看到讀者熱衷於研究 Emacs 編輯器，但你知道下午兩點的會議裡，誰最需要向你學習嗎？

一般人對工程師的刻板印象，就是我們想要寫程式，而且是想躲在自己的洞穴裡，離群索居，自顧自地寫程式。誠如大家所言，寫程式這件事對我們來說確實很棒，但我們並不是整天都只想著寫程式。到此，讀者已經看了本書一半的章節，表示你現在應該了解一名成功的開發人員需要一套更廣的技能。

我們需要管理好自己的時間——這是一項無價的商品，專注於自己所使用的工具，以及投入時間去了解周圍的人，弄清楚如何以他們聽得懂的語言，表達自己的想法，學習將出色的點子傳達給任何人。

25

電腦怪咖手冊

本書到此已經談了一半的章節，很好，各位讀者該暫時休息一下了。先前多數章節的內容都是聚焦在各位身上，我們談到了你目前的工作和職涯計畫。然而，這趟奇妙的自戀之旅並非靠你一己之力就能完成，有廣大的支持者在你身後。

這些支持者不只有你的老闆和同事，還有你的朋友。像是和你認識多年的好友 Renee，每隔三個月你們一定會一起喝點小酒，發洩一下工作上遇到的各種不滿；你經常會在電車上遇到的 Ryan，雖然很煩人，但他不經意吐出的妙語卻總是能讓你心情好轉；還有開咖啡店的 Lorraine，她當天的心情和沖泡的咖啡，會影響你一天開始的心情。不論各位平時是否有意識到，在你身邊確實存在著許多支持你的人，我甚至還沒提到對你最重要的人——生命中的另一半。

本章接下來的內容並不是寫給你看的，而是要獻給這些支持你的人。希望你先放下這本書，抬起頭看看此刻正坐在沙發上的人。想必他們對你有些不解，不懂怎樣才能像你這樣連續坐在電腦前五個小時。他們發現你很有趣，卻又不知你有趣在哪裡。

現在，請起身將本書交給支持你的人，讓他們看看這一章的內容。如果他們現在不在你的視線範圍內，請先將本頁折一小角，提醒自己，你的成功有部分是來自於支持者對你的理解。

理解你身邊的電腦怪咖

嗨，某位你重視的人剛把這本書交給你，我想他應該也剛好是一位電腦怪咖。你應該已經注意到這位電腦怪咖具有一些怪癖，但不太理解他為什麼會有這樣的行為，他希望你看看這一章的內容，使你更了解他。

你看看，電腦怪咖之所以需要專案，是因為他熱衷於開發東西，而且，無時無刻。吃晚餐的時候，他會突然不說話，對吧？那是因為電腦怪咖的大腦正在思考專案。

這個「專案」可能不是電腦怪咖日常工作中進行的專案，因為他對工作秉持的看法是：「專案完成也累積到新的工作經驗後，就該換下一個專案。」本章稍後會探討電腦怪咖這種似乎只能在短時間集中注意力的特質及其造成的結果，但我們現在談的是電腦怪咖下班之後思考的專案，是他正在開發的其他大事業，我不知道是什麼大事業，但支持他的你應該知道。

曾經在某個時刻，身為電腦怪咖同伴的你，就是他腦中正在思考的專案。你獲得他全心全意的關注，因為你是電腦怪咖生活中新開發出來的亮點。也有可能你現在就是電腦怪咖腦中的專案，恭喜你，你真的很幸運。不過，你也別因此就感到安心，他遲早會找到下一個新鮮事，到時你會懷疑又是什麼吸引了他全部的注意力，這本手冊或許能幫助你了解其中端倪。

理解電腦怪咖與電腦之間的密切關係

這個論點雖然老套，但電腦怪咖是電腦定義下的產物，你必須了解箇中原因。

首先，地球上絕大多數的人都不了解電腦內部的運作機制，或是將電腦視為一種「魔法」。電腦怪咖不一樣，他們很清楚電腦的運作方式，而且十分熟悉電腦的運作原理。當你問電腦怪咖說：「為什麼我點這裡，要過一會才會顯示內容，你知道問題是什麼嗎？」他們一看就知道你的電腦出了什麼問題。電腦怪咖大腦裡內建了一套硬體和軟體的運作模型，就像電腦一樣。雖然世界上的其他人看到電腦就覺得很神奇，但電腦怪咖知道電腦運作的這套魔術是由一長串的 0 和 1，在螢幕上快速交織而成，他們還知道如何讓這些位元加速移動。

電腦是電腦怪咖個人職涯、甚至是個人生活的基石，後續內容會聊到，這種人與電腦之間的親密關係，改變了他們對這個世界的看法與觀點。他們將整個世界視為一套系統，認為只要投入夠多的時間和努力，就能完全理解這個世界。電腦怪咖讓自己接受這種脆弱又美好的幻覺，這是他們活下去的動力。然而一旦幻覺破滅，你將發現他們會⋯⋯（本書留給各位自行想像）。

電腦怪咖具有控制傾向

電腦怪咖活在自己的定寬字世界裡，其他人則會花時間挑選各式各樣的字型來妝點自己的世界；電腦怪咖審慎選擇定寬字型，是因為他熱衷於利用文字來操控世界，而且能熟練地操作命令列介面，其他人則是笨拙地使用滑鼠。

他們選擇這個字型的原因，當然是因為務實。定寬字的字元寬度已知而且固定，一行裡的十個字跟任何其他地方的十個字都具有相同的字元寬度，就像把眼中的世界放進一個漂亮的網格架構裡，格子裡的 X 和 Y 各具其特別的意義。

這些控制欲方面的議題，代表電腦怪咖對環境的戲劇性變化很敏感。像旅行、工作變動這類會導致系統重新定義的事件，都會迫使他們意識到一個事實：他們不可能永遠完全理解世上的一切。在他們重新建立幻覺之前，會經歷一段受挫、行為不穩的時期。以我個人為例，在重新定義系統期間，我的理智線極度容易斷裂，經常會因為一些愚蠢的瑣事就失控，這也是電腦怪咖會……（本書就留給各位自行想像）的原因之一。

電腦怪咖會建造自己的洞穴

截至目前為止，本書寫到好幾次跟洞穴有關的內容，此處就來聊聊我對洞穴的基本定義。洞穴是專為電腦怪咖打造的空間，目的是讓他們做最喜歡的事，也就是開發專案。各位若想理解身邊的電腦怪咖，就要長時間認真地盯著他們的洞穴看。看看他們怎麼布置自己的洞穴？往往會在何時進入洞穴？每次會在洞穴裡待多久？

洞穴裡擺放的每個物品都有其特定的位置和用途，甚至連雜亂無章都也是他們的精心設計。你不相信？好，假設你身邊有某位電腦怪咖已經把一台看似要丟掉的 Mac Mini 放在地上兩個月了，你現在去把它藏起來，用不著十分鐘，他就會怒氣沖沖地從洞穴跑出來，大喊著：「我的 Mac 去哪裡了？」

洞穴會讓你感到挫敗，是因為在你的印象中，這是你的電腦怪咖朋友逃避現實的小天地，不幸的是，你的看法完全正確。設計恰當的洞穴會將電腦怪咖完全隔絕於現實世界之外，讓他們扎扎實實地在虛擬世界落地生根，那裏有他們需要的所有玩具。因為……（本書就留給各位自行想像）。

電腦怪咖熱愛玩具和謎題

電腦怪咖從專案中發現的樂趣，是來自於解決和探索問題。每當專案有一部分完成了，電腦怪咖就會腎上腺素激升，產生我們所謂很嗨的感覺。每個職業都會有這種情況，尤其是當你明顯更接近完工的時刻。許多工作都很容易看見工作進度：「你看，我們現在有一道門了。」但是電腦怪咖從事的工作是以位元為基礎，工作進度只能自由心證，那些無形的程式碼、演算法、效率和潛藏在心中微小的勝利感，都無法存在於原子世界。

電腦怪咖還有其他方式可以創造出讓自己很嗨的感覺，而且一直以來都是如此。雖然又是另一個超級老套的話題，電腦怪咖真的很愛玩電玩遊戲，但他們愛的不是遊戲本身。他們只是將電玩遊戲視為另一個系統，把弄清楚遊戲定義的規則，當作是自己的工作，就是這股動力讓他們想破解遊戲。沒錯，我們確實喜歡盯著那些由無數多邊形組成的遊戲，但我們也能從其他遊戲得到相同的興奮感，例如，玩《寶石方塊》（Bejeweled）、讓自己的夜精靈角色升到最高等級或是無止盡地轉動魔術方塊等等，這很符合一個事實……（本書就留給各位自行想像）。

電腦怪咖常令人捧腹大笑

電腦怪咖因為異常喜愛電腦，所以年輕時常被當成邊緣人。這種內心充滿苦澀的感覺，反而奠定了他的幽默感。他們對外界一切基本上抱持不信任的態度，再加上自身擁有的其他天賦，各位現在發現了嗎？沒錯，他們把幽默感視為另一個遊戲。

電腦怪咖將幽默感當成一種智力遊戲：如何從深奧的瑣事中拼湊出一組特別的組合，盡快建構成一個讓眾人笑到不行的內容？電腦怪咖會認真傾聽大家的談話內容，從中確認大家可能會覺得幽默的素材，一旦他聽到笑點，就會拼命在腦海中搜尋有關的自身經驗，想辦法在短時間內擠出笑話。

大家會因為……（本書就留給各位自行想像），而更加讚賞他這種幽默機智的本事。

電腦怪咖對資訊的喜好令人驚奇

多年前，我曾懷疑電腦怪咖具有 NADD 症，也就是電腦怪咖注意力缺乏症（nerd attention deficiency disorder）。

電腦怪咖是怎麼看電視的？根據我的觀察，可能有兩種方式。第一種就是跟你一起看，你們兩人坐下來看一個節目。另一個方式是他們自己一個人看電視，而且是一次看三個節目，這看起來很瘋狂吧。你走進房間裡，會看到一個每隔五分鐘就在多個頻道間切換一次的電腦怪咖。

旁人會想「你怎麼有辦法一次追所有節目？」

事實上，電腦怪咖會追蹤所有一切。你想想，這三部電影他們是不是已經全都看過了……而且看過很多次。他們知道劇情中最吸引人的部分在哪裡，而且在他們觀賞這三部電影的同時，還會在心裡編排出自己的版本。電腦怪咖在內心採取的行動，基本上就是情境切換，而他們是情境切換之王。

電腦怪咖這種立即切換情境的能力，來自於他們長期使用電腦的生活方式。電腦怪咖的大腦會將這個世界建立成一個資訊模型，就像包含許多邊界分明、井然有序的視窗，最重要的工具是讓他們從一個視窗移到下一個視窗。這些視窗之間可能毫不相關，但沒關係，電腦怪咖習慣在不同情境之間大幅跳躍，在某個視窗跟朋友閒聊，一會又切到另一個視窗，憂心自己的 401 退休福利計畫，沒多久又換到其他視窗，聊起了第二次世界大戰。

各位或許會懷疑在這種不斷切換情境的環境下，電腦怪咖不可能擁有高度專注力，你們的懷疑有部分是正確的。一直處於多工的環境下，並非高效率的工作方式。電腦怪咖表面上知識廣泛，但對許多主題的了解都只有廣度沒有深度。他們坦然接受這個事實，因為他們知道只要熟練地在鍵盤上敲打幾下，就能深入了解任何主題。你看……

電腦怪咖大腦內建的關聯性引擎效率很高
但會惹火旁人

一天的工作結束後，你和電腦怪咖一起窩在沙發上。關掉電視，手邊沒有任何一台電腦，你開始跟電腦怪咖簡短匯報一整天發生的事：「我今天在郵局花了一小時，想辦法寄包裹給你媽，然後打算去小餐館吃個飯，就花店隔壁那家，沒想到那家餐館竟然關門大吉了。你信嗎？」

此時，在你身旁的電腦怪咖回了一句：「酷喔」。

酷？現在是在酷什麼？是指餐館關門大吉？還是去寄包裹的事？這些事情酷在哪裡？你應該覺得一點都不酷吧。事實是，電腦怪咖可能認為所有的事情都很酷，但他不認為你說的這些話有什麼關聯。他只聽到：「花了一個小時在郵局什麼什麼的⋯⋯」

電腦怪咖這樣的行為確實很沒禮貌，旁人會因此大為光火也是理所當然的，但說真的，我出現在這裡，就是希望幫助大家理解這個情況。永無止盡追求資訊所帶來的興奮感，以某種有趣的方式扭轉了電腦怪咖腦中的思考模式。面對任何進來的資訊，電腦怪咖會以閃電般的速度，快速評估資訊的關聯性：相關或不相關。所謂的關聯性是指進入大腦的資訊是否符合系統需求，也就是說，這些資訊是否跟電腦怪咖當下關心事物有關。各位如果希望電腦怪咖主動參與，就要打開相關旗標。萬一打開不相關的旗標，電腦怪咖會用話句點你，間接宣告他判斷你提供的是不相關的資訊。在這種情況下，電腦怪咖已經開始神遊，沒有在聽你講話，他只會回答一樣的話。像我會一律回答「酷喔」，所以當你聽到我說這句「酷喔」，就表示我已經聽不進你說的話。

當不相關的旗標舉起，電腦怪咖會立刻忘記他剛接觸到的資訊。我是說真的，下次你聽到電腦怪咖說「酷喔」，我希望你回問這句：「那我剛剛說什麼？」此時，你應該會看到電腦怪咖臉上露出尷尬的微笑，各位如果想讓電腦怪咖承認這次對話的問題是出在他身上，第一步就是反問他這個問題。電腦怪咖這種行為就是造成⋯⋯（本書就留給各位自行想像）的原因之一。

電腦怪咖看起來就像是討厭人群

當兩個人不得不互動，最初閒聊的五分鐘是最尷尬的時刻。對電腦怪咖來說，閒聊是讓他們頭痛的難題，因為閒聊這件事涉及了他在這個世界上討厭的各個面向。

當電腦怪咖盯著陌生人看，他心裡想的是，**人就是一團混亂，我沒有任何一套能理解人類的系統**。這是造成他們害羞的來源，也是他們為何討厭在人群面前發表的原因。

電腦怪咖本身其實具有與他人互動的技巧，缺乏的只是一套定義完善的系統。

電腦怪咖的進階微調法

各位如果還繼續在看，我想你身邊的電腦怪咖一定是值得你繼續交往下去的人。雖然他動不動就會消失幾個小時、具有奇怪的幽默感、不喜歡你碰他的東西，當你跟他面對面說話時還會充耳不聞，但他就是你的守護者，雖然他是個怪人。

我的建議是……

把電腦怪咖討厭的事映射到他熱愛的事物上

你熱愛旅行，但你身邊的電腦怪咖卻喜歡躲在自己的洞穴，連續數小時追求讓自己嗨的事物。為此，你必須讓他相信兩件事。首先，讓電腦怪咖相信你會在新環境中，盡力重建專屬於他的洞穴。你會創造一個安靜、黑暗的空間，幫助他適應新環境，搞定馬桶要怎麼沖水。你們要去國外旅行？那麼旅行一開始先安排三天，在某個地方安靜度假。一趟橫跨美國的旅行？那就先讓他在床上放鬆半天，再把他拖出去欣賞舊金山的金門大橋，如何？

第二項建議更重要，就是你必須提醒他對資訊無盡的熱愛。你需要引起他對探索新內容的熱情，沒有什麼源源不絕的新知，能比得上一早在飯店醒來就能眺望威尼斯大運河的美景，就算你們一句義大利話也不會說。

凡事都變成專案

各位或許注意到電腦怪咖跟食物之間保持著奇妙的關係。他進食的速度很快？真的吃很快嗎？你應該先了解這究竟是怎麼回事。因為食物會妨礙電腦怪咖關注的內容，所以被他丟到不相關的分類裡，運動也是。問題來了，如果你希望電腦怪咖吃得健康，希望他再多活 30 年，要如何改變他的行為？我的建議是，把減重和運動變成專案。

以我個人為例，十年前我有過一次糟糕的分手經驗，在那之後運動這件事就變成了一個專案。當我的前任不再是我要執行的專案，我天天都投入運動之中，利用圖表追蹤我的健身計畫，以圖形追蹤體重和運動進度。這樣的日子整整持續了兩年，直到有一天，我在一整天都沒吃的情況下去健身，結果運動結束後去麥當勞時當場昏倒。那時我想，好吧，是該開一個新專案了。嗯，電腦怪咖也需要探討怎麼適可而止的問題。不過，這得請各位讀者參考別本書的相關章節了。

唯有讓電腦怪咖全心全意投入專案裡，他的行為才會出現顯著的變化，否則，就只是另一個被視為不相關分類的想法。

電腦怪咖其實知道人是最有趣的內容

如果各位身邊的電腦怪咖是極度害羞的人，請試試我的建議：問問他們的好友列表上有多少人。例如，問他們有幾位 Facebook 好友？ Twitter（現已更名為「X」）上有多少人正在追蹤他們？或者是在社群網站 Mastodon 上？整體而言，你身邊電腦怪咖應該有跟不少人互動，我猜人數應該超出你想像的十倍之多。他們能做到這點，是因為透過他們了解的系統，也就是電腦。

電腦怪咖其實知道人是很有趣的生物。雖然他們面對你這個好友，卻不敢直視你的眼睛，但不代表他們不想了解對方，所以你必須扮演社交緩衝的角色，也就是翻譯層。你需要幫忙找出電腦怪咖和其他朋友之間有什麼共同的興趣，這樣他們就會主動參與，因為他們找到和自己的關聯性。

下一個令人興奮的目標

各位如果發現自己曾經是電腦怪咖腦中的專案，應該有感受到他們壓倒性的專注力是多麼地吸引人，但也會戛然停止。電腦怪咖一旦認為自己完全理解一套系統的運作方式，想要理解該系統的挑戰就不復存在，此時他們會離開去找下一個會帶給他們興奮感的目標。

雖然我不認識你，也不知道你為何在這個世界上選擇一位電腦怪咖作為你的同伴，但我非常清楚一件事：你不是一套已知的系統。你身邊的電腦怪咖跟你一樣，都是一團混亂的人類。光是你本身具有的怪癖，就足以向電腦怪咖發起有趣的新挑戰。

此外，搞清楚你是怎樣的人，也是電腦怪咖的工作。或許在某個地方有人寫過一篇文章介紹你的怪癖，好消息是，電腦怪咖也許此時此刻正看著那篇文章。

26

培養工作鑑別力

試想你從事的工作不管有什麼需求，都一定能找到真理。例如，當某個人問你：「Phil，為什麼會發生這個情況？」你有百分之一百的自信能精確指出答案。

這種情境就是地球上許多工程師希望身處的田園風光，好吧，這只是一份很棒的工作而已。

我承認這個說法是有些誇張。工程師確實有盲點存在，但他們對自己的工作、那堆特別創造出來的位元，無所不知。工程師將自己創造的位元建構成具體的系統，他們十分熟悉這套系統的規則，因為這也是由他們所定義。

進入職場以來，我除了工程師，還做過一般商店和影片出租店的店員、肉販、律師助理和書商，這些雖然是我 15 年前做過的工作，但我依稀記得那種懵懂無知、漫無目的感受：我的工作有創造出什麼嗎？好吧，我當時確實賣出了一些東西、切了一些東西或輸入一些文字，但我其實沒有創造出任何東西，我只是……做了一些事情而已。

首次從事工程師這份工作後，我終於恍然大悟，為什麼其他工作會給我茫然無知的感受。「你聽好了，我們團隊正在開發一款資料庫應用程式，這個部分由你全權負責，你可別搞砸了。」

誘人的結構，美妙的定義。

這些都是滿足工作成就感的基本要素，卻也是造成許多工程師日後成為糟糕主管的根源，因為工程師被訓練成控制狂而且樂在其中。

新工作

假設各位讀者剛換了一份新工作,變成了主管,擁有一間有門的辦公室。你在辦公桌上放了一個計時器,用來記錄你獨自一人在辦公室裡的秒數。不論何時,只要有人進入你的辦公室,這個計時器的秒數就會神奇地自動歸零。

今天最長的紀錄是連續 47 秒沒有人進來辦公室干擾。

這不是工程師習慣的世界,整天的工作經常處於中斷的狀態,而且一天到晚要應付人際關係與政治算計。這就是主管名聲開始崩壞的原因,有傳言說主管一天到晚都無所事事。後來連主管自己都這麼認為,在一天的工作即將結束之際,**不禁懷疑自己每天到公司上班,除了應付這些不斷來辦公室擾亂的人,實際上到底做了什麼工作?**

儘管你試圖在工作上維持工程師時代的穩定結構和定義,但那種環境不復存在,從事數位工作時那種無所不知的日子已然結束。

工程師和主管之間的工作轉換,存在很大的差異。你逐漸離開位元世界的舒適圈,前往令人費解的原子結構世界,只能設法信任那些和你共事的人。你不僅要訓練那些傢伙自己做決策,還要協助他們了解適時向主管尋求協助是正常的事。主管的工作需要持續追蹤一切進度,頻繁調整工作優先順序,但依舊保有策略上的彈性。

為了達成上述所有目的,各位需要工作追蹤系統,讓你能策略性遺忘。

工作鑑別

這是我自創的系統。沒錯,我是主管,但合理來說,這套系統也適用於任何自覺被工作淹沒的人。這套系統不僅讓我發揮系統思考者的能力,還讓我體認到永遠不可能完成所有工作的現實。截至目前為止,我已經用了十年之久,期間雖然經歷過一些改版,但我一直利用這套系統來安排週間的日常工作。

所有核心都圍繞著一套工作系統,各位讀者此時會想問我的第一個問題應該是:「Rands,你是用哪一套工作追蹤系統?」我的答案很簡單:「任何適合你的系統都可以。」過去我用過自製的 Excel 系統、《Tasks》,現在則採用《Things》,但各位讀者稍後會了解到,採用這項策略時,成功的關鍵不

在於確認要用哪一套工作追蹤系統，而是你有沒有無時無刻都在使用這套系統。

我設計這套系統的宗旨，是希望產生可以管理的動態清單，列出實際要完成的工作事項，接著就來介紹這套系統的做法……

利用晨間時光釐清工作清單

一日之計在於晨，每天的第一項任務是為大腦設置程序，初步判斷今天會度過怎樣的一天？快速瀏覽行事曆會給我第一個線索，預想今天會發生哪些情況。我能不受干擾地完成工作嗎？我陷入會議地獄嗎？還是危機正要來臨？我們每天都會經歷不同的工作情況，利用晨間時光釐清工作清單，是強迫自己為大腦設置適當的執行程序。大致了解自己今天的生產力、會遇到哪些人以及這些人會有什麼需求。更重要的是，提醒自己：優先順序是相對的，會根據其他情況進行調整。

人類很容易患有嚮往光鮮亮麗事物的情結，因為新事物會讓我們感到興奮。我換個說法：假設各位讀者最近剛買了一個網域，實際上有用來完成什麼嗎？並沒有，你只是在禮拜二早上突然冒出一個想法，上班之後就一頭熱地買下這個網域。到了午餐時間，你興致勃勃地在筆記本上隨手寫下你的設計，滿腦子想著回家就要開始寫 HTML/CSS 程式碼，可是下班回到家後……你卻看起了連續劇《LOST 檔案》。

將人類這種嚮往光鮮亮麗事物的情結套用在整個團隊身上，每位團隊成員都任性地依照自己的想法來安排工作的優先順序，如果這樣團隊還能共同完成任何工作任務，確實令人意外。

每天早晨我會先深呼吸，然後思考一整天的工作流程，嘗試擺脫所有光鮮亮麗的新鮮事，從中收集想法：今天有什麼重要的工作事項？我會就每項工作的輕重緩急，在腦海中排出大概的優先順序，藉此釐清整個待辦事項清單。你沒看錯，是清單上的所有待辦事項。在不受打擾的情況下，各位讀者如果無法在五分鐘內瀏覽完這份清單，有可能是你的待辦清單太長，或是你釐清工作優先順序的技巧不好。不管怎樣，各位讀者現在無須擔心這點。

我選擇利用晨間時光釐清每日工作的目的，是為了將每一項工作任務分成以下三類：

當日完成

今日事今日畢。

後續處理

今日無法處理,之後再找時間完成。

永遠封存

決定不再處理這項工作,從待辦事項清單移除。分類工作時,這是非常重要而且基本的決定,本章隨後會有進一步的討論。

瀏覽待辦清單時,一開始會有點棘手,因為總是會有某項工作任務是如此地吸引人,誘使你想跳入它的懷抱,立刻採取行動。請先不要這麼衝動,釐清工作任務不是要你不顧一切勇往直前,重點是完成工作任務的優先順序。釐清優先序時只要出現任何偏差,都會降低你在短時間內瀏覽完整份清單的機率。

釐清完畢後,各位讀者還剩下幾個需要「當日完成」的工作任務?由於我不認識各位讀者,也不清楚各位手上工作的精細度,當然也就無從得知,不過我自己通常最後會剩下 10 到 20 項工作任務。

利用晨間時光釐清完每日工作後,我會建立「停車場」。其實就是一張法規文件大小的空白紙張(美國是 8.5 x 14 英寸),我會直接放在鍵盤左側,而且是每天早上都拿一張新的紙,大小一定要跟法規文件一樣。

只要參加過異地會議的人,應該都十分清楚這張紙的用途。會議中如果有任何不錯的想法、工作任務、事物等等,如果立即採取行動,會打亂當前的生產流程,所以就把值得記下的部分先記錄在這張紙上。這種抓出令人嚮往的新鮮想法並且記錄在「停車場」上的技能,我認為大家都應該要有,就跟我利用晨間時光釐清每日工作一樣。我們都想將注意力轉移到新事物上,雖然有時是正確的行動,但是在你付諸實行之前,必須先老實而且快速回答這個問題:轉移到這項新事物上,會比完成手上正在進行的工作更重要嗎?

在生產力上實踐極簡主義

本章不會討論各種生產力工具的優缺點,各位讀者只要找到符合個人偏好的工具即可,不論各位使用什麼工具,針對如何利用手上使用的工具來評估個人一天的工作情況,以下提出幾個簡短的建議給各位參考:

- 我現在用的工作任務清單沒有階層組織，因為我以前用過這類的系統，根據專案或主題將工作任務分組，但最後都免不了要維護系統結構，反而無法把麻煩的事搞定，這種情況令我十分惱火。

- 我會在應用程式《Things》內使用標籤，但只會針對指定的工作任務，追蹤最重要的關鍵人物（如果存在）。開一對一面談會議時，有這樣的標籤會很方便，例如，「顯示所有 Bob 相關的工作內容」。

- 沒有絕對的優先序，這是真的。我再重複一次，優先順序是相對的，雖然我們為一項工作任務產生優先序的當下，會覺得這是對的，但其實不全然正確，因為兩天後，工作任務的優先序又會不一樣。身為主管的你認為優先順序很重要，希望在正確的時間完成正確的事，但是，當下存在你腦海中的那個優先序，會比你一個禮拜前構想的優先序重要。

- 不要設定完成日期，我現在說的這項建議肯定會惹怒生產力愛好者。不僅如此，我也不追蹤工作任務的最後期限。我只有每天徹底釐清待辦事項清單，也就是說，我常常會即時決定要改變工作任務的排程。

身為一名工程師，你很自然會傾向於建立一套越來越複雜的系統來追蹤你的工作任務。結構越複雜的待辦事項清單，風險在於需要投入更多的精力去維護；當你投入越多的時間去維護這份清單，實際完成工作的時間就會因此減少。

利用晚間時光再次釐清工作清單

每天下班後、吃完晚餐或是睡前，我會完成另一次釐清。利用晚間時光釐清工作清單的程序，做法稍微不同。

首先，我會釐清寫在「停車場」上的想法，歸類到「後續處理」。這是實際工作一整天下來，初步得到的鑑別結果。發現有新的工作任務大量湧進？好吧，先看看都是哪些類型的工作？「停車場」清單釐清完畢後，我會花點時間評估這一天的工作情況。我對工作的鑑別準確度高嗎？假設我原先解讀這天的工作是「身陷多個會議的夢魘」，那麼根據實際的工作情況，我的判斷正確嗎？這裡會帶來另一個訓練：重新調整工作優先順序。不論我先前對這天的工作預判是否正確，在這個階段都已經不重要了，重點是重新為大腦設置適當的執行程序。

最後是就「當日完成」這個分類，釐清未完成的工作項目。面對剩下的每一項工作，我會自問「好吧，我沒有完成這項工作，但是為什麼？」答案通常會是「時間不夠」，所以這個工作項目又被丟回去「後續處理」這個分類，但有時我會乾脆刪掉這項工作。各位讀者現在一定想問：「這個工作項目早上才經過釐清，歸類到『當日完成』這個分類裡，怎麼現在就變得不重要了？」

追求效率、熱愛版本控制又喜歡囤積資訊的你，我了解你很難捨棄一項工作任務，並且將它們歸類到永久封存。我知道你的想法是：「當然啦，大家或許會覺得這個工作現在不重要，但萬一將來！？」

別再說了！快刪掉它。我們已經浪費了 37 秒，毫無目標地討論這個不怎麼重要卻又索然無味的工作任務。速戰速決，把這項工作任務從你的清單中移除，丟出你的大腦，騰出我們要的空間。別擔心，這項工作任務如果真的那麼重要，自然會找到回去「停車場」清單的路。

刪除工作任務算是工作管理方法的進階功夫，我不太喜歡跟新手主管分享這項技巧的觀點，因為我擔心會完全打擊他們的生產力。這項觀點是：你永遠不可能完成你要做的一切。

各位或許會說：我可以做到，我無所不能！

你當然可以做到。

各位或許又會回我：別說我做不到！

我可沒這麼說，本章一直要向各位傳達的重點在於，管理的藝術是選擇不要做什麼，也就是說各位必須做好準備，願意在結束一天的工作之後，反省當天的工作任務並且自問「今天早上我認為這項工作任務很緊急，可是，一天過去了，我明明有時間卻完全沒有處理這項工作，所以這項工作真的重要嗎？」

優先順序是相對的，上週三我們覺得如此重要的事，在需要考慮更大的時間背景下（一週、一個月甚至是整個職涯），五天後就會失去其重要性。我們需要培養務實的做法，有策略地削減資訊，經常明智地捨棄想法和工作。

維護良好的待辦事項清單，會讓我們覺得每天的工作都很幸福。這種愉悅的感覺建立了一個錯覺，讓我們以為自己對這個世界具有某種程度的控制能力，但我們明明不知道明天會發生什麼情況。我建立的這套系統十分簡便，目的是維護代辦事項清單，以實際工作環境的使用限制作為建立系統的依據，我的設計想法是篩選每天大量湧進的資訊，但這不是一套完整的系統。

各位只要看一眼「停車場」清單，就能看出這套系統的不完整性。這份清單只是列出我需要做的事，也就是我要採用的戰略清單，目的是維持管理引擎的運作，但盡責地照這些代辦事項去做，並不是管理，只是執行清單上的工作任務。所以我們還需要另一份清單，用以表示團隊、自身職涯和價值觀的策略。

下一章即將帶各位讀者了解這份「點滴清單」（Trickle List）。

27

點滴清單

前一章「培養工作鑑別力」的內容有個漏洞，這套工作管理系統雖然便利，但不完整。根據前一章的描述，這套系統流程的設計目的是為了經常釐清工作清單，以及透過「停車場」這個便利的機制，避免分散工作注意力，然而在結束一天的工作之後，這套系統到底幫助我們做了什麼？

我從目前的工作清單中節錄出以下三項工作任務：

- 詢問人員編制人數。

- 和 David 吃午餐。

- 到歐洲出差。

以上這些都是我今天的工作任務，不僅有明確定義的目標、可以衡量的完成結果、具體規劃的做法，而且必須在今天之內完成。雖然我發揮自己最棒的專業能力，積極確認沒有任何遺漏，但這些都還只是工作任務。完成之後，我會達成什麼目標或成就嗎？事實上，我只是不斷完成公司指派的工作任務。

各位希望自己一整天都在做這些事嗎？公司指派的任務？工作瑣事？

應該也不想吧。

各位讀者可能是資深開發工程師、工程部門的主管或是專案經理，如果你一直以來都只做公司指派給你的任務和工作瑣事，這些雖然都是個人工作的一部分，但充其量只能說你很有生產力，充滿活力地在原地打轉。有戰略，沒策略。工作任務無法完整呈現你做的工作內容和你需要去做的事。

任何效益不錯的工作管理系統都會造成一個窘境，讓你變得非常擅長抓到工作任務，然後排列優先順序和執行，以至於你相信自己只要完成一項工作任務，就有助於職涯發展。在我瘋狂投入工作任務管理整整十年之後，才終於

意識到我需要另一套更具策略性的系統來提升工作任務的效益，為我指引方向並且提醒我，不是只要做好公司指派給我的工作，還要記住職稱裡有趣的字眼：經理、工程和產品，這些才是我該投入的部分。

當時的我需要一股力量，在這些工作任務背後指引我，並且以某種方式提醒我正在推動一個目標，以及定義和完善一項策略。

我稱這股指引我的力量為「點滴清單」（Trickle List）。

圖 27-1　Rands 自訂的點滴清單

創造工作點滴

促使我了解「涓滴」（trickle）這個字的契機，是稱為「涓滴理論」（Trickle Theory）的想法，其支持的論點很簡單：持續不懈投入一點一滴的時間，我們能做到的事比想像的還多。

要了解點滴清單，必須先看清單最上方的標題。這些標題是清單的核心，端看標題怎麼定義，就知道我們怎麼定義想做的工作。

先弄清楚當下的工作是不錯的起點，各位如果需要提示，建議重新釐清手上的工作清單。我想從這個問題開始帶各位讀者一步步了解什麼是點滴清單：你認為自己的工作應該是什麼？

看到這個問題，各位懂我的意思嗎？你想成為一名主管，很好，我們一起想想要怎麼達成。平日工作中有什麼定期進行的簡單任務，會指引你朝管理職方向前進嗎？你需要拓展人脈，發展人際關係？需要提交更多錯誤報告？還

是撰寫更多規格文件？我不知道各位讀者在哪家公司工作、想往什麼方向發展或是公司價值是什麼，所以無法就策略面給各位建議，但好消息是使用點滴清單時：我們不需要做到完美。事實上，不完美才是最棒的出發點。

這是我目前清單上的內容：

- 火柴人圖示：在走廊閒晃，隨便跟某個人聊聊。
- 撰寫文章：為部落格 Rands in Repose 撰寫一些內容，想寫什麼都可以。
- V：服用維他命。
- Biz：了解部分業務內容。
- 書本圖示：閱讀某本書的內容。

「*Rands*，這些不過是重複執行的工作任務。」

不，並非如各位所想的。執行清單上的工作點滴時，我們不只是完成公司指派的任務和工作瑣事，同時也在設計會帶來巨大潛力的時刻，稍後我會解釋。

在公司走廊隨便聊天，通常不會帶來改變職涯的契機。這些對話十次有九次都沒什麼太大的意義，不然我以前不會連這九次都懶得聊。此外，以前 90% 的工作時間我都花在開會上，躲在會議室裡，雖然只是閒聊，但能提高我在走廊的曝光量，值得投入這點時間。第十次的對話終於讓我得知某個重大消息：

> 等等，這個專案的進度還**落後多少**？

> 等一下，你不會是想**離職**吧？

我選擇放下排好的工作時間，創造在公司走廊上跟人隨便聊聊的時刻，其實是為自己創造帶來資訊的機會。這些隨意聊天的時刻，最初的時間投資報酬率看似不高，但其實是玩數字遊戲。我們指望的是這件事：隨著時間一點一滴投入，累積許多像這樣的時刻，最終帶來意想不到的潛力。

點滴清單上的工作項目不要設得太大，各位稍後就會了解，工作項目設得越大，其實就越不太可能執行。工作內容只要符合我們發展的方向即可，不論是多小的工作，都必須提醒我們正往某個方向推進。工作點滴的大小和影響力來自於重複執行。執行三個月之後的點滴清單，如圖 27-2 所示。

圖 27-2　執行完畢的點滴清單

我依稀記得這三個月不只吃了 90 顆維他命，而且無意間在公司走廊上聽到了 47 次對話，不只增加了我在走廊的曝光量，結果還發現了一些愉快的八卦，因而有機會悄悄提供一些職涯忠告，讓我察覺到檯面下即將發生但可以避免的災難。奇妙的是，我還學到了大量跟高畫質電視有關的知識。

點滴流程

接下來我們要討論怎麼把這堆定義完的工作點滴，套用在一整天的工作之中。各位應該記得第 26 章「培養工作鑑別力」介紹的流程有三個階段：利用晨間時光釐清工作清單、停車場，以及利用晚間時光釐清工作清單，作為一天的結束。點滴清單則是將這三個階段合而為一。

我的做法是利用晨間時光釐清工作清單之後，會拿一張新的法規文件大小的空白紙張，建立「停車場」清單，然後拉出點滴清單，檢查前一天執行工作點滴的情況。針對所有昨天沒有完成的項目，快速回想一下原因。是否想到任何影響工作沒有完成的線索？昨天整天都不在公司嗎？那一切就合理了。

這份清單的目的不是要讓人內疚，看到清單上有項目沒有完成，我不會感到自責。反而會從中尋找資料，確認看看是否沒有勾選完成任何一個點滴項目？如果是這樣，當時我應該被工作淹沒了，對吧？發現某個點滴項目已經一個禮拜沒有勾選完成了？那我還應該繼續執行這個點滴項目嗎？要繼續？既然如此，那為什麼會發生一個禮拜都沒有執行的情況？我需要做更大的改變嗎？

如果點滴清單變成必做清單，各位以後就不會想再看到這份清單了。必做清單加諸的沉重壓力，會讓我們的心態慢慢轉變成：慘了，我沒有完成清單上的工作項目；我不想變得這麼糟，對了，只要把點滴清單移出我的視線，比如說，丟去垃圾桶就好了。

每天早上開始工作前的最後一步，是在點滴清單裡新增一行，開頭加上今天的日期，將這份清單放在工作時隨手就能看到的地方，然後轉身開始今天的工作。

在工作空檔，我會看一眼清單，希望從中激發出動力。例如，現在剛好有個空檔可以了解某些跟業務有關的資訊，而且手邊正好保存了書籤。

利用晚間時光再次釐清工作清單的過程，跟晨間時光一樣，也包括評估工作情況。一天的工作結束後，我完成了什麼？嘿，這個點滴項目我竟然已經一個禮拜沒有完成了？為什麼？我再重複一次，點滴清單的重點不是要讓自己內疚，而是評估。希望各位能抱著愉快的心情看待這份清單，盡情新增和刪除清單上的項目。各位如果沒有定期在點滴清單上新增項目，刪除其他不需要的項目，證明你其實沒有真的使用這份清單。作為職涯發展的一部分，你需要做的就是進化。或許你不再關注公司走廊那些閒言閒語，才會一個禮拜都沒有勾選是否完成這個項目。很好，那就移除這個項目，繼續新增其他關注的項目。

也有可能是因為你的點滴項目設得太多太雜。我會刻意簡化點滴清單上的項目，設得比較模糊一點，需要花點時間思考的工作項目，多半都不會勾選完成。我們需要的是可以輕鬆做到的點滴項目。我設計點滴項目時，會考量其完成的可能性，而非根據預期獲得的影響力。我再強調一次，工作點滴的影響力來自於重複執行。

最後一點，各位從我提供的點滴清單範例中應該已經看出，我常常使用字母和符號作為清單的欄位標題。我的想法是不要花太多時間定義這些標題，保留更多空間給創意，思考怎麼去完成這些點滴項目。

將隨機應變結構化

我經常會在生產力和工作追蹤系統之間掙扎，而我掙扎的點在於結構。開發系統時，我很自然會傾向於追蹤所有工作，但這明顯是愚蠢的目標。我很清楚自己不可能持續追蹤和完成所有工作。雖然我能看著行事曆，跟你說我認為明天會進行哪些工作，但事實是明天開始工作之前，我根本不可能知道自己實際上會做什麼。

這就是我為何特別挑剔工作追蹤系統要使用哪種結構，這個結構至少不能遺漏重要的工作任務，也不能在危機突然發生時立即崩潰。

因為一定會發生天塌下來的情況，危機總是存在。如果連續兩天都沒有發生令人出乎意料的情況，我反而會開始擔心是不是沒有注意到什麼情況。基於這點，我會讓自己設計的生產系統具備其他條件：必須有支援隨機應變的能力。

我之所以一天早晚釐清兩次工作任務清單，還將點滴清單貼在白板上，原因在於我希望自己隨時關注這兩份清單，不只是因為我經常想找機會完成工作任務或處理工作點滴，還想從這兩份清單中察覺出更大的議題。這種 360 度全方位的意識，能協助我提升隨機應變的能力，真正發揮個人優勢。

我們的工作並不是逐一勾選是否完成清單上的一項工作，而是一次要解決三件工作。因此經常會突然有所頓悟，工作到一半就在點滴清單中新增一欄，認為**自己必須進行這項工作點滴**。要實現巨大的策略目標，唯一的做法就是腦海中要意識到整個工作任務清單和點滴清單。此處說的不是把清單記下來，而是全盤理解我們需要做的事，具備即時應變的能力，做出奇特的策略結論。

某次會議當下，我從 Phil 所說的話中，嗅出一絲機會。我之所以能看到機會，是因為我從手上的清單得知 12 項跟 Phil 有關的工作任務和 2 項工作點滴，我無法具體說明這項做法，只能說我覺得自己對 Phil 剛說的話有共鳴。

在混亂的情況下,唯有資訊充足才能獲得策略性見解,因此,我們可以嘗試從有結構的工作任務清單中獲得戰略資訊,同時結合由靈活健全的點滴清單提供具有希望的策略,從而建立短時間內有效的觀點。

生產力系統的重點絕對不是放在持續追蹤工作任務,而是讓大腦持續關注重要的資訊,進而提升隨機應變和突發奇想的能力。工作追蹤系統雖然提供足夠的資訊,協助我們推算工作忙碌的程度,卻無法提醒我們創造可能帶來巨大潛力的時刻。

28

疫情之下，我們損失了什麼

在《星際大戰外傳：俠盜一號》（Rogue One）這部電影的結尾，最大的亮點是看到莉亞公主，她剛收到前往太空要塞「死星」的設計藍圖，為《星際大戰》系列揭開序幕。不過觀眾看到的不是真人飾演的莉亞公主，而是電腦合成影像的版本。

大腦會說：這不是莉亞公主。

現在請各位讀者啟動自己愛用的瀏覽器，搜尋莉亞公主穿著的美國演員Carrie Fisher，你的大腦可能會分辨出電腦合成影像（computer-generated imagery，簡稱 CGI）和真人之間的區別。

大腦如何知道這是電腦合成影像？事實上，大腦並不知道。大腦只知道眼前這個圖像有某個地方不對勁，例如，人物的眼睛大了點，雙眼缺乏生氣，這個笑容並非美國演員 Carrie Fisher 本人的招牌笑容。我的大腦完全意識到一件事：這張圖像的意圖是讓設計人物看起來像美國演員 Carrie Fisher。此外，大腦還會下意識發出危險訊號，警告我們「有某個地方不對勁」，因為大腦非常擅長接收和解析視覺資訊，遇到跟人類臉部有關的資訊時，關鍵在於我們可以從身邊周遭的人那裡收集訊號，再加以處理，快速而且高效率。

當我們盯著這張圖片看，會感到一股不協調的感覺，部分原因跟人類在新冠肺炎流行期間共同經歷了一個更龐大而且重要的問題有關。

這不是真正的會議

我要先提以下幾點免責聲明：

- 一直以來，我都是支持人類要團結合作。
- 分散式工作一直以來都有其必要性，未來也會持續下去。
- 疫情蔓延之前我就對分散式工作深信不疑，現在更是如此。

各位聽我這麼說就知道了，我敢肯定圖 28-1 所示的畫面並非真實的會議。

圖 28-1　虛構的會議

我懷疑這是為了行銷目的，在 Zoom 底下預錄再分段剪接出來的視訊會議。我怎麼知道？因為畫面中的每個人都刻意保持微笑。

接著請看另一個畫面，如圖 28-2 所示。同樣地，這是我從網路上隨機拉出來的一張圖，但比較貼近現實。

圖 28-2　真實的會議

各位是不是感覺更熟悉。畫面中的人們眼神盯著不同的方向，許多人顯然沒有在聽講者說話，其中一名會議參與者還關掉鏡頭。我的問題是：有幾個人真正參與了這場視訊會議？

答案是零。

沒錯，我堅信這場視訊會議裡根本沒有人參與。確實，這場視訊會議裡有 14 位參與者打開鏡頭，一位關掉鏡頭，還有某個人正連線進會議室。單從這個畫面中我們確實能收集到一些有趣的訊號，但這只是以劣質的 2D 畫面呈現團隊參與會議的情況，已經喪失會議真正要傳達的重要訊號和目的。

人有五感或七感

人具有五種基本感覺：視覺、聽覺、嗅覺、味覺和觸覺。再告訴各位一個事實：人其實有七感，另外兩個神祕的感覺分別是：

前庭覺系統（*Vestibular System*）

負責傳達重力和平衡感的資訊給我們，讓我們知道頭和身體在空間裡的位置，幫助我們在坐著、站著和行走時，保持上身直立。

本體覺系統（*Proprioception*）

也就是身體意識，負責告訴我們身體各個部位之間的相對關係，還會提供資訊告訴我們要使出多少力量，讓我們能敲破手中的雞蛋，又不至於讓整個蛋殼碎掉。

在視訊會議中，人類擁有的這些感官會受到限制，即使是前庭覺系統和本體覺系統也是如此。視覺受限是因為我們只看到對方的上半身，沒有看到整個人的全貌。聽覺受限是因為網路發生數毫秒的延遲，對話隨後中斷，引發令人沮喪的尷尬情況；當有人試圖插話說明重要事實，卻被當前發言者突然打斷，因為對方沒有發覺對話中斷的情況。各位或許認為嗅覺和味覺不重要，是因為你跟我一樣一直獨自居家辦公兩年多，已經忘記嗅覺雖然不是最關鍵的感官，卻有助於在我們和人面對面時，提供交織成錦的綜合資訊。觸覺受限，當某個人把咖啡杯放在他們面前的桌上，我們無法感受到桌子的質感，也聽不見木頭傳來的細微回音。

我還能列出各種多到數不清的小事，你以為自己已經忘記但其實沒有。人類天生就能感知到同為人類的其他人不斷發出微妙的訊號，人的天性並非在洞穴獨居，而是群居在一起。

無止盡的摩擦

新冠肺炎大規模流行這兩年來，我不斷自問最大的工作問題：遠距工作讓我們損失了什麼？有沒有什麼客觀的方法，可以協助我們衡量損失？我一直在尋找是否有什麼徵兆或是先行指標，可以指出遠距工作註定會失敗。大離職潮 [1]（Great Resignation）似乎很適合作為預兆，對吧？但是，人們離職是因為大家無法一起工作，還是因為目前的工作很糟？亦或者是因為空氣中瀰漫著恐慌的氛圍，讓人們重新體認到什麼才是真正重要的？

疫情期間，我看到職場上出現無盡的摩擦：

不行，我聽不見你的聲音，你靜音了。

不行，我看不見你分享的內容。

我沒發現，不知道你心情不好。最近三次會議裡，你都用同一個 2D 圖片——一張舊郵票作為你的頭像，而且還開靜音。

我沒有意識到，不知道原來每個人都討厭你提出的想法，因為我解讀現場氣氛的能力大幅消失。我無法分辨這其中的差異，我們之所以沉默是因為真的討厭這個想法，還是因為當視訊會議出現一片沉默時，發言是件煩人的事，所以我們大多時候都選擇安靜。

沒錯，我突然在對話中加入你的名字，是因為我發現你開會時不太專心，而我知道對話正轉向你。

我確實很欣賞有些人會利用點頭和豎起大拇指等視覺線索來表示同意，但大家還記得嗎？疫情前，我們也能像這樣理解對方的意思，沒有任何尷尬。

確實如此，我花了超多時間盯著畫面中的自己，真的很可笑。

---

1 「你走，我走，大家一起離職並非巧合」（You Quit. I Quit. We All Quit. And It's Not a Coincidence），Emma Goldberg 撰，《紐約時報》2022 年 1 月 23 日（*https://www.nytimes. com/ 2022/01/21/business/quitting-contagious.html*）。

視訊會議是毫無生氣、剝奪人性的體驗。我認為運作良好的現場會議就像純粹的爵士樂一樣，雙方之間即使針鋒相對也很優雅，這些人是真的非常在乎自己手上開發的東西，我的職涯樂趣之一就是觀察和參與這類職場玩笑。

這不是莉亞公主

看完《星際大戰外傳：俠盜一號》的當下，如果我立刻問你，出現在電影裡的人是否為莉亞公主，你應該會說：「那是電腦合成影像，不是嗎？」我會回答：「是這樣沒錯，但這個圖像有什麼問題嗎？你怎麼分辨出這不是莉亞公主？」

聽到我這麼回答，你或許會聳聳肩：「說不上來，可能是她的眼神有點怪異？」

此處假設各位不是專業的電腦繪圖藝術家，在這種情況下，你不知道眼前的電腦合成圖像究竟有什麼問題，但是了解具體細節並非大腦的必要功能，大腦不需要警告你某個不尋常的事物正在發生。我們的大腦已經被訓練成，只要從最簡單的臉部表情中成功獲取訊息後，就會獲得獎勵。所以我們學會從傾聽他人的談話中了解大量的資訊，不僅是理解他們說的每個單字，還有傾聽字與字之間的停頓，從中獲取訊息。更何況，你人就在會議中。大家都出席了那場會議，我們從未忘記，因為那次會議她突然站起來，拍桌大叫：「真不敢相信，我們竟然會發生這種事！」我也覺得難以置信。

各位想知道為什麼我們在長時間的視訊會議結束後會感到疲勞嗎？這是因為大腦為了收集視訊會議裡不再出現的重要訊息，一直處於緊繃的狀態。

當大家面對面一起工作，我們才能創造更高的效率。

29

以鍾情原則找到
令人狂推的工具

我有一位姊妹的老公住在郊區，他之前需要砍掉五棵樹，每棵不到 10 到 15 英呎高，6 英吋粗的樹幹，他覺得根本不是問題。

我則是住在北加州的紅衫樹林邊緣，那裡生長了結實的橡樹、活潑的楓樹、可愛的脫皮樹、長得像雜草般的月桂樹，當然還有巨大的紅衫樹。住在森林雖然愉快，但也要付出代價。任何規模大小明顯的森林，永遠都會發生樹木倒下和死亡的情況。

你如果住在森林，就需要電鋸。以我個人為例，我需要三把。電鋸一號是 Junior（如圖 29-1 所示），非常擅長處理小型工作，很輕，適合站在梯子上使用。

圖 29-1　電鋸一號：Junior

再來是電鋸二號：Marty（如圖 29-2 所示），這款電鋸大小適中，日常生活中的任何大小工作幾乎都能處理，非常適合居住在郊區的人使用。

圖 29-2　電鋸二號：Marty

最後一把是電鋸三號：Rocket（如圖 29-3 所示），任何一棵樹都是它的對手。

圖 29-3　電鋸三號：Rocket

各位就算沒用過電鋸，或許也用過手鋸，這是消耗體力又折磨人的苦力，大概只有前三分鐘會覺得有趣，接下來你會開始懷疑人生：**我真的有進度嗎？**我姊妹的老公興沖沖拿了手鋸，自己鋸了其中一棵樹。三分鐘後，他只鋸了⋯⋯一根樹枝。

當我帶著電鋸二號：Marty 出現後，我們在一小時內鋸掉了全部的五棵樹，砍掉樹幹和樹枝，弄成一堆準備丟棄。

從這次的經驗，我學到一個教訓：使用正確的工具，生產力會有如指數般激升。

本章用了很長的引言來說明一個淺顯的道理，不過，我要再延伸這個引言，花點時間，帶各位一起走進我這位姊妹的老公的內心世界。**我想砍掉幾棵樹……來看看我的車庫裡有什麼？兩隻槌子、一整罐油漆桶的釘子、一些剩下的木頭，還有……一把鋸子。太完美了，我有一把鋸子。**

一個人的背景環境會塑造他的觀點，根據車庫的物品組合，他知道車庫宇宙裡沒有電鋸這個工具存在。雖然他聽過電鋸，也猜想使用電鋸會比這把費力、令人汗流浹背又折磨人的鋸子來得更快，但車庫裡沒有電鋸，他只好憂喜參半地用這把鋸子慢慢鋸。對我這種擁有一批電鋸的人來說，看著他如此浪費時間的糟糕行為，簡直是荒謬可笑。

我要再說一次，這次的經驗讓我學到一個教訓：使用正確的工具，會讓生產力有如指數般激升。

鍾情原則

身為工程師的你，必定能列出少數幾個會讓你狂推的工具，沒錯，你為這些工具瘋狂，而且是愛不釋手。

這份簡表上都是一些常見而且你以前就聽過的工具，重點在於你需要關注這些常用的工具，具備對這些工具知之甚詳的能力，例如，撰寫程式碼時，為什麼採用黑底綠字才是正確的方式。各位要成為工具的狂熱使用者，而狂熱始於工具適性。

我曾經是資料庫開發人員，後來轉職到瀏覽器領域，然後成為網路應用程式開發人員。這幾個專業領域各自搭配一套光鮮亮麗的工具，但這些工具是什麼並不重要，就連工具內的某某具體功能也沒那麼有趣。我認為各位處於像 Xcode 這樣功能豐富的開發環境，跟你使用 Visual Studio 搭配一堆視窗，兩者的生產力應該差不多。重點不在於你使用什麼工具，而是工具的使用介面、體驗和功能，是否能配合你的視覺、操作習慣和工作方式。

這些是令我鍾情於一項工具的原則，可能跟各位的清單差異很大。這樣很好，我的開發經驗跟各位不同，我開始使用電腦的時候，滑鼠還沒問世，也就是說我的使用習慣更依賴鍵盤。我開始從事開發工作的時候，搭配整合

開發環境的偵錯器才剛推出，所以我偏好用命令列偵錯。再跟各位強調一次，重點在於對自己使用的工具愛不釋手，因為情有獨鍾會激發出你的最佳潛力。

以下是我對工具的鍾情原則。

使用看似簡單的工具

Visual Studio（*https://visualstudio.microsoft.com*）、MacOS 終端機、Transmit（*http://www.panic.com/transmit*）、LaunchBar（*https://oreil.ly/Ivq36*）和 Dropbox（*https://www.dropbox.com*），這些工具的平均設定時間只要幾分鐘，所以半小時內，我就能在新機器上搞定開發環境。這段話背後暗示了幾個便利性。我使用的工具都很容易取得，而且輕量；作業系統以外的所有工具都能在短時間內下載，並且完成安裝；設定和配置這些工具同樣不需要花什麼時間。

各位或許以為我期待自己的電腦隨時會爆掉，怎麼可能。這些工具其實一點也不簡單，都經過完善校調。Visual Studio 的使用者很清楚這套應用程式就像洋蔥一樣，一層層剝開就能發現新功能，加速開發體驗。MacOS 終端機和 LaunchBar 也是一樣，不只提供基本功能的運作需求，若使用者渴望開發特定需求，這些工具也能滿足。

工具不會影響我的工作環境

各位曾經歷過幾次這樣的情況嗎？在本機上快速寫好一段程式腳本，做了某個聰明的功能，精心調整程式腳本，然後更新到伺服器上，卻再次發現這項規則：本機環境與實際營運環境完全不同。

任何不能讓我在實際營運環境下直接進行開發的工具，都會拖慢我的工作進度。因此，當有人展示給我看，如何設定 Transmit 就可以編輯遠端機器上的檔案，我頓時豁然開朗，以前要花大量時間在營運環境下解決各種疑難雜症的問題都消失了。

當然啦，在本機上編輯檔案確實很快，尤其是當你住在紅衫樹林邊緣，網路延遲明顯是個問題，但是不能讓我透過網路開發程式的工具，對我來說根本稱不上工具，只是拖累我的阻礙。

Rands，你剛說要直接編輯檔案？在營運環境下？你是瘋了嗎？

不，我沒瘋。此處要提到「背景不相干」原則，意思是：你如果不清楚營運環境下要做哪些事，就不應該待在那個環境裡。

從這個原則可以推論出一個必然的結果：不論我在哪個環境下工作都沒有影響。以不需要實際營運環境的工作為例，例如寫書，我就不會費心去想最新的工作版本存放在哪裡。沒錯，我說的就是版本控制，但是，小聲點（噓），我們在這裡不講版本控制，就直接說是「Dropbox」。我只要在有提供網路連線的環境下工作，這套工具就會神奇地更新每一台機器上設定的共享目錄。我都想不起來上次擔心自己正在使用哪個版本的文件，是哪時候的事了；也就是說，使用這套工具後，我投入更多時間在工作上，不用再擔心版本控制的問題。

工具的設計宗旨是移除重複的操作

當年上電腦科學這門課的第二堂課，我們正在學排序演算法，那是我第一次想要「讚爆」一個演算法。那堂課的教授先優雅地帶我們完整看過一遍各種不同演算法的建立方式，詳細解釋優缺點，然後才教了「快速排序法」（Quicksort）[1]，我當下的心情是，哇靠！還有這招！

快速排序法讓我想要讚爆，不只是因為優雅和簡單遞迴，更因為它讓我發現，利用個人想像力可以找到效率極高的方法而且更簡單。不管各位是不是受過正式訓練的電腦科學高手，都深知效率的價值，也就是讓你採取的每個行動都具有某種意義。各位應該很清楚，當你更有效率，就會有更多時間去做你熱愛的事。

因此，任何讓我依賴的工具，都必須滿足一個簡單的條件：完整支援鍵盤。我會借助滑鼠操作只進行一次的行動，但如果我知道有任何行動會重複執行，就會自問：如何降低這個操作的成本？

請各位試著思考這個情況。如果我告訴你每次要儲存檔案時，你必須先站起來，爬到椅子上，然後站在椅子上下跳躍，並且大叫：「我現在要儲存檔案內容！」第一次必須這麼做時，你會覺得還蠻有趣的，但在那之後，每次都這麼做會把你徹底搞瘋。每次我伸手拿滑鼠，就有類似這種感覺。我覺得自

---

1 讀者若想了解「快速排序法」（Quicksort）的相關資訊，請前往這個演算法在維基百科上的資料頁面：http://en.wikipedia.org/wiki/Quicksort。

己沒有必要去做一定會浪費時間的工作，因為使用滑鼠有時會發生失誤，不斷地失誤會大幅浪費時間。

在理想情況下，四次按鍵就可以找到任何檔案或應用程式。Command 加空白鍵（啟動 LaunchBar）、輸入第一個字母、第二個字母，再按下「Return」鍵。幸運一點的話，有時只要三次就能找到，每次發生這種幸運時刻，微笑就會掛在我的臉上。

工具只會做我交代的事

時間快轉回到 Adobe 剛推出 Dreamweaver（*https://oreil.ly/88vBX*）的時候，我曾經想愛上這套工具。那時我正好對開發 HTML 網頁時不斷重複的操作感到厭倦，正好有工具以視覺化方式處理這項費力的流程，這樣的想法很吸引我。問題是……Dreamweaver 會在未經詢問的情況下，直接改掉我的程式碼。

蛤？

我知道 Dreamweaver 嘗試想要提供協助，但是當我發現程式碼被重新格式化的當下，不禁勃然大怒。Dreamweaver 動了我的程式碼！至今我還無法擺脫那次糟糕的第一印象，到現在還是很氣。

我的印象和看法是，強大的整合開發環境要能大幅協助使用者想像目前究竟是發生什麼情況。Borland 過去曾針對程式開發，推出一些相當出色的整合環境，但我發現自己依舊使用極為原始的開發環境：在 Visual Studio 修改程式碼，以及在多個終端視窗內進行偵錯。

我很清楚整合偵錯環境所有厲害之處，但我從過去多年的開發經驗中發現，擁抱酷炫的工具表示你要額外投入時間校調工具，才能讓工具依照你想要的方式運作。

根據這項原則可以推論出一個必然的結果：我使用的工具不會搭配大量的移動元件。像 Dreamweaver 這種等級的工具因為有搭載可靠的開發工具，很少會發生程式碼攻擊的情況，但酷炫的工具會伴隨使用成本。各位或許十分樂意而且熱衷於付出這樣的代價，但我不是很願意投入這方面的成本。

我比各位有效率嗎？或許。我清楚自己與工具之間的定位關係嗎？是的。當那些開發優雅工具的人追求更優雅的境界時，我會重新學習開發流程嗎？這點就免了。

個人化工具

選擇某個事物，讓它變成你的東西。所謂選擇，是個人將適合自己的邏輯、迷信、固執和體驗，綜合而成的獨特結果。

各位沒有看錯，我認為撰寫程式碼的環境要採用黑底綠字，現在就來說明箇中原因。我是那種喜歡用 DOS 這種老派工具的人，當年我第一次使用的文書處理工具是 WordStar，這個文書處理程式帶我進入類似神馳的狀態，發揮極限生產力：絕對專注領域。這就是為何我在目前偏好使用的 Visual Studio 編輯器上，依舊愛用黑底搭配彩色文字的原因。這種色調會讓我聯想到原先使用的可靠環境，讓工具在這個環境下發揮作用，更能幫助我擺脫眼前的困境，激發出更高的生產力。

這就是為什麼身為工程師的我們，會堅持使用適合自己的東西。也是一些上古神獸級工具，像是 vi 和 eMacs 至今依舊蓬勃發展的原因。工程師會從眾多工具中找出適合自己的工具，一旦選擇之後就會持續使用，進而對這項工具愛不釋手。

不斷進化的工具令人愛不釋手

我這位姊妹的老公其實不需要電鋸。我幫他砍掉五棵樹之後，就已經消滅了他原本擁有的一半樹木。電鋸雖然是聲音、力量和鋸下來的屑末的美妙組合，但我這位姊妹的老公選擇居住的房子周遭，沒有那種具有攻擊性的高大樹木，所以他不需要電鋸這種防禦性武器。

他確實需要知道這個宇宙間存在電鋸這種工具，因為時間一分一秒都很珍貴。然而，我們與猴子之間的區別，並非我們能針對適合自己的工作挑選適當的工具，而是挑選出最佳工具。

我們永遠不會停止尋找新工具，這是最後一項鍾情原則如此重要的原因：會讓我狂推的工具，一定也會為自身的生存而戰鬥。

目前我手上使用的工具組合，都是受到我過去經驗的影響。vi 編輯器吸引我的地方是優雅的簡潔性，讓我想到早期那種簡單不複雜的開發環境，但 vi 還是有無法勝過 Visual Studio 的地方，無法讓我有第一次進入 Visual Studio 開發環境時，體驗到想要「讚爆」一個工具的心情。這套工具總是領先我五步，我真的愛死它了。

跟我使用的所有工具一樣，Visual Studio 也必須進化。

現在請各位試試看，起身去找這棟辦公大樓裡最厲害的開發者，然後走進對方的辦公室。我敢保證會發生這兩件事：對方會很樂意而且滔滔不絕地跟你介紹開發環境的設置方式，確保你一定會學到一招來加快工作速度。對方或許是介紹你從未聽過的工具，也可能是你慣用的工具，但他們卻能巧妙地掌握。

我不知道各位會因此而學到什麼，但我能確定你會立即看到自己的工作範圍明顯縮小，而且更有生產力（如圖 29-4）。

圖 29-4　現在我們都進入電鋸時代

30

放空

在矽谷工作的人,每天會燃燒大量的卡路里。

不只是日常工作上的消耗,還有在矽谷為了維持生計,經常要重建自我,這一切也都很消耗精力。註冊各項新服務,少說都得花上 3.7 分鐘判斷:**使用這項服務有意義嗎?**瀏覽網頁、發推文、使用 Slack……這些服務會不斷湧現大量的新資料,必須仔細分辨、彙整和評估。

同樣也在消耗精力的人,還有我們周遭的同事。他們會帶著其他理由,隨時走進我們的辦公室或是生活,一起燃燒更多熱量。像是「你看過這個了嗎?你一定要試試。說真的,你看了這麼關鍵的東西,要是沒有興奮地跳上跳下,我是不會走的。」

我們是這個產業的一份子,身處在這個沉浸於開發熱情、不斷完成工作任務和發現新事物的產業裡,有時正確的行動是讓世界暫停一下。我們必須學習為自己創造平靜的時刻,放空自我,維持某種程度的平衡。

這就是我去書店的原因。

必要的放空練習

走進書店那一刻,我就會想起自己有多麼熱愛這個地方。書店在我心中,是一處兼具智慧與平靜的綠洲。或許是因為隱藏在這些美妙封面背後的所有想法,帶來了各種可能性;亦或者是像圖書館那般安靜的氛圍,讓社會大眾肅然起敬。總之,請不要在書店大吼大叫,你會惹惱這些書本。

書店是讓我重新找回自我的地方,平時的我或許沉迷於矽谷式的生活型態,馬不停蹄地燃燒自己,但我也需要那種唯有放空自我,才能在內心深處找到的心靈平靜。放空自我是需要投入精力練習的行為,這個行為本身包含了某種矛盾:越是思考我需要做什麼,我就越難發現,其實我不知道自己真正在尋找什麼。

兩者之間的矛盾令人困惑，但各位需要培養這些技能，因為我們的生活充斥著各種未知。可能一整天的時間都耗在兩種生活模式之間，不是被動回應眼前出現的任何突發狀況，就是主動把新事物找到自己眼前，如此才能搞清楚要怎麼應付這兩種生活模式。被動回應和主動出擊，就是我們度過一整天的方式。

去書店探索的旅程是必要的放空練習，暫時遠離塵囂，讓整個世界停留在書店裡。上次去附近的書店 Barnes & Noble（美國一家連鎖書店），是我從東京和倫敦回來之後的兩個禮拜期間。40 小時的飛行時間，再加上開了五天的會，尤其是整個會議期間，我必須不斷激發出自己的思考力、創意性和專注力。短暫回到美國期間，家裡的人竟然指派給我一項任務，要我去為姪子買一本兒童讀物。

附近這家 Barnes & Noble 分店的兒童讀物區，當時已經連續三年被評為「最具災難相的角落」。面對眼前特殊混亂的景象，再加上滿腦子時差，兩者結合的結果，就是我的大腦充滿雜亂無章的事物，很容易被惹怒。更糟的是，要找什麼書，我根本毫無頭緒。我只是在執行一個命令「去找一本姪子會喜歡的書」，這表示我需要一點靈感才能成功。

我必須將腦海中會妨礙我尋找和啟發靈感的想法，全數丟棄。

操控內心這件事，出奇地困難，因為你我早已習慣日常生活不只是充實，連要做的事也都有明確的定義。缺乏結構、方向和評估標準，會讓大腦陷入困境，遇到這種時刻，通常就是我沮喪地舉起雙手投降，走出書店的時候。在尋找未知事物的過程中，我的大腦會排斥任何跟非結構化、曖昧不清有關的東西。

來看看當我開始找書時，我的大腦在想什麼：第一個念頭是，我在哪？這裡看起來像兒童專區，但這裡到處都是玩具，我需要書。這麼一想，我也好久沒看過好書了。好吧，沒找到適合的東西之前，我得繼續移動腳步。欸，書店從哪時候賣起了糖果？還是《暮光之城》吸血鬼 Edward Cullen 跟美國老牌糖果 Sweethearts 聯名的？拜託，你知道的，我連今天是星期幾都不知道。很好，是恐龍耶，那孩子喜歡恐龍。等等，他會看書嗎？

我分析的結果是，這個地方擾亂了我；看似談論書店的混亂，但其實混亂的是我的大腦。

放空

回到工作的主題上，現在要請各位想想，平均一天有多少時刻會搞不清楚自己在做什麼？有幾次是完全不確定接下來 30 分鐘的目標是什麼？各位一定經歷過議程不清的會議，覺得自己在浪費時間，但至少這還是已知的情境——你知道自己身處於效率不佳的會議，我也經歷過這樣的情況。

當你沒有會議要開，也不需要完成十萬火急的工作任務，此時辦公室四下無人，會發生什麼？你會閒晃、上網瀏覽網頁、盯著牆上的日曆，心想：今年為什麼又是閏年？管他的。然後你覺得自己很糟：我應該開始工作了，公司付錢給我，不是叫我對閏年進行逆向工程，我得做正事了。

工作上的罪惡感已經融入辦公室的氛圍，這就是為什麼你不會將螢幕朝向那些經過你辦公室門前的人，因為你會擔心：他們可能會看到我正在放空。

你並非完全放空，而是漫無目的神遊，這種行為之所以有名，是因為每個出色的點子都是在洗澡時的神遊狀態下誕生。各位想想看，在那個當下，你的身體正忙著進行清潔的任務，同時間，大腦在做什麼？當然啦，如果你正面臨裁員的壓力，大腦應該會擔心裁員的事，可是，在無事一身輕的早晨，會發生什麼？

你的大腦正從那些漂浮在腦海中的碎木和廢棄物中，拼湊出某個東西。對於某個你不知道自己需要解決的問題，這個大腦建構出來的想法，或許就是能派上用場的答案；也有可能只是結合一些有趣的想法，拼湊成一個故事。彷彿在夢中，但你是醒著。

回到我先前提到的書店，各位還記得我接到的命令嗎？我奉命為姪子找本好書……

如果我能克服內心對模糊地帶的抗拒，接下來的需求就是追尋發現。為了讓自己安於寂靜之中，我需要發現光鮮亮麗的事物，然而，在這個事物出現之前，我完全無法預知會是什麼。發現的契機可能取決於我當時的心情、最近十件我關注的事物、某個人隨口對我說的字眼，或是我最愛的顏色……我可以列出數不清、無法定義的契機，這些過程完全鎖在我的大腦裡。

可是，「發現」的本質就是顯而易見，沒有模糊地帶或是容忍含糊的空間，如此才能立即填補連我自己以前都不知道的需求落差。

在這次的書店探索旅程中，最後我發現了一本黑色的書。在兒童讀物區裡，我從一片無盡的彩虹之中看到一本黑色的書，這種感覺很怪，但那本書就在那裏向我招手。黑色封面上印著手寫風格的標題：《做了這本書》（Wreck This Journal）[1]，標題周圍貼了遮蔽膠帶。很好，這本書很有趣。我翻開書，看到書上印的手寫指示：

- 隨身攜帶本書，走到哪帶到哪。

- 依照書上每一頁的指示。

- 順序不重要。

- 請自由詮釋書中指示。

- 實驗（做違反常理判斷的事）。

我找到了，這本書正是我要的。提醒我一開始走進書店的原因——在這個鼓勵放空的環境裡，我任由思緒四處遊蕩，不受常理限制。

《做了這本書》的作者 Keri Smith（*http://kerismith.com*）自稱是游擊藝術家，我完全搞不清楚她的書為什麼會出現在這個雜亂的兒童讀物區。這本雜記的設計目的是專門用來破壞，我還記得其中一頁的指示是要讀者「拿泥土摩擦這一頁」，還有一個指示是要讀者「只能用借來的筆瘋狂塗鴉（請讀者記錄是跟誰借筆）」。這本雜記充滿各種想法，帶領讀者做一些看似沒有意義的活動，創造毫無系統結構的片刻時光，其設計目的是讓讀者停下腳步，接納新事物進入大腦。

不要刻意尋找

這項技能令人困惑的原因，始於一個問題：我們要如何在不刻意尋找的情況下，找出自己不知道的需求？

高科技產業的日常，鮮少鼓勵放空這種什麼都不做的活動，因為放空不符合成本效益，而且是無法放進績效考核的項目。放空常帶給人負面的評價，我越想試著定義，就越顯得放空對各位的效用不大。原因在於，我需要從放空中獲得的想法或價值等等，跟各位的需求不同。

---

1 《做了這本書》擴充版（Wreck This Journal），Keri Smith 著，Penguin Books 出版，2012 年。

放空時刻不等同於創意或思考時刻（或許有可能），但這些時刻無法長久持續下去，因為大腦不能長時間保持安靜，大腦受到的訓練是隨時燃燒精力，所以安靜的時間越長，放空的效果越好。

不論我們當下處於哪個環境，大腦基於本能，自然而然會嘗試建立某些東西。像是在書店裡投入一些努力，我可以擺脫日常生活中的某些事物，進而發現原來我一直在尋找放空境界，這點連我自己都不知道（這真的很棒）。

31

克服簡報恐懼症

不論各位成為工程師的契機是因為拿到大學學位，或者只是喜歡坐一整晚寫 Python 程式，滿足自己特別的技術渴望，你們可能都會有這樣的想法，以為自己只要成為工程師就能拿到簡報免死金牌：我這一輩子再也不必站在眾人面前簡報了。

各位的想法或許是對的。

可是，身為工程師的你以後有機會開發或想出某些出色的點子，當電子郵件、網頁部落格、Zoom 視訊會議或 Slack 頻道再也無法包住你的光芒，那些想要聽聽你出色想法的人，會堅持你要站在他們面前，親自解釋你怎麼做到或想出這麼棒的點子。

沒錯，這跟你原先的想法相牴觸，你渴望向大家解釋你出色的點子，但是，呃，上一次你站在眾人面前已經是高中二年級的事了，你在 Randall 老師的英文課上講了一個故事，結結巴巴地介紹美國作家 Henry David Thoreau，語無倫次地瞎扯作者寫到的某個池塘。

跟當年那個池塘主題不同，今日的你絕對夠格談論自己專精的主題，可是站在眾人面前，你是不及格的演說者。會造成這個窘境，是因為你過去在演講方面沒什麼實戰經驗，再加上平日缺乏練習，帶給你一個錯誤的印象，如果你必須站在 500 個人面前講述故事，可能會因此緊張到吐。

兩階段流程讓你克服簡報恐懼症

本章重點著重於簡報的呈現方式，而非內容。雖說兩者同樣重要，但本章目的不是幫助各位撰寫簡報內容，而是協助各位將內容轉化成精彩的簡報。

假設各位已經寫了 30 張投影片，新手演講者的做法會是：一、投影片張數太多，二、將投影片塞得滿滿的，例如，冗長的條列式重點。儘可能將每張投影片填滿內容。這是你無力的掙扎，企圖逃避簡報這個現實。你的想法

是：只要在投影片上填滿資訊，然後朗讀投影片上的內容。你的想法很合理，因為我知道你很緊張，但問題是：你為何緊張？

> 我從未在 500 個人面前簡報。

> 所以，你沒自信，不確定自己能做到？

> 對。

> 很好，既然如此，那我們應該將焦點擺在自信上，而非產生更多可怕的投影片。

階段一：不斷練習

簡報自信不是來自於死記投影片的內容，而是將內容從大腦一側移轉到到另一側的過程。投影片內容現在停留在左腦，大腦左側的特性是務實，主要負責線性思考。這一處大腦很適合產生投影片，但在上台簡報前，各位必須將投影片移到右腦，大腦右側的特性是創意。因為站在台上簡報的你，必須真切感知到投影片的內容，而非單純的記憶。

簡報的本質是說故事，是一場表演。請想像一下，各位正在站台上跟我還有我的 499 個朋友講述自己為何發光發熱的精彩故事。我知道要你站在 500 個人面前演講，笨拙地開啟一張又一張的投影片，對你來說已經夠緊張了，更遑論要你表演，想到就令你不安。現在你心裡或許正在嘀咕：你說這是一場表演？我的簡報主題是關於垃圾回收機制如何贏得巨大的效能，根本不是什麼表演。

你說的沒錯，這當然是一場簡報，不然為什麼會有 500 個人願意坐在這裡聽你說話？我敢向各位保證，簡報的呈現方式裡具有某些藝術和表演的成分，要找出這些組成元素，最好的做法是透過不斷地練習。現在就站起來，在辦公室裡走來走去，一遍又一遍地對著空氣簡報。

在辦公室或飯店房間裡來回踱步，聆聽自己的聲音，需要花點時間練習才會習慣，但這正是你的聽眾想聽到的簡報。你必須想辦法站在自己的角度和從聽眾批判性的角度去聽自己講的故事。你既是講者，也是聽眾。嗯，這需要花時間練習。

請各位找某個特定主題的投影片，選擇其中三張開始練習。講述這三張投影片的內容，聆聽自己的聲音聽起來如何。講述的內容是否合理？語調是否流暢？聽起來像是讀投影片，還是講故事？投影片之間的起承轉合呈現得如

何？當各位聽過自己以口頭方式完整講述某個主題幾次後，會開始聽出自己真正想要說的內容，從中得到一些發現。例如，這樣的說法沒有意義，本來應該有趣的想法，聽起來卻很彆腳；或是，這個主題跟前後內容毫無關聯。

這不只是幾小時的簡報練習而已，慢慢地你會注意到，在練習過程中，你不只記住了內容，還記住了整個簡報流程。你會開始注意到自己的一些問題，例如，自己在哪些地方鬼打牆，在奇怪的地方找到關鍵點，然後你會暫停練習，重新調整投影片的順序，甚至是重新改寫內容……很多次。這樣很好，請繼續練習。

當各位能坐在桌前，閉上眼睛也能隨便講完任何一張投影片的內容，就不用再擔心自己簡報時需要說什麼，可以將更多焦點擺在如何呈現簡報內容。十分熟悉自己的簡報內容，會帶給你自信。

雖然，你可能還是會緊張到想吐。

階段二：克服緊張的情緒

時間回到幾年前，我曾經同一天在兩所大學進行徵才簡介。相同的簡報內容、年齡相同的一群學生，差別在於一場在白天，一場在晚上。

早上簡報的會議室擠滿了人，十點剛過，那天我已經喝了三杯咖啡，其他人應該也是。才到第三張投影片，我就知道了，台下的聽眾顯然很容易理解我這次的演講內容。我看見聽眾點頭表示認同，某幾張投影片沒想到意外引發笑點，他們欣然同意我的提議：「各位如果想發問，請隨時打斷我。」這次的簡報內容很吸引他們，我講了 40 分鐘的投影片，聽眾們也熱烈參與 20 分鐘的問答時間，任務成功完成。

五小時後，我出現在另一間會議室，這裡是 50 英里外的另一所大學，每個人早上喝的咖啡已經失效。會議室只坐滿一半，我自己也有點累了，不過，這個簡報內容已經在我腦海裡演練了 30 次，我一樣從第一張投影片開始講起，一切就緒。由於我很熟悉這次的簡報內容，所以我不懂，為什麼才第三張投影片，大家就昏昏欲睡？不但沒有笑聲，到了第十張投影片，竟然有人起身離開，天啊！

希望你通常是這種情況才會緊張到想吐，我之所以說希望，是因為有非常多的講者根本沒有發現簡報過程進行得非常不順利。毫無疑問，這是新手才會

犯的錯，但是在我參加過那麼多場的簡報裡，有相當多資深主管也會搞砸，而且還渾然不知。

各位如果遇到簡報進行不順的情況，請先暫停，然後傾聽台下聽眾的需求。先停個五分鐘，環顧整間會議室，此時台下的聽眾也看著你嗎？還是盯著他們的筆電看？有人從演講開始就一直點頭嗎？我知道十秒鐘已經過去了，你還看著聽眾，一言不發。別擔心，他們只是坐在那裏，心裡懷疑身為講者的你是否緊張到想吐。殊不知，你正在營造緊張的氣氛。

更重要的一點是要搞清楚簡報中最重要的組成：出現在簡報會場的聽眾是哪些人？關鍵在於：就算你能寫出精采、吸引人的投影片內容，事先演練 40次，但你永遠無法預知誰會出現在簡報會場。所以，我們必須根據出現的聽眾是誰，調整簡報內容。

既然出現跑錯場的聽眾，好吧，現在你可以去吐了。

即興發揮

臨場更改投影片內容的難度很高，就連經歷過上百場簡報的資深主管遇到這種情況也會搞砸。首先，他們站在台上已經不會焦慮，這表示他們的簡報內容缺乏任何活力元素。正因如此，他們不會傾聽台下聽眾的反應，所以當聽眾百般無聊，以沉默暗示想要更有活力的簡報內容時，台上的講者卻充耳不聞。這些講者不會即時調整簡報內容來吸引聽眾的目光，讓他們的簡報聽起來就像差勁的二手車業務，只是站在台上復誦業務簡報的內容，完全不在乎聽眾的想法。

那麼，你要如何改善？聽眾會要求什麼內容？他們想要的是：參與感。請不要誤會，他們想要的不是上台幫你介紹投影片內容；他們想要成為這場簡報的一份子，共同參與這場表演。我並不是說各位要迎合聽眾，追求掌聲，而是當你面對台下一大群聽眾時，真心*知道*這些人正全神貫注地聽著你說的一字一句。當你學會解讀聽眾因為專注於簡報而呈現出來的建設性沉默，你會感到一股莫名的狂喜。

所以，各位打算怎麼做？如何適應臨場發生的各種情況？或許台下的聽眾希望你叫醒他們？還是說你要大聲強調自己的觀點？在台上走來走去，激動地揮舞雙手，如何？搞不好你太激動，聽眾還會希望你講慢一點，語句間多點停頓，給他們一點時間沉澱，消化你的簡報內容。

回到先前我在某大學簡報的經歷，當有人中途離席時，我的反應就是立即停止演講。於是，聽眾們都醒了，我重新將他們的注意力拉回到我的投影片，台下這些我在大學認識的新夥伴現在都很清楚我在乎他們的想法。我開始回憶起自己的大學時光，並且為何時可以中途離開這場講座，制定了複雜的「協定」。這五分鐘的轉折看似無關緊要，卻發揮了兩個作用：首先，提醒台下半夢半醒的聽眾，我也是他們之中的一員；其次，我自認這個轉折進行得很及時（恰巧有人離席）而且幽默（或許），讓我重新與聽眾建立連結。

焦慮

不瞞各位，即興發揮的能力需要累積經驗，必須經歷過幾次可怕的簡報，然後從中振作起來，才能建立起即興表演需要的梗。面對初期經歷的簡報災難，本章提出以下三項建議給各位參考：

- 每次簡報時，各位可以想像自己是對一個千眼人講話。請不要迷失於台下眾多的面孔，從中挑一位聽眾，假裝自己是跟他說故事。也不要一整個小時都面對同一位聽眾，只要看幾秒就好，然後將目光移動到下一位聽眾。

- 利用短暫的沉默作為標點符號，這是我最愛用的技巧，尤其是因為我說話的速度很快。當你聽到自己的語速開始加快，可以先停下來，自己在心裡從五開始倒數，走到舞台另一側，然後繼續簡報。這些簡報過程中的停頓，是給你和聽眾有機會重新集中注意力。

- 聽眾希望你簡報成功，所有指導演講技巧的書都有提到這項建議，因為這是真的，聽眾期待你的簡報讓他們感到驚艷。他們對你的期望是 A+，這是他們腦海裡對這場簡報的基本評價，了解這一點，有助於各位從容走上舞台。

我不希望各位演講時因為緊張而想吐。

我反而希望各位為簡報感到焦慮，如果沒有因此失眠，表示各位不在乎這場簡報，也就不會有動力準備，你心中會繼續抱有工程師不會說故事的觀念。各位如果被交付簡報的責任卻絲毫不在乎，反而把這項責任丟給某個願意花心思的人，那你就要做好心理準備，這個人終究會成為你的頂頭上司。

32

大聲說出精采的故事

各位如果要找如何進行簡報的建議，網路上有滿滿的意見，但如果你要找的是撰寫簡報內容的技巧，網路上就很難找到這方面的建議，理由很簡單。思考怎麼撰寫簡報內容時，我們必須先思考怎麼說話。稍後我會證明，現在請各位先唸出以下這句話：

我對著空氣大聲唸出這句話。

各位聽到自己的聲音，有很驚訝嗎？至少我個人唸這句話的時候是蠻驚訝的。各位已經大聲唸出這句話了嗎？沒有？你為什麼沒唸出來？你現在坐在咖啡店裡嗎？你擔心唸出聲音來，會讓旁邊的人以為你很怪嗎？這種不安的感覺，基本上就是我們很難以口語表現寫作內容的原因。撰寫一段巧妙的文字，需要的技巧完全不同。

各位還是沒有大聲唸出上面這句話，對嗎？

簡報或演講？

想要擬出一份吸引聽眾目光的簡報，這個過程包含了一連串的決定和練習，而且需要認清一個事實：你是直接將內容傳達給台下的人，不是透過網路、網頁部落格，你只能靠自己表達。

各位要做的第一個決定是：你要進行的是演講還是簡報？你應該會在心中懷疑這兩者的差異為何？現在我要請各位快速看過 Steve Jobs 公開演說的兩個影片，兩者的演說方式截然不同。第一個影片是他在史丹佛大學的演講「三個故事」（Three Stories，*https://oreil.ly/9WaHs*），第二個影片則是他在 MacWorld 2007 大會上的主題演講（*https://oreil.ly/MKhNT*）。

各位只要看幾分鐘影片，應該就能感受到簡報和演講之間的區別。我猜各位只看了 Steve Jobs 在史丹佛大學演講的影片，因為大家一直以來看到的 Steve Jobs 是出現在 MacWorld 大會上，史丹佛大學的影片確實帶給我衝擊。影片中的人顯然是 Steve Jobs，確實是他的聲音，拿著他的招牌道具──一瓶水，但整個演講的呈現方式完全不是 Steve Jobs 以往的風格，因為他看著一張紙，唸出講稿上扣人心弦的故事。

這畫面令我十分震驚。

好萊塢喜劇演員 Steve Martin 的自傳《Born Standing Up》[1] 記錄了他的單口相聲生涯，書中寫到「如果沒有將燈光調暗……觀眾就不會笑」。Steve Martin 觀察到的微妙矛盾，正是演講和簡報之間的核心差異。在一場演講裡，台下的聽眾或笑或哭，但不需要也不鼓勵聽眾參與，因為演講過程中，鎂光燈永遠不會從演講者身上離開。然而，簡報的藝術有一半是想辦法創造出一個環境，讓聽眾可以主動參與卻不自知。

不管是簡報還是演講，各位都需要聽眾，否則，就只是你一個人在空蕩蕩的房間裡，自言自語，用來表示這種情況的已知詞彙……就是寫作。

不能原諒的錯誤

各位應該以前就聽過這個說法，進行簡報時有一個不可原諒的錯誤：不能照著簡報內容唸。稍後會介紹我擬定簡報內容的方法，我的設計宗旨是避免犯下這個非常基本的錯誤，首先要挑選適合簡報的工具。

我很慶幸，過去三年的所有簡報內容都是使用簡報軟體 Keynote 產生（*https:// www.apple.com/keynote*）。不過，每當我反覆修改簡報內容時，我會陷入深思，懷疑這項工具是否適合。我是不是應該依照跟寫作相同的流程，把所有想法都丟進文字編輯器 TextEdit，這樣是否更容易將複雜的想法拆解成更小的元素？我的答案是否定的。

各位應該從一開始就固定使用 Keynote 或任何你喜歡的簡報軟體。首先，簡報軟體效率更高，因為這類軟體的設計目的是專門針對簡報大綱，這些出色的工具能讓你組織和編輯想法，避免這些想法擴大成一本書。進行簡報時維持投影片格式，還能強迫投影片內容維持簡報形式，不會變成一篇文章。每

1　《*Born Standing Up*》，Steve Martin 著，Simon & Schuster 出版社，2007 年。

張投影片代表一個想法，條列式重點裡存在許多尚未發現的出色點子。稍後會簡短討論怎麼找到這些出色的想法，現階段請各位繼續反覆修改投影片內容。

各位的工作是盡量將手上的資料整理成大綱形式，如此才能開始將大綱轉換成簡報內容。無須擔心自己要怎麼表達某個內容，或者聽眾是否能理解簡報內容。各位如果擔心大綱項目沒有抓到重要的細節，可以另外找張白紙，開始做筆記。我喜歡利用 Keynote 提供的便利貼功能，隨手記下一些小想法。若想法較大，我喜歡記在演講者備忘稿。

反覆編輯投影片內容的過程中會發生什麼？先前列的大綱會逐漸浮現出簡報的初始結構。如果各位一直是用簡報軟體編輯內容，更棒的情況是，我猜各位在編輯某幾張特定投影片時，腦海裡會開始聽到自己進行簡報的聲音：

- 這張投影片的內容很關鍵，我需要以非常、非常慢的速度講述，因為聽眾需要記住這些內容。
- 簡報需要傳達良好的資料，但資料本身……很無趣，所以我要以更新穎的方式表達。

等各位手上有粗略的簡報大綱後，應該先拿災難版簡報來練習。

災難版簡報

這是我第二次要求各位讀者去做一件事，這次我希望你們做就是了，先不要問任何問題。我希望各位先移到簡報投影片的第一頁，然後起身，開始練習簡報，而且，先不要問任何問題。

等等，*Rands*，你說什麼，這份投影片內容還很粗糙，缺乏很多想法，而且……

安靜，你先給自己一個機會試試。從頭到尾，將每張投影片講過一次，我想聽聽你的簡報。

講完了？各位覺得自己的表現如何？現在你知道了吧，我稱之為災難版簡報的理由。我認為各位應該在沒有任何準備的情況下，硬撐著講完粗糙版的簡報內容，理由有三：

- 了解簡報投影片整體運作的感覺。

- 聽自己講述簡報內容，更強化一個印象：你不是寫書，你是在寫簡報內容。

- 建立自信。現在你知道了，面對這次的簡報，最糟糕的情況不過如此，絕對不可能出現比剛剛經歷過的練習還要糟糕的情況。

當各位站在辦公室裡，對著空氣自言自語時，你們有注意到腦海中聽到的想法跟實際寫在投影片上的想法，兩者有什麼不同嗎？有發現什麼邏輯上的缺陷嗎？一整個早上你一直盯著這些投影片上的內容，現在突然出現神祕的新漏洞，這就是你的進步。

演練災難版簡報的過程中，我會做大量的筆記。我的做法是在電腦旁放一張紙，因為我想盡量堅持自己正在進行一場簡報的感覺。如果中途停下來編輯投影片，我會失去簡報的節奏和動力，或者發生更糟的情況：最後我會重寫簡報內容，而非演練簡報。這些手寫筆記的內容，如下所示：

- 完全搞不清楚第二張投影片想表達什麼。

- 第四張和第五張投影片之間沒有設定轉場。

- 第十張投影片：重複相似的內容。

災難版簡報演練完畢後，第一件工作便是盡快整合手寫筆記。先演練一次之後再編輯災難版簡報，是我修改簡報過程中最重要的一步。除了修改主要結構，我還會發現一些需要新增的內容。

縮減投影片張數

趁這個絕佳的時機，提醒自己不要緊張到吐，同時也快速彙整一下截至目前為止學到的重點：

- 不斷練習（唯有如此才能掌握技巧）。

- 即興發揮（但永不中斷演說）。

- 焦慮（持續中）。

從準備簡報內容的角度來看，本章要進一步將上述的重點一修改為「不斷練習與編修」。這個部分的工作量最大，但我能給的建議最少，因為各位必須連續三個晚上，盯著投影片到凌晨兩點。你需要全心全意投入簡報，練習另一個災難版，找朋友來聽你簡報，印出你的投影片，然後去樹林裡搭個帳篷，練習簡報。

這項威脅是我能給各位最好的建議：聽眾可以從你的第一張投影片中，嗅出一絲簡報不成熟的氣息。無關乎你的內容品質，而是你站在投影片前的樣子毫無說服力，沉默地散發出一種氛圍：**很好，我到底是來這裡講什麼？**一開場就讓這場簡報邁向死亡。

此處我要提出四點實用的建議，希望能對各位有所幫助。

首先，在不斷編修和練習簡報內容的過程中，我們要縮減投影片張數和整合內容。這項建議並不是要縮減我們要講的內容，而是開始內化吸收簡報內容，如此一來，我們就不再需要那些文字來記住我們要講的重點。刪掉不錯的想法，可能會令各位焦慮不安，如果你怕自己忘記某些重點，可以善用演講者備忘稿或便利貼。其實簡報過程中，你不會用到這些備忘錄，但如果這麼做可以讓你比較容易面對情緒上的問題，那就太棒了。

由於我會整合投影片的內容，因此我通常不會在簡報後，把投影片寄給那些要求投影片檔案的人。如果不是因為我站在簡報場地前面，拼命地揮舞雙手，講得口沫橫飛，單看我的投影片內容幾乎沒有意義。

第二項建議是，在合併內容的過程中，請開始思考哪些地方的文字可以用圖像取代。各位如果只用文字說明自己的好點子，與其浪費大家一個小時的時間去看貼在你身後牆上的大量想法，反正內容都一樣，為什麼不乾脆發封電子郵件給每個人？請記住，簡報是結合視覺與聽覺的媒介，一張滿是文字的投影片，呃，感覺就是逃避責任。

一份簡報裡，只有部分內容跟你和你的想法有關。沒錯，各位是引導聽眾的力量，但簡報的目標是提出讓聽眾有思考空間的想法。在這個思考空間裡，聽眾會傾注自身的經驗和觀點，然後內化成自己的想法。我會利用各種圖片、圖表和圖形，產生具有結構、容易記憶的思考空間，做法有二：完全以圖像取代一個完整的想法；或是在一張需要更多思考空間的投影片裡，加入圖像來強化文字。

> **注意**
>
> 說個「設計」的題外話：投影片視覺設計是很重要的議題，這部分的內容超出本書範圍，但各位需要知道一點——一直以來，我都會看到有人失心瘋地調整投影片的動畫和轉場效果。這些人嘗試了每一種動畫效果，只是希望找到適合的轉場特效，為簡報增添某些特色，殊不知異常使用大量的動畫效果，通常是象徵講者的簡報內容很糟。各位可以將使用字體的相同規則，套用在轉場和動畫效果上。當聽眾越少注意到你採用的設計決策，潛移默化的影響力就越大。

第三項建議是，找出你想跟聽眾分享的基本結構，作為建立簡報的結構。在不斷練習的過程中，各位會逐漸衍生出簡報整體運作的感覺，但聽眾可能無法一開始就明顯感受到簡報的結構。任何長度合理的簡報都需要設計視覺系統，目的是讓聽眾立即知道簡報進行到哪裡。

第四項也是最後一項建議，各位要從簡報的流程和節奏中，找出讓聽眾參與的機會。簡報進行到哪個部分，你會想將現場的燈光調亮一點？藉此提醒聽眾，坐在台下的他們正沉浸在你的想法裡，下一節會進一步討論這個部分。

簡報的標點符號

聽眾參與的部分就像簡報內容裡的標點符號，用來突顯簡報某些部分的內容。將原本複雜的想法拆解成淺顯易懂、聽眾更容易接受的想法。不過，讓聽眾參與進來的時機，我們只有部分的控制力。

最常用的參與技巧是在開場時讓聽眾舉手，通常作為簡報一開始的暖場活動：

> 舉手：「請問多少人有 Mac ？」
>
> 提出小問題：「你們有多少人認為自己在定期壽險上付了過高的保費？」

我個人很熱衷在開場的時候用暖場技巧，預先提示聽眾這不是演講，剛剛只是你的開場白，你還要講一個小時。各位在不斷練習投影片的過程中，可以找找想法都集中在簡報的哪些部分，然後以問題給予聽眾適時的一擊。甚至也不必要求聽眾舉手，各位只要將原本聚集在你身上的鎂光燈，直接投射在聽眾身上一會：

> 「請各位老實告訴我，你們看著螢幕上的內容時，
> 手指都會做什麼？」

我們最多只能規劃讓聽眾參與的做法，無法控制聽眾是否願意參與，這就是簡報的美妙之處：你不知道聽眾願意參與的時機。我覺得枯燥、冗長而且打算刪掉的投影片，卻往往能獲得聽眾最多的笑聲；我傾注心力設計的投影片視覺效果，卻經常徹底失敗。簡報開始前，你永遠不知道會發生什麼。

你想讓聽眾帶走什麼

各位希望在聽眾腦海裡留下什麼？這個問題應該擺在一開始，但現在才問，是因為各位幾乎完成了一份簡報，我想知道各位準備讓聽眾帶走什麼有用的資訊，打算將簡報哪一部分的內容留給聽眾。

最直覺而且簡單的做法，是採用「經驗教訓」投影片。每當台上顯示有條列式重點的投影片，總是會出現一堆聽眾拿起相機和手機，因為他們知道這張投影片上有他們想帶走的內容。

不論各位最後是否會在簡報時採用「經驗教訓」投影片，都可以將這張投影片放在最後一頁，方便各位準備整個簡報內容。這張投影片定義了簡報的基本結構，代表這次簡報的目標。你能用一張投影片就完成整場簡報嗎？試想一場五十分鐘的簡報，會場裡坐滿了人，而你手上只有一張寫了六個條列式重點的投影片。

這是簡報的終極目標，即使沒有達成，也算是一場極為成功的簡報；只用一張投影片的簡報，代表你對聽眾的終極承諾：「我不是來展示投影片，而是要大聲告訴各位……一個精彩的故事。」

33

程式技術、功能和真相

公司內有一場會議正在舉行，這是一場跨部門會議，也就是說，不只是組織內多個部門都有派代表出席會議，而且會議中充斥著多種專業能力、態度以及不為人知的意圖。根據跨部門會議的性質，表示會有一名專案經理在場，而且他／她可能會扮演翻譯人員的角色。

各位看看，優秀的專案經理會說公司內各個部門的特有語言，所以當工程師說：「我完成了」，專案經理會適時跳出來解釋：「功能測試、生產測試和最後的文件審查還有待處理，其他都完成了」。如此一來，產品經理才不會跟業務說「產品完成了」，因而導致業務開始銷售實際上還沒完成的某個產品。

在這場出席人數眾多、充斥著多種專業語言的會議上，一項決策被端上檯面，此時此刻，每家軟體公司都正在上演做出決策的情境。其實這不是真正的決策，這是協商，但決策已被擺上檯面，大家都很緊張，因為這項決策受到各方的嚴格審查。

> 產品經理：要完成這個功能，我們需要投入什麼？
>
> 專案經理：他的問題是……
>
> 工程師：你安靜，我知道他在問什麼。我的答案是，你想犧牲時間、品質還是功能？
>
> 專案經理：他的問題是……
>
> 產品經理：啊，這句話我之前就聽過了，但我還是想兼顧所有面向。

更多的討論，更多的解釋。將每個人要做的工作項目分配下去，造成大家有一種工作有所進展的錯覺。等每個人回到各自部門的辦公室裡，又會再開一次相同的會議，試著以彼此認為聰明的做法溝通。我們實際上只做了一件事，就是⋯⋯安排哪時候要開會，但我們真正需要做的，是搞清楚誰要做決策。

那個該死的三角形

時間、品質、功能，這三個面向經常被畫成一個三角形，用以表示產品或功能目前的狀態。我認為這個概念是一個理想而且無法達成的世界，尤其是這個完美的等邊三角形，似乎還靜止不動。理想目標是在必須發布的時間、想要達到的品質和希望交付的功能三者間達成平衡狀態。

在現實環境中，這個三角形永遠不會靜止不動，會持續不斷變化，而且，我認為這個模型其實不是三角形。這只是一個心理模型，讓各位有足夠的根據去說謊。團隊間會出現以下這樣的對話：

> 產品經理：產品需要這個功能才有競爭力。
>
> 工程師：可以，我們需要多四個禮拜開發這個功能，因為這是新功能，而且你們的需求提得太晚。
>
> 產品經理：我們已經答應了，不能改期。
>
> 工程師：這點我們也是一樣。你們聽著，凡事要有所取捨。你們這樣一直增加更多的工作或功能，表示我們需要更多開發時間，還是說，如果你們願意，那我們就降低品質，快做個選擇。

這些黑白分明的論點，其實站不住腳。只用三個槓桿就想定義一個功能或產品，這種消極回應的態度是職場上普遍存在的荒謬想法。團隊可以調整的槓桿有無數個，但各位必須去了解這些手段，了解實際上是誰在開發軟體。

程式技術、功能和真相

接下來我要請各位開始做一個練習。我希望各位想想目前手上正在進行的專案，如果是極為龐大的專案，請各位想想正在開發的功能。請走到離你最近的白板，根據你想到的產品或功能，在白板上畫三個大圈（如圖 33-1 所示）。

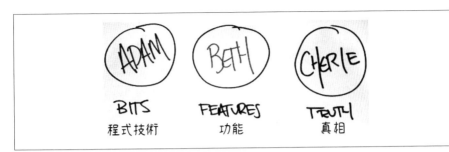

圖 33-1　你要從團隊中找出或定義的三個人

現在這些圓圈內，每一個都有屬於自己的名字，對應團隊裡的特定職務角色。這些角色的傳統職稱分別是工程主管、產品經理和專案經理，但我不希望各位糾結於職稱。希望各位就程式技術、功能和真相這三個面向，思考團隊內最有資格做決策的人。

程式技術

團隊裡對程式技術最有影響力的工程師是誰？雖然有好幾個人可能都很有影響力，但我問的是，當大家遇到問題時，第一個想到的工程師是誰？簡單的直覺是在這裡填上主管的名字，只是因為他們的職稱裡有「經理」兩個字，但不表示他們真的清楚專案的進度和走向。我希望各位填的名字是，發生程式技術相關的緊急問題時，這個人會在半夜接到電話，而且會做出程式技術方面的重大決策。我想知道的名字是，只要這個人表示否定，大家就會停止爭論。各位了解我的意思嗎？很好，下一個。

功能

負責定義產品或功能有哪些內容的人是誰？這個名字的主人會不斷提出更多要求，根本不管成本。相較於其他人說什麼「如果我們能⋯⋯這樣不是很酷嗎？」這個人提出的論點不僅更強而且有說服力，還能冷靜地解釋為什麼需要這項功能。

真相

這或許是最難定義的角色，因為這些人可能存在於公司裡的任何一個部門。我花了很多年的時間思考，才讓這個想法成形，我認為負責推動流程的人，最有可能是公司內的真相守護者。

資訊經常在任何一群人之間來來去去，早上做出的決策要花數小時或數天的時間，才能傳到公司內的其他角落。有人出於私心，刻意隱瞞資訊。掩蓋事實的真相以及竄改和曲解資訊。

真相就是將公司內存在的資訊進行最佳整合，持續掌握這類資訊的人，就是真相守護者。各位一定認識這個人，當你心有存疑：**該死，現在究竟是什麼情況？**此時，你就會去找這個人。這個人認識公司內的政治家和有力人士，所以他們知道產品延遲的真正原因，因此，這通常是專案經理的工作。

我最常聽到大家對專案經理的抱怨，跟大家抱怨主管的理由一樣：**他們一整天都在做些什麼？他們真正擁有的東西是什麼？**事實上，他們擁有產品最重要的部分——進度表，但他們最大的貢獻是資訊管理。

我知道你們這些新創公司的傢伙認為就算沒有一套像樣的專案或流程管理方法，你們也可以做得很好。你們認為這些搞專案管理的人會拿一堆議程和待辦事項清單來拖慢你們的工作速度。這麼說吧：不能只是因為在車庫創業的你們沒有職稱，就以為這樣的角色不存在。任何不只一個人的團隊裡，一定會有人擔任真相守護者這個角色，而且這個人的關鍵技能是管好資訊。他們會不斷從群體裡收集、彙總和轉譯資訊，有時還會強行將這些資訊攤在那些自欺欺人的傢伙面前。

> 我：距離交付期限還有六週，我們目前進度正常。
>
> 真相守護者：功能兩週前就完成了，而我們還在寫程式碼。
>
> 我：但是團隊充滿幹勁，連續加班了好幾個週末，而且……
>
> 真相守護者：Steve 和 Ryan 從明天開始休假兩個禮拜。
>
> 我：喔。

優秀的專案經理在乎專案和產品，同時也要在職場上保持冷靜。他們不得不保持這種矛盾的心態，因為他們總是在揭發最糟的情況，然後從中倖存下來。正是這些發現，帶給他們產品當前進展的全貌。是他們的生存能力讓自己沈著冷靜，讓他們不會驚慌失措，因為從困境中倖存的他們，知道一定會以某種方式……找到出路。為什麼最後通常是他們掌控進度表，原因就在於他們擁有的所有經驗。我會在後續的分析中解釋原因。

所以，在各位的團隊裡，誰是最冷靜、追求真相而且消息靈通的人？誰是那個不會失控的人？當你想了解組織裡其他部門的意圖，你會去找哪個人？他們的職稱很有可能不是專案經理，但他們確實存在。

舒適圈

分析各位先前練習的角色圈之前，我要請各位再通過兩個問題的考驗。

很好，各位已經在每個圓圈裡填入一個名字，可能有兩個圓圈填入相同名字的情況，我們稍後會進一步討論。我的第一個問題是：每個名字的主人各有其擅長的舒適圈嗎？

假設各位把 Ryan 放進程式技術和功能這兩個圓圈裡，但哪個角色圈才是他心之所向？他的專業背景是什麼？根據他的個人直覺，他在哪個角色圈裡可以做出最佳決策？各位如果認為目前佔據每個角色圈的人，他們的本質和這個角色圈不同，請在符合他們本質的角色圈下，寫下他們的名字。

我的第二個問題是：各位挑出的人是領導者嗎？現在請看一下程式技術這個角色圈，各位放在這個角色圈裡的名字，應該是全公司最聰明的工程師，每當任何人需要有人幫忙解釋程式架構，他就是那個在公司裡來回穿梭的人，不過，他同時也是領導者嗎？他是否會就產品走向做出決策？雖然提到產品發展方向時，他的意見極為強大而且很有根據，但他是那個有權做出承諾的人嗎？不是？好吧，那這個人是誰？

領導者在自己擅長的領域裡，具有深厚的經驗。他們靠的不是膽量，也不是操弄他人，是他們從工作中發展出來的知識和分析能力。當你走到他們面前，提出困難的問題，他們會立即給你有憑有據而且安心的答案。像這樣的人，他們的名字才應該屬於這個角色圈。

領導者做決策時，有時似乎是根據很少的資料。有些決策很出色，有些根本是垃圾，但以本章的角色圈練習來說，各位需要根據程式技術、功能和真相，分別確認三位有決策力的領導者。

分析角色圈

現在我們手上有什麼呢？很好，一起來看幾個不同的角色圈情境。

缺少某個角色

各位可能會說：「我們的團隊裡沒有專案經理，也沒有任何一位產品經理。」我再重複一次，請各位不要糾結於職稱。不能只是因為公司尚未僱用這些職稱的人，就以為公司內沒有進行對應這些職稱的工作。一定會有人協助挑選功能，有人負責制定進度表。事實上，如果各位待的團隊真的非常小，這三個角色圈確實有可能填入相同的名字，我們立刻就來討論這個情況。

三個角色圈的名字都一樣

Edgar 就是那個人，他是負責一條龍決策的機器。雖然我十分欣賞這種團隊的速度和熱情，但這種決策方式令人擔憂。

我相信一個有效率的團隊，最後一定需要清楚定義每個角色的職務內容，並且由三個不同的人負責。「*Rands*，我沒看到 *QA* 人員在哪裡？企劃呢？嘿，還有業務人員，這些都是公司的重要組成，他們的角色圈在哪裡？」這個角色圈模型是用來說明有效率的產品團隊，而非有效率的公司。業務、企劃、QA、行銷、顧客支援等等，各位需要所有團隊才能建立起一家公司。企劃人員確實提供重要資料給產品，本章假設各位會填在功能角色圈裡的名字（例如，Mitchell），這個人跟企劃團隊之間具有信賴關係，因為他很清楚企劃在自己負責的功能裡，佔有重要的一席之地。

三名領導者，一位負責程式技術方面的決策，另一位負責功能，還有一位在乎真相。理論上，這些領導者之所以出現在這些角色圈裡，是因為他們有能力根據自己的專業，做出良好的決策；現實是，這幾位領導者相處得不是很融洽。

專案管理認為工程團隊永遠都不會準時交付，產品管理相信沒有他們就沒有產品，工程團隊則認為其他人一無是處，因為他們不知道怎麼寫程式。聽起來各部門之間的立場似乎相當敵對，但如果是發生在這三位領導者身上，情況會有所不同。除了決策權力，這些領導者和其他角色圈同事之間存在健康的張力，算是一件好事。

本章將健康的張力分為以下兩個彼此共存卻又對立的信念：

- 第一個信念是對現實自我的肯定，幾乎公司裡的每個人都會抱有這個信念：**全公司就屬我的工作最重要，我不在，整間公司就會崩潰瓦解。**一般人不會公開表達自己具有這個信念，只會安靜地放在心裡，但這個信念具有沉默的力量，會帶給人自信，認定「**我是專家，我很厲害，我是對的。**」

- 第二項信念是，即使對自身角色圈的人具有特別的認同，依舊會給予其他角色圈基本的尊重，信任他們的專業能力。在抱有第一項信念的前提下，很難對第二項信念妥協，但角色圈裡應該有部分領導者在面對重大決策時，有能力退一步，客觀地說出「他比我更了解」。

定義三個角色圈裡每位領導者擁有的實力、技能和經驗時，基本上想法完全不同。相較於擁有 MBA 學位、剛轉進產品管理部門的產品經理，擁有七年程式經驗的工程師在面對功能和產品方面的看法，兩者截然不同。反之，工程團隊的領導者雖然對功能或產品發表慷慨激昂的看法，但多年的開發經驗也假裝不來的能力是，定義和解釋一項功能，並且確認其合理性。

如果各位看著這三個角色圈，而且裡面填的名字都一樣，我想問兩個問題：

他們能對三個角色圈一視同仁嗎？

這些人真的可以做到嗎？一方面在程式技術和功能領域做出正確的決策，同時又能實事求是地在真相面維持平衡？如果是車庫創業時期只有兩個人，那我還能理解，但如果你們已經是 100 個人的團隊，卻只由其中一個人負責所有三個角色圈，我敢說他們一定會對自己擅長的領域（也就是舒適圈）做出最佳決策，無法平等看待其他兩個角色圈。

他們要跟誰討論？

缺少了功能和程式技術兩者間的張力，就無法進行功能藍圖和技術現實方面的討論。多元化的意見會接納任何想法，希望進一步塑造成某個意想不到、更好的結果。

再舉兩個不錯的例子，研究看看其他兩種角色圈配置的情況。

當程式技術和功能角色圈是同一個人

所以各位認為像 Ryan 這樣受過工程方面訓練的人，可以同時兼顧工程和功能方面的決策。太棒了，這樣我們在決定功能優先順序時，就可以擺脫大量麻煩的會議，對吧？還有什麼其他會議沒開嗎？由於 Ryan 是程式技術和功能方面的負責人，會單方面做出決策，致使產品功能中有哪些地方沒有進行討論嗎？

各位可能又要說我是危言聳聽和言過其實，但我認為一個人實際上無法（也不想）脫離自己能做出明智決策的角色圈。請各位試著思考這個情況：Ryan 本身是目標顧客嗎？或是他有直接可以接觸到顧客的管道嗎？如果該功能是工程師面向，Ryan 就具有可靠的論點，足以在程式技術和功能方面做出適當的決策；然而，如果該產品或功能不是針對工程師開發的，我們為什麼要相信 Ryan 能在這方面做出明智的決策？

我並不是說，非功能角色圈的人就不能對產品發表意見。各位希望建立的團隊文化，應該是鼓勵每個人都能深入關心產品。此外，如果各位開發的軟體是針對一般人，那你就需要找一般使用者來說出他們的需求。

再來看另一個變化配置。

當真相和功能角色圈是同一個人

假設公司裡的業務 Tony 同時負責功能和進度表，在一般公司裡，這是相當常見的配置，因為普遍認為決定使用者功能的人，應該也能決定進度表。當 Tony 說：「我們需要在五月推出功能 X。」這樣做可能會有什麼問題？

這麼說吧，你把真相跟功能綁在一起，令人不安的原因是，真相必須保持中立，真相必須不偏袒任何一方。當你把 Tony 的名字放在這兩個角色圈，意味著讓做出功能決策的人也負責決定進度。或許他跟程式技術圈的人保持可靠、健康的張力，但是，程式技術圈的人要怎麼跟一個操縱產品內容和開發時間的人爭論？

三位明顯不同領域的領導者創造出來的健康張力，會在產品方面產生多樣性的討論。沒錯，這跟本章一開始介紹過的爭論一樣，差別在於，當三位領導者站在平等的地位，分別代表一個定義完善的觀點，並且帶有自主意識，就會是一場平衡的爭論，各方會針對顧客期望和實際進度來權衡技術需求。

當一名領導者代表兩個角色圈時，他們就能在推動自己偏好的決策時，投下兩票。

協商始於爭論

這只是另一個模型，我是拿圓圈替換時間／品質／功能的三角形。辦公室政治、缺乏經驗的人和定義不良的功能等等許多人為因素，都可能會搞砸和曲解模型。我認為兩者間的差異在於，本章提出的模型不僅真實表達不同面向拉扯產品的力量，並且賦予這些力量適合的名稱。

再次回到程式技術、功能和真相之間無止盡的爭論，三方都擁有平等的地位：

> 功能：我想要功能 X，而且希望進度不變。
>
> 真相：我們需要更多開發時間，我知道所有移動元件的開發進度，有一個功能的進度提前了，我認為我們有兩個禮拜的緩衝時間。
>
> 程式技術：兩個禮拜不夠，我們可以把這個功能的內容砍掉一半嗎？既然我們還沒開始，而且也沒人關心進度。
>
> 功能：這我可接受。
>
> 真相：成交。

軟體是人開發出來的，最棒的甘特圖也只能反映進度表中一半的真相，最完整的行銷需求文件永遠無法陳述某一項功能吸引人的原因，即使是最詳細的技術規格說明書，也永遠無法說出造就程式碼優美的因素。這些只是工具，工具很少透露出軟體開發者的訊息。

這些創造軟體的人不僅持續在自身專業領域中做出優秀的決策，也會適時向他人請教意見，他們就是靠著這些經歷贏得名聲。

34

亮點

假設各位手上正在開發⋯⋯某個東西。

白板上覆滿五顏六色、旁人難以了解的流程圖，桌上累積了 16 個空咖啡杯，兩台平板顯示器上滿滿都是程式碼，而你種的盆栽又枯死了。就是這個時刻，你發現手上正在開發的軟體具有一個特性，使用者看到這個功能的當下，就會完全了解你一直以來在開發什麼。

這就是亮點。

組成亮點的另一半是「哇靠！這太讚了！」，身為開發人員的你提出如此強大的想法（也就是亮點），一旦使用者發現、確認這個想法的重要程度，他們真的會脫口而出「哇靠！這太讚了！」

亮點的本質包含某種矛盾，這種矛盾正是助長人們說出「哇靠！這太讚了！」是對亮點久久不忘的力量。亮點具有的矛盾是看似簡單的假象，從原本條理不清的複雜事物中，建構出一個非常簡單的概念。正因如此，亮點才能輕易溜進消費者心裡。亮點可以是一個詞彙或一張圖像，簡單卻能完全概括近來介紹的一本書、一個應用程式或一個大學學位完整的課程內容。出色的亮點背後隱含的資訊之大，令人驚訝，因此我們看到亮點才會脫口而出「哇靠！這太讚了！」

亮點能巧妙地化繁為簡，當你在喝完 16 杯咖啡之後發現了亮點，我知道你心中充滿興奮感，但你還沒證明這個想法是否可行。這個亮點需要經過測試和定義⋯⋯

還有向他人展示（demo）。

展示三階段

身為工程師的你，必須建立和提供展示內容。各位手上的展示內容或許不是那種會改變世界、令人大叫「哇靠！這太讚了！」你可能只是需要獲得公司高層或主管的回饋意見。不論各位要展示的內容規模如何，展示想法的會議是很獨特的場合，有特定的要求和目標。先從幾個基本規則看起：

展示就跟變魔術一樣，具有三個階段。

階段一：鋪陳。鋪陳展示需要的背景環境，也就是我們開始進行展示前，聽眾需要先知道什麼？

階段二：故事。也就是設計故事情節，告訴聽眾你現在要帶領他們進入某個世界，一邊進行展示一邊向他們解釋內容。

階段三：亮點。各位快看看！現在我們在哪？哇靠！這太讚了！我說對了吧？

展示不是簡報，是你與聽眾之間的對話。

此時此刻，世界上正進行許多出色的展示，甚至有可能就在你身處的辦公大樓裡，但這些會議是由業務人員主持，他們的動機跟各位完全不同：業務的訴求是銷售。工程師也會有想要推銷自身想法的時機，但這不是我們進行展示的契機。工程師進行展示的重點是放在對話，跟出席會議的人討論想法，藉此了解怎麼改善。

不論聽眾是誰，目標都一樣。

是誰要求你進行這場展示？你的主管？其他部門的主管？業務部門？還是創業投資方？稍後我們會針對不同的展示動機，討論不同的準備方式，但所有的準備工作都應該滿足相同的目標：我們希望藉此獲得資訊。基本規則是：唯有經過眾人檢視，才能改進你的想法。我明白找到亮點時那種幾乎無法呼吸的感受。那種激動興奮的心情，我必須告訴每個人。問題在於亮點不只是簡單、吸引人心的想法，還要精心鋪陳和設計故事情節，才能引導聽眾看到亮點，儘可能完善這三個部分，缺一不可。

三種 Alpha 人格

來看看怎麼建立一份展示內容。為了說明本章接下來的內容，假設我們要進行一個小時的展示，目標對象是一小群策略面向的人。這一群人裡面只有一個人是 Alpha 人格，他的意見會主導整個展示會議，所以我們必須在乎這個 Alpha 人格的反應。從他們的意見就能分辨出，你的展示內容是否能獲得令人驚異的讚賞。

展示過程中需要關心這三種 Alpha 人格的反應。

沉默型 Alpha 人格：「我絕對不會發言」

三種 Alpha 人格中，沉默型可能最令人挫敗，因為在整整一個小時裡，他們都不打算發言。從頭到尾，他們說的話是零。所以各位要採取的行動是……

沉默型 Alpha 人格會強迫我們撐起整整一個小時的展示，各位想得沒錯，表示這場展示幾乎就是簡報。我們必須準備精彩的橋段來填滿整整一個小時的展示內容，不過，好消息是我們投入的這些準備工作，可以重複利用在所有三種 Alpha 人格上。

展示的核心是亮點，身為工程師的我們通常會很興奮地告訴他人自己怎麼找到亮點。我們知道亮點的精彩之處，以為越快向聽眾表達這一點，他們就能越快跟我們一樣為此雀躍不已。問題出在，我們對亮點的熱情讓我們誤以為一切來得理所當然，以至於我們忘記是過去所有數不清的、無聊乏味的工作帶我們頓悟出這個亮點。

帶領聽眾進入展示內容的鋪陳和故事，以文字記錄亮點發現歷程中的關鍵點。不須詳述整個歷程，只需要簡短摘要，這部分的文字能讓台下的聽眾看到你怎麼發現亮點，讓他們能為此提供個人評論。簡短介紹這兩個部分：

鋪陳

在整個展示中，鋪陳可能只佔了一小部分，目的是提供背景資訊和特定知識，幫助在場的聽眾理解你後續要介紹的故事和亮點的影響力。

故事

> 現場的聽眾此時已經了解你研究的問題空間，接下來你必須說明自己找到亮點之前所經歷的過程。在這段歷程中，你學到了什麼？一路以來，你是怎麼跌跌撞撞才發現了亮點？每個人都會習慣性認為研發工作就是一群穿著實驗室白袍的聰明人，他們手托著下巴，一副心領神會的模樣，不時對著白板點點頭。然而，你我都知道，我們在日常工作之間進行的事，才是我們的研究，對此你一定有很多精彩的故事可講。

回到我們手上的問題，沉默型 Alpha 人格不會在展示過程中發言，所以我們可以花比較長的時間在鋪陳和故事上。不管在哪個部分多花一點時間，都有可能剛好打破沉默型 Alpha 人格凝視著你的冰冷眼神，但也可能無法奏效，那就來試試其他做法。

我會以聽眾可以理解、容易控制的幾塊資訊，建立展示內容的三個部分。從大的層面來看，展示內容一開始分為三個主要區塊——鋪陳、故事和亮點，但可能還有一些比較小的資訊區塊，是我們希望塑造成聽眾容易消化的完整想法。這些資訊區塊提供兩個目的：讓我們建立展示內容的結構，以及在展示過程中提供停頓點，問一個簡單的問題：

「各位理解我剛剛說的內容嗎？」

如果出現在展示現場的人是沉默型 Alpha 人格，這項確認似乎沒有意義，每次不管你問什麼，他們都只會坐在那裏對你點點頭。雖說如此，在每一段資訊結束後停下來確認聽眾是否理解，這樣的做法不僅能在展示資訊時設定適當的節奏，還能為我們最初展示的目的設定獲取資訊的條件。

各位應該會認為亮點就是產品或服務的關鍵，是殺手級功能，這項觀點或許是對的，但各位別忘了，整個故事需要聽眾回饋有建設性的意見，因為鋪陳、故事和亮點，三者環環相扣。讓聽眾提供簡短的評論，會帶給亮點立即而且持久的影響力，問題在於我們不知道何時該停下來詢問聽眾，尋求他們的意見回饋。

即便為了在沉默型 Alpha 人格面前進行展示，你付出了一切心力，但展示完成後，你會有一股空虛感，更有甚者，你同樣沒有獲得有用的資訊。此外，出於某些理由，你決定向這名難以解讀的愚者介紹你的亮點。假設你直覺正確，這名權力代理者應該會採取某些行動。根據我過往的經驗，你會聽到這些權力者回饋的意見，只不過是透過間接的管道。可能是從會議上任意一個

人發給你的電子郵件中得知，或是這些權力者會再要求另一次展示會議，那時你才能獲得他們真正的回饋。

我一直都是假設一項展示內容不會只進行一次。既然我永遠不可能知道要展示幾次，或是展示會議上要面對哪種類型的 Alpha 人格，所以我建立展示內容時，向來都假設自己面對的是沉默型 Alpha 人格，因為他們給予的展示彈性最大。稍後探討其他兩個 Alpha 人格時，各位會更容易理解這一點。

參與型 Alpha 人格：「我樂意參與，但由你主導。」

領教過令人挫折的沉默型 Alpha 人格後，參與型 Alpha 人格令人愉悅。他們是真心想要參與展示過程中的對話，不論是鋪陳、故事或亮點。參與型 Alpha 人格還會遵照你規劃的腳本進行，他們會讓你主導展示會議，尊重會議結構，等你介紹完一段已知的資訊，他們才會附和有建設性的意見。

就算參與型 Alpha 人格天生就具有協調性，你還是會想根據手上已知的幾塊資訊來組織展示會議的結構。任何一場展示會議的目標就是獲取資訊，正如沉默型 Alpha 人格教我們的，資訊通常都喜歡隱藏自己。

展示不只需要腳本，還包括進行會議的語調和節奏。介紹完第一段已知的資訊後，你會停下來詢問聽眾：「請問各位有任何問題嗎？或是有任何想法？」第一次停頓時或許沒有任何回饋意見，但重複三次之後，現場的每個人都知道了，他們有充分的機會參與討論。然而，讓聽眾開口，只解決了一半的問題。

「我不太了解你的意思。」

什麼？

故事來到一半，先前明明那麼友善的參與型 Alpha 人格，又說了一次「我不太了解你的意思。」自從安排了這次的展示會議後，你心裡就一直擔心會出現眼前夢魘般的情境：我是不是在胡言亂語？

請深呼吸。

記住這項規則：經過眾人檢視才能改進你的想法。你需要抱持的觀點不是糾結對方給的回饋意見是否正確，而是：他們的意圖是什麼？他們想說什麼？他們無法理解的點是什麼？所以，請詢問對方。如果問了之後，你還是不理解對方在意的點在哪裡，就繼續提問。同時也要忽略這個事實：對方在無意

間全盤否定你提出的想法，因而惹火了你。問題在於，對方怎麼表達出他們的困惑？重點不是對方說的「我不太了解你的意思」，這句話只是開場白，目的是抓住你的注意力，希望將你導向一個更大、更有策略面的討論。

我們希望參與型 Alpha 人格提出有意義的觀點，也就是說我們希望跟一個理性、明智而且能清楚表達的人打交道。就像我們會根據手上已知的幾塊資訊來建立鋪陳、故事和亮點，跟參與型 Alpha 人格的對話也是一樣。他們提出的每個觀點和問題，對我們來說都是一個機會，帶我們從不同的觀點去看自己的展示內容，這是一個讓我們確認亮點是不是接近會讓人發出讚嘆之意的方法。

請記住一點，我們不只是在腦海中描繪出想法的全貌，我們還擁有建立出這個全貌的所有經驗。在場聽眾對展示內容感到困惑，通常不是完全認為我們的想法不重要，而是他們預期我們的想法是往某個方向發展，但實際上我們的思緒卻是往另一個方向走，這正是我們要從展示中找到的寶貴資訊。

不論各位面對哪種類型的 Alpha 人格，如何應對人與人之間的對話是一門藝術，需要透過實戰練習來提升技巧，所有的實戰經驗將幫助你應付最後一種 Alpha 人格。

主導型 Alpha 人格：「我來主導。」

假設各位稍後要進行一場展示，你提早十分鐘到現場，然後不可避免地經歷了 2.7 分鐘的混亂，因為你得將展示機器連接智慧螢幕，完成機器測試。你檢查了投影片，還檢查了展示內容，確定兩者都準備充分。風暴來襲前，你還有整整兩分鐘的時間跟團隊緊張地聊著天。

然後，主導型 Alpha 人格出現了。

甚至你都還沒開場，對方就搶先一步說：「跳過投影片介紹，直接展示你的成果。」

等等，現在是什麼情況？

主導型 Alpha 人格不是以自我為中心，就是趕時間。我不知道他們是怎麼回事，不過這一型的人格會主導整個糟糕的流程，而你只能照著他們的流程走。你不相信我？你以為自己是跟參與型 Alpha 人格打交道？很好，不然你試試看，你去說服他們完善的簡報結構很重要，你會如何如何……

「我的做法向來不是如此，直接展示給我看。」

我跟你說過了吧。

所以，各位要事前做好準備。以無法避免這種混亂的前提下，建立簡報內容。當對方要求展示，你就直接跳到展示的部分。當你偵測到對方露出困惑的神情，你知道這是因為他們跳過了故事中需要理解的關鍵知識，所以你當場改變策略，跳到那張投影片，詢問他們「你指的是這個嗎？」一小時結束，你或許能展示完全部的內容……只不過，順序完全亂掉。

主導型 Alpha 人格的存在是強烈提醒我們，每個人都有自己的處理順序和步調。即使根據你的思緒可以將鋪陳和故事導向亮點，不代表其他人也會跟你一樣。主導型 Alpha 人格最後可能還是會發現你的亮點，而且對你發出讚嘆之意，但除非你有採取什麼行動，否則這個過程完全是依照他們的步調來走。

在掌控主導型 Alpha 人格方面，我愛用的兩個做法都跟時間有關，這兩個技巧用在任何一種 Alpha 人格身上都很有效：

技巧一：完美的沉默

講完某個需要理解的關鍵知識，各位會詢問現場聽眾是否有任何問題，此時請暫停 15 秒再繼續說明下一段資訊。在一場坐滿了人的會議上，15 秒的時間彷彿就是永恆，面對主導型 Alpha 人格失控的情況，你的沉默會證明誰才是真正主導這場會議的人。

技巧二：展示的節奏

每個人都想看你展示，相較於滿嘴空談，大家更希望看到實際的東西。一旦進入實際展示，我們會感受到亮點帶來的興奮，忍不住加快展示的速度。一次又一次地，我已經看多了急著想展示成果的工程師，拼命地在螢幕上四處點擊、拖曳和滑動他們展示的內容。他們的熱情模糊了大家最初為何聚在會議室的原因。我的經驗法則是，進入現場展示的部分時，我會讓大腦的思考速度降低一半。雖然無法避免因為興奮而腎上腺素激升的情況，但因為同時有在心裡喊話叫自己減速，最終兩邊會達成平衡——合理的展示節奏，讓聽眾能消化展示內容。

面對主導型 Alpha 人格時，可以確定的一點是展示流程無法如我們所預期。各位當然可以使出渾身解數，將你擁有的會議管理技巧全數派上用場，但主導型 Alpha 人格就是有辦法帶你偏離腳本，往異於尋常的方向奔去。

我給各位的建議是，始終要記住我們展示的目標：獲取資訊。主導型 Alpha 人格老是讓人偏離展示主軸的習慣，雖然頗令人惱火，但這是給他們另一個機會，從不同的角度去看你的想法，也是另一種理解你創造了什麼成果的方式。

令人忍不住讚嘆的事件轉捩點

一場完美的展示跟你個人無關。

正是如此。

最終（通常難以達成）的目標是，彷彿你不在展示現場一樣。不需要鋪陳背景和設計故事情節，更重要的是，不需要你在現場解說，人們只要一看到你的想法或應用程式，就會發出最純粹的讚賞：「哇靠！這太讚了！」

各位如果知道怎麼持續做到這一點，請告訴我訣竅。

相較之下，其餘像我們這樣的平凡人，就得自己取得平衡：在創意爆發能量與感謝各方 Alpha 人格提供的適當建設性回饋之間。不論這些 Alpha 人格是沉默寡言、樂於助人還是令人惱火，他們的立場和觀點會對各位的想法產生一定的影響力，當中存在一門真正的藝術。

當你看到沉默型 Alpha 人格開口，不管他們說什麼，你會知道自己擁有很棒的亮點。當你看到參與型 Alpha 人格在興奮之下變成主導型 Alpha 人格，你知道自己會掌握什麼重大的發現。這些 Alpha 人格提供的所有回饋和觀點雖然都具有相關性，但我最難給予各位的建議是何時該決定完全忽視外界的意見，堅定相信自己真的創造出一些⋯⋯有亮點的東西。

35

自我破壞清單

所謂「冒名頂替症候群」（Imposter Syndrome），是指一個人覺得自己之所以能擔任目前的職位，純粹只是因為機運巧合或是運氣好。他們會懷疑自己不屬於這裡、不夠優秀等等，而且很快地，每個人都會識破自己的真面目。

各位或許以前曾經歷過這樣的感覺，我敢說你有很多同事現在也有這樣的感受。當幾個朋友和同事之間提起這個話題時，某人突然問起：「有多少人覺得自己有冒名頂替症候群？」令我驚訝的是，很多人立刻舉手，而且其中不乏自信、才華洋溢又工作勤奮的人。

這種心理現象從何而來？為什麼會存在才華洋溢的資深人士身上？

我不了解箇中原因，因為我並非心理學家。我也只是個普通人，跟其他人一樣，試著一點一滴搞清楚這個心理現象。

這張可怕的清單列出了一長串人類的非理性行為，冒名頂替症候群只是我無法理解的其中一項。不過，至少我成功給予這項行為一個名字，讓我能注意到它。

沒有標題的清單

在我自己目前使用的那本筆記本上，最後一頁會放一張清單。這張清單沒有標題，每次用完一本，我就會把當前這個版本的清單，忠實地從舊的筆記本轉移到新的筆記本上。

這張沒有標題的清單，其實是我個人的「自我破壞清單」（Sabotage List）。出於某些原因……我目前沒有進行這份清單上列出的重要專案。稍後我會盡快解釋其中一些原因，但最大的困難點在於誠實建立和維護這份清單。

這些被我擱置在手上、沒有處理的重要專案，都是很關鍵的專案。這聽起來不合理，對吧？嗯，各位如果打算看完這一章的內容，請接受這個不合理的情況。沒錯，這些專案確實很重要。我也給自己很大的壓力，不過，這件事只有你我知道。那個，我承認，我確實沒有積極進行這些專案。為什麼？以下這幾個就是我自認完全合理的世界級藉口：

- 工作清單上的下一個項目就是這個專案！沒辦法，我一直都超忙的。
- 這個專案目前卡在 X 身上，他要先交付工作項目 Y。
- 這個專案已經排在行事曆上了！

你知道有人正在操弄你，把你耍得團團轉嗎？我指的不是說謊，而是操弄。我確實知道，而且不需要聽到對方說出隻字片語，我就能感覺到。我只需要在對方回答問題之前的那個瞬間，看看他們的肢體語言是否流露出微妙的不安。他們擔憂的神情中摻雜著刻意為之的熱情，目的是為了掩飾心中的不安；刻意假裝的興奮表情，發揮分散注意力的作用，轉移對方的焦點。我之所以知道，是因為我也會這麼做。

為什麼我一直在自甘墮落？我不了解箇中原因，因為我並非心理學家。我也只是個普通人，跟其他人一樣，試著一點一滴搞清楚這個心理現象。

簡單一點的問題是：我為什麼要維持這份清單？

理由

我先前答應過各位，要解釋我為何沒有著手從事這些重要專案的原因。以下這幾個理由遠遠不足，但對我來說很明顯：

- 該專案沒有帶來明顯的價值，當投資報酬率這麼低，我不懂為什麼還要執行這個專案。（欸，既然如此，這個專案為什麼會列在清單上？）
- 該項工作過於複雜，以致於我下意識不知道該從何著手。每次思考專案的事，腦袋就一片空白。（欸，那又如何，比這更大、更複雜的專案，你都已經完成那麼多次了。）
- 因為完成這個我不想面對的專案，後續會有一位或更多團隊成員發生可怕的下場，以及（或者是）在工作上遇到不安的情況。（不～哦～我們似乎逐漸接近問題的核心。）

- ……或是，因為某些其他原因，啦～啦～啦～我不了解箇中原因，因為我並非心理學家。我也只是個普通人，跟其他人一樣，試著一點一滴搞清楚這個心理現象。

「**自我破壞**」是很強烈的字眼，帶有正式宣告和指責的意味，這是我選擇這個詞彙的原因。這份自我破壞清單不是準備給其他人看，是給我自己用的。我建立這份清單的目的，並非為了解決清單上的每個項目，而是要確定我能以視覺化的方式看見這份人為清單的存在，不再讓無形的清單小心翼翼地隱藏在大腦深處的角落。就算我們看不見這份隱藏在大腦裡的清單，還是會帶來沉重的心理負擔。

我沒有制定流程來規定自己何時該審視這份清單，但我一定會意識到它的存在。我總是在心血來潮時偶而看一眼清單，然後懷疑一下人生，想著：*這份清單為什麼會在這裡？我選擇不採取行動的原因是什麼？*

我心裡有一個非理性的防禦機制，經常會自己默默有效率地運作，目的是阻止我想太多，但有時……有時我會在短暫的反思過程中，發現事實的真相。*喔，原來我之所以遲遲不對這項工作採取行動，是因為……十年前「發生的這件事」讓我留下傷痕，我永遠忘不了當時受傷的感覺，謝天謝地。*過往的經歷雖然在我心裡留下傷疤，可是，光是知道它的存在，對我來說就是巨大的進展。我邁出這一大步，並不是因為我發現了前進的道路，而是我終於知道自己為何裹足不前。

一份清單之所以讓我們感到沉重，是因為上面經常記錄著一串我們需要處理的事。這是自我破壞清單的缺點，有時我會將清單裡的某個項目劃掉，但永遠無法刪掉清單上的所有項目，它不可能變成空的。自我破壞清單跟冒名頂替症候群一樣，雖然都是某件事物的名稱，但同時也在提醒著我，世界上有很多未知的事物。我永遠無法成為心理學家，但我一定會努力搞清楚這些心理現象。

一點一滴。

36

查核工作、尋求協助、放慢腳步

決策品質會影響領導力的接受程度。

剛成為領導者時，你要做的決策很簡單，決策出錯的風險也很低。會有一大票領導者軍團圍繞在你身邊，他們知道你才剛起步，所以看到你要做出決策時，他們會主動提出有用的建議。若遇到決策似乎過於複雜、風險過高或顯然利害關係很大，你的頂頭上司甚至會主動伸出援手，建議你「這件事交給我處理」。

你很感激大家的協助，因為你真的毫無頭緒，不知道如何做出決策。

慢慢地你會遇到更困難的決策，下錯決定的風險隨之升高。那些你信任的同事們看到這些困難的決策出現時，他們會茫然地看著你，不是因為他們不想幫你的忙，而是他們不知從何幫起，他們以前也從未遇過需要做出這類決策的情況。然而，他們跟你一樣，清楚知道這項決策的重要性，而且必須由你自己做出決策。這次，你的頂頭上司雖然還是會提供協助，但是他／她會緩緩腳步，晚一點才伸出援手，因為他／她能理解做出這次決策，對你在職場上的成長具有莫大的價值。

然後，終於出現了不可能的任務，決策失敗的風險來到最高。那些你平常信任的同事們看到你經過他們身邊，會對你露出緊張的微笑。面對這次決策的困難性，他們會給予你一些同情，但同時也慶幸這個苦差事不是落在自己肩上。該怎麼做出這次的決策，你的直覺是零。不，情況甚至更糟，你連怎麼拆這個炸彈的方法都不知道，更違論要開始釐清怎麼下一個決策……或者不只一個決策？

不論各位每天面對的問題是簡單、困難或根本是不可能的任務，「決策」這些傢伙才不管你有沒有能力，有沒有時間，每天都會任性地出現在你面前。他們只知道一件事：你是領導者，你的工作就是做出「決策」。

本章會給各位幾個建議，不幸的是，這些建議是針對各位認為手上已經有決策的情況，而非建議各位如何做出決策。接下來我會以三種不同的方式，重複說明同一個建議。

查核工作

首先就從發現決策線索之後，我們會出現一絲如釋重負的幻覺開始談起。如釋重負的程度取決於該項決策要背負的風險高低，當眼前出現一絲希望，有可能解決問題時，這種感覺很容易讓人沉醉其中而看不清其他事物，但我的第一項建議是查核工作。

這是榮耀的時刻，對吧？過往的經驗或直覺給予我們做出正確決策的見解，這種立刻就知道正確方法的感覺，真的很神奇，當我們累積多年的經驗後，這些令人愉快的時刻也會隨之增加。

喔，這個情況又發生了，我知道怎麼處理。

眼前的情況似乎很熟悉，團隊成員可能以完全相同的話語來說明這次的情況，但身為領導者的你應該反思這次的決策是否正確，並且查核工作的實際情況。

當然，這次的情況似乎明顯和上次一樣，但是上次遇到這個問題的人是另一組團隊成員。如果這次也採取相同的決策，對這組團隊成員會有什麼影響？因為面對問題的團隊成員不同，可能會造成不同的後果嗎？這次我能如此迅速做出決策，是因為我真的知道正確的決策是什麼？還是因為風險很高，我覺得必須快點下決策？我有漏看什麼該注意的地方嗎？

此時，先讓子彈飛一下，讓決策的想法在腦海中打轉一會，四處漫遊，跟其他想法碰撞，看看是否能激起火花。讓決策緩緩、醞釀和進化，然後……

尋求協助

跟他人尋求協助，對我來說是件很痛苦的事。不只是因為我內向的性格，還有一個根深蒂固的錯誤觀念，我覺得向他人尋求協助，就是間接承認自己的軟弱。大家都指望我做出決定，要是我無法（及時）做出正確的決策，他們以後就不會相信我有能力領導大家。

在我過往的經驗裡，尋求他人的協助是清楚表達自己的無知，和團隊建立信任的決定性時刻。確實，團隊成員會想看到你展現高效領導的一面，當你站在團隊面前，解釋致勝策略時，他們會為你感到驕傲，但別忘了，他們跟你一樣，也是持續不斷地進步。向團隊、同事或主管求援時，會創造出公平競爭的環境，同時提醒所有參與其中的人，大家都站在同一陣線上。

沒錯，這個決策是你做的，但沒有人希望你承擔所有的責任。此外，你擁有的決策時間比你想得還多，原因就是我給各位的最後一項建議……

放慢腳步

原本我的直覺告訴我，將這項建議放在第一個，但我最終還是決定放在最後，因為這個建議最重要。高風險決策來得又急又猛，帶給我們兩個事實和一個謊言：

- 這是一個重大決策。
- 百分之百是你的責任。
- 最好加快決策速度。

急迫性通常是個謊言，每個人都清楚看到，有人必須做出重大決策，而且，很容易就能看出，做決策的人顯然一定是你。決策的重要程度再加上決策權顯然只屬於一個人，兩者結合之下就會產生壓力。**請不要搞混壓力和急迫性**（*https://oreil.ly/gM18s*）。

最後一項建議的設計目的，是給各位足夠的時間來查核工作。放慢腳步也是讓各位有機會向他人尋求一切你需要的協助。根據我過往的經驗，花時間思考最具關鍵性的決策才是王道，才能做出更高品質的決策。放慢腳步讓我有時間排除情緒、急迫感和非理性思緒（這些個人情緒經常會隨決策出現），看清關鍵問題是什麼，而非每個人大聲疾呼的地方。

重大決策擁有粉絲俱樂部，總是有一群人圍繞著決策打轉，而且他們非常關心決策造成的結果。這些人具有矛盾的動機：他們對決策領域有足夠的了解，自稱是這方面的專家，但他們也十分清楚（或者該說惱火）自己沒有做決策的權力。

當你採取行動的速度不夠緊急（不符合粉絲的期望），粉絲俱樂部的成員就會惱怒，所以我再重複一次：**決策品質會影響領導力的接受程度**。

關鍵不在於行動速度有多快，而是有沒有投入足夠的時間去做出有品質的決策。眾人對你的評價不是根據你做出決策的速度來判斷，而是看你做出決策後數小時、數天、數週、數月、乃至於數年後出現的結果，這些結果才是塑造領導力名聲的依據。

萬一我做出錯誤的決策？

每當我在午夜時分思考重大決策時，這個問題總是會冒出來。這是個好問題。萬一做出錯誤的決策？做決策時會發生什麼？你的大腦會在這些決策路徑上四處遊走，你會跟你信賴的同事一起探索這些路徑，企圖預測不可預知性是決策流程中的關鍵部分。當你向每個人介紹決策時，你必須解釋所有可能發生的後果。

當那一刻來臨時，我會知道我已做出決定。雖然我還無法解釋決策的內容，但我能告訴你我做決定的背景故事，包括：我怎麼做決定、我希望這個決策能帶來什麼結果，以及萬一我做錯決策，後續會採取什麼彌補措施，而且讓你理解我的決定。

你看，由於我已經徹底思考過這個決策的各個面向，讓它成為令人信服、深思熟慮而且有說服力的故事。當我把這個故事告訴那些我信任的人，他們也會相信我。

37

好吧，所以呢，你無法
下定決心

即使你已經盡力查核工作、尋求一切的協助，並且謹慎地逐漸推進決策流程（*https://oreil.ly/WJ8-4*），卻依舊無法下定決心，做出決策。你想了又想、反覆思量，列出每項決策的利弊；你跟清楚這個困境的人進行了無數次的爭論，卻還是猶豫不決。

接下來我會就這種決策癱瘓的現象提出我的觀察，然後提供幾個建議給各位參考。

首先，會出現決策癱瘓的現象，有可能是你潛意識裡覺得自己漏掉某個重要的決策面向，大腦才不讓你做出決策，要等你內心發現這個重要的資訊，大腦才會繼續推進決策流程。

經過所有研究、對話和思量，顯然你尚未找到答案。更糟的是，你已經發現一絲線索，卻是提示你某個重要的東西還在等你挖掘，但這個發現或許就是推進決策的某個方向。

這種微妙的心態有些狡猾，會被決策能力稍弱的人當作方便的藉口。讓他們拖延更長的決策時間，但根據我過往的經驗，這一絲微弱的線索正透過我們獲得的某種體驗，悄悄地傳達訊息。

遇到這種情況，我需要來一趟相當長程的自行車之旅。我不再跟其他人對話，白板也幫不了忙。我必須將一切情況拋諸腦後，丟給人類潛在具有的野生動物本能，因為在這種情況下，人類的本能更清楚問題的關鍵。

或許各位不喜歡騎自行車,好吧,那麼會讓你進入深度思考的活動是什麼?除了淋浴間以外,有哪個地方能讓你隨機發現想法和靈感?只要有需要就去做,看看你會發現什麼。不要強迫自己去做決策,只要讓自己進入深入思考狀態,關鍵在於看看會發現什麼。

也或許⋯⋯

你只是需要做出決定

在歷經大量艱難決定、天人交戰的決策過程中,會出現兩種截然不同的情緒。分別是決策之前的激烈辯論和決策之後的如釋重負。

如釋重負這種情緒的明顯特徵是,會立刻感覺到事情有所進展。經過幾天或幾週的謹慎分析後,你突然又能繼續前進了,而且⋯⋯是令人愉快的如釋重負,不再陷入無止盡地自我質疑。

各位還記得自己接受工作薪資條件時那一刻的心情嗎?記得買新車時的雀躍嗎?還記得你對公司說「Yes」或是在虛線上簽下自己的名字後,那一刻的感覺是什麼嗎?那一刻,你肩上的重擔立即卸下:「很好,一切都已經是現在進行式。」

你的思維立刻變得靈活。一連串曾經無比複雜、無法評估的利害相關問題,現在已經成為可以執行的工作。剛做出決定時,你不知道這項決策是否正確,但此時你已不在乎決策的不確定性,因為更重要的是你已經不再停滯不進。即使眼前開始出現意想不到的結果,你也會積極地想要處理,因為相較於想法面陷入癱瘓,應對這些結果更有樂趣。

嗯⋯⋯欸,雖然我不太想給各位這個建議,但有時你就是要果斷地做出決定。憑直覺做出決策確實有風險存在,但如果你已經在自己心裡建立強大的屏障,一直浪費寶貴的時間,任由各種決策在腦海裡打轉,那麼,你該繼續前進了。

一旦做出決策，我們看待事物的觀點會有重大變化。一切不再處於理論階段，而是現在進行式。你清楚自己正在做某件事，而非停留在紙上談兵。更好的情況是，當我們預知的決策結果開始出現，初步收集到的重要資料就能用來評估決策品質。記得你曾經認為某個決策面向很重要嗎？可是決策付諸執行後，你發現這個面向其實無關緊要。還記得那個曾經被你認為不重要的細節嗎？欸，這個細節現在不僅聲量很大，還讓大家不得不痛苦地承認它的重要性，這情況真糟。

看到決策執行後出現的初期回應，你意識到先前投入的所有預測工作，只提供了一半的重要資料，這樣的成效著實令人沮喪。再加上事後諸葛亮的出現，他們隨口一句「我就說吧」，故意提醒你無視於他們忠告裡的關鍵部分，帶給你雙重沮喪。真正忽略的事實是，我們之所以知道那些事後諸葛亮的忠告能發揮關鍵作用，是因為我們做出決策之後才顯現其重要性。

確實，有些人天生就對預測很有天賦，很擅長做決策，但你跟這些評論家之間的關鍵差異在於，他們會跟決策保持專業、適當的距離，由於決策產生的結果大多不會對他們造成影響，所以他們不會因此感到不安。

相較之下，這項決策是你的職責，再提醒各位一次：大部分的人都會認為職責意味著你要對自己的工作負責。也就是說，你所身處的職場會要求或希望你證明自己的行動和決策的合理性，並且做出解釋。

有權做出決策的人是你，雖然下艱難的決定時，前置工作就像經歷永無止盡又極其乏味的瑣事，然而，決策與後續隨之而來的結果，其實是象徵領導力擁有的特權。

下一份工作

本書已接近尾聲，讀者會發現自己將回到最初的原點——思考職涯發展的下一步。第四部分的章節會描述各種情境，可能為下一份工作帶來正面與負面的影響。

績效考核不好嗎？是時候該成為管理者嗎？公司要倒了嗎？單純只是工作倦怠嗎？隨著情境變化，各自產生的急迫性也不同，所以了解這些情境實際上會如何演變，是我們規劃下一步行動時不可或缺的一部分。

不論各位讀者現在是否有急於改變現況的需求，這些章節都值得你花時間細細閱讀，因為你已經選擇投身於這個產業，而這個產業發展的速度永遠比你想得還要快。改變才是永遠不變的事，這表示我們需要不斷思考自己的下一步是什麼。

38

會議刁難情境

各種跡象顯示，這次的會議似乎很順利，但我討厭開會，雖然這次的會議：

- 我們討論了大家熱愛的產品。
- 從功能、品質和進度各方面來看，團隊處於絕佳狀態。
- 這個團隊過去表現得不是很出色。
- 這次卻大展身手。

投影片內容看起來很出色，事先演練也很完美，但我為何會連續兩晚失眠？

我之所以失眠，是因為我找不出哪裡可能會被刁難。

有人可能正在說謊

職場上有屬不清的會議類型，本章想跟各位聊聊其中一種會議造成的災難，就是：高層主管召開的跨部門溝通會議。這類會議的重點是達成共識，可能是找幾個平常很少一起交流的團隊，強迫大家坐在同一個空間裡，讓公司高層得以比較各方說法，評估真實性，弄清楚是誰在說謊。

帶各位全面理解並且解釋如何應對這類會議之前，我要先談談會議背後的意圖。召開這類會議的意圖，始於一個問題：為何會有這樣的會議存在？如果你還是那個負責在這個特別會議中簡報的人，就應該知道一件事：會議存在的原因是因為有人怨恨你。

我說的怨恨與個人無關，是出自工作上的摩擦，一個簡單的事實更加劇了這個情況：組織裡的不同部門各自說著不同的語言。行銷說行銷的語言，法務說法務的語言，工程師也說著自己的語言。在公司的某個角落，部門間發生基本溝通破裂的情況，有人覺得自己受到冤枉。他們認為自己遭受到霸凌，再加上不會說你們部門的特有語言，種種原因導致於他們跳過部門之間的溝通，選擇直接向公司高層抱怨。

當公司發生這些巴比倫塔情境時，一般的做法是直接動用中間主管、專案經理和公司付高薪請來的其他傢伙，他們會坐在會議室，居中負責組織部門之間的翻譯工作（也就是協調）。然而，在這個例子裡，顯然這層翻譯沒有發揮作用。組織結構圖上層的某位高層正聽著兩個截然不同的故事，懷疑哪一邊說的才是真話。在這場會議要解決的事項清單裡，首要目標是協調不同版本的故事，消除雙方歧見，但當務之急要先搞清楚是誰在怨恨你。

變成形式上的會議

面對這些關鍵會議，我們的目標是把它們變成形式上的會議，就像在文件上蓋橡皮章那樣稀鬆平常。為此，我們要在會議前一週親自去找每一位與會者，請他們幫忙檢查投影片內容。聽聽他們在意的地方，對投影片內容進行適當的調整。目標是確保跨部門會議當天，完全不會發生戲劇性的意外情況，而且會議結束時，與會者能達成一致的看法：「沒錯，我們應該這麼做，而且你們也知道該怎麼做。」

然而，這樣的情況從未發生。

當你去找那些與會者，他們會說我們「很忙」或是我們「還有工作要做」，多數時候，他們心裡的真正想法是：「我們期待在公司高層管理團隊面前出奇不意刁難你，讓你在最棘手的時刻出糗。」

這是人類天性裡令人失望的特質，當一個人覺得自己受到冤枉，就會忍不住想要賣弄自己的知識，在最糟的時機提出刁難，藉此報復他人；遇到這樣的情況，我們也只能順其自然，見招拆招。光是預期自己會遭受到刁難，就已經領先他人一步。此外，比起關注你的簡報內容，你的敵人更像是感情用事，他們今日對你的刁難會變成一記回馬槍，讓自己日後也陷於被刁難的窘境。此時此刻，你的工作是專注於資料。

無須內疚，不要質疑，無所畏懼

經過眾人檢視能改進你的想法，在這場會議開始之前，你的工作就是盡量讓越多人看過你的簡報內容。雖然不可能讓每個與會者都看過，但這不是重點。這場會議的目的是跨部門溝通，你要盡力擴大資訊網的範圍，不時自問這幾個問題：

- 簡報內容是否合理？

- 有沒有漏掉什麼問題？

- 可能會在什麼情況下搞砸簡報？

為了檢查我的策略是否合理，我找了一位主修俄羅斯文學[1]的人來檢視簡報內容。各位會找誰幫你看？此處討論的人選不會是你的主管或同事，而是一位可以客觀檢視你的簡報內容，開始從中找出漏洞的人。這樣的人非常稀少，因為人類天性裡另一個令人失望的特質。我們常常認為仔細傾聽，然後說一些彼此都想聽的話，才算是幫上對方的忙。

進行任何重大專案的過程中，人很容易迷失自我。不僅早已遺忘最初制定策略時的假設，更重要的是，還會忘記其他人的需求，因為我們疲於擔心平日戰略面向執行的工作。全新視角提供了一個機會，讓我們測試整體想法，找出可能會被刁難的情況。我們需要有人幫忙找出漏洞，找出簡報內容的缺口，然後加以填補，每填補一個缺口，就能增強我們對簡報內容的信心，因為又少了一個可能會被刁難的切入點。

我們不可能找出所有漏洞，這很正常，因為我們的目的是在不斷完善簡報內容的過程中，精進自身心理層面的素質。檢視投影片中的每個觀點，讓自己做好準備。遇到有人開始大聲謾罵，說出對你的怨恨時，就能提升你知道怎麼應變的機會。

正式上場

會議正式開始。你走進會議室裡，滿腦子都是跟會議有關的資料，會議前你不斷與他人相互交流，希望藉此讓眾人認可你是會議室裡對這個特定主題最清楚的人，但你不能大意，你還需要在會議上下功夫：

評估會議現場的情況

出席會議的人是誰？他們各自代表哪些團隊？有些人為何突然出現？是誰安排他們參加會議？他們的出現可能代表什麼樣的刁難情境？

---

1 請至本書作者 Michael Lopp 建立的部落格 Rands in Repose，參閱他於 2006 年 9 月 6 日發布的文章「Russian History」（*https://randsinrepose.com/archives/russian-history*）。

主導會議內容

你開始展示投影片，這些內容你已經倒背如流了，對吧？與會者都看得出來你有多熟悉，這已經是你第 32 次簡報這些內容。會議進行得很順暢，簡報進行到第 12 張投影片時，你已經拆除了兩個刁難炸彈。*Amanda*，你有什麼問題嗎？

掌控會議進行的節奏

會議進行過程中的提問，不能算是一種刁難情境，反而可以藉此釐清簡報內容，確保會議不會偏離正軌。你很清楚 Amanda 會問一些確切的資料，對吧？別讓她主導對話，此時你可以說：「你要的資料我已經整理在附錄裡，請先讓我講完這個部分，可以嗎？」就是這樣，你剛巧妙地讓一位資深副總閉嘴，做的好。如果不是對自己的準備具有信心的人，沒有辦法做到這個地步。好，*Tim*，你有什麼問題嗎？

Tim 抓到一個可以刁難你的地方，這是你事前沒有預想到、完全出乎意料之外的問題。他提出的策略觀察完全合理，而你一時之間不知如何回答，真是糟糕。

整間會議室鴉雀無聲，你的腦袋一片空白，此時，你確定自己被刁難了，會議室裡的每個人都意識到你搞砸了。面對這樣的情境，第一步就是，不要讓現場情況變得更糟……

糊弄他人是不可原諒的做法

Tim 問我：「Rands，你能具體說明『這個部分』嗎？」

由於我平常有玩撲克牌遊戲，而且參與會議的經驗十分豐富，所以會議室裡的人不會立刻從我臉上的表情看出任何端倪，他們不知道我已經被「這個部分」擊垮，而我下一步的反應將決定我後續如何維繫跟與會者之間的關係。

當各位被「這個部分」逼到角落時，你有兩個選擇。一個選擇是遵從大腦的動物本能反應，人被逼到角落時，生命會嘗試找到出路。甚至在你開始行動之前，就能感知到這個方法：我打算糊弄在場的每個人。我要很有自信地快速帶過「這個部分」的內容，希望他們看到我口沫橫飛的表現，會相信我已經掌握「這個部分」。

然而，與會者眼中看到的、耳朵聽到的，跟你想的不同。

各位現在不是在開團隊會議，以為只要口頭上說幾句安撫的話，就能娛樂和取悅在場的人。在場的這些人都是公司高層，不論你參與過多少會議，他們都能一眼看穿你在糊弄；他們知道你在表演什麼把戲，你坐在會議室裡瞎扯的時間越長，相對也會讓你的主管有更多時間介入，在這種情況下，嘗試力挽狂瀾只會讓你看起來像個胡言亂語的傻瓜。

當你感覺到自己想要糊弄在場的與會者時，另一個選擇是採取正確的行動，但你得花點時間練習。這四個行動是：

- 承認對方刁難你的部分確實有問題。

- 坦承你不知道如何回答。

- 具體解釋你後續會採取哪些步驟來找出答案。

- 給自己合理的期限。

你完全化解了 Tim 的攻勢。你看，Tim 很生氣，證實了他為什麼會等到最糟糕的時刻，才拋出刻意刁難你的問題。他原本想看到你在管理團隊面前瞎扯，讓你當眾出醜，沒想到你的做法是立即坦承，以條理分明的理性說法，擊敗了對方的情緒攻勢。

幸運的話，這種糊弄他人的手段有時可以奏效；但有時硬拗得很辛苦，還要說服自己這是解決刁難窘境的合理方案。這種做法很難成功也不可靠，根據我過往的經驗，逞一時口舌之快不僅會侵蝕個人自信又浪費時間。

在這場跨部門溝通的會議災難裡，每個人心中只有一個問題：「你知道自己在說什麼嗎？」Tim 只知道自己很生氣，而你可以透過事前的充分準備，看到整個會議的全貌。Tim 不知道怎麼說工程師的溝通語言，所以等到最糟糕的時刻才刻意刁難你，他的立場確實很站不住腳，但我更希望各位能透過不斷檢視投影片來累積信心，當你被刁難時，可以自信地說出：「我不知道」。

偵查刁難情境的策略

我認為偵查刁難情境的積極策略，關鍵在於摸索群體之間的人際關係。不只要時刻了解任何情況下可能發生的最糟情境，還要培養出一種直覺，隨時能找出會被刁難的情境。現在我不管看到什麼情況，都一定會試著搞清楚，什麼樣的事件順序可能會搞砸我。

這個策略聽起來感覺就是一個人整天疑神疑鬼，沒錯，偵查刁難情境的策略如果不加以確認，會導致陰謀論般的生活方式，一天到晚都以為有人要找你麻煩，想對你不利。

唯有戒慎恐懼的人才得以生存，但整天過著疑神疑鬼的生活，非常耗費心力。不時擔憂所有可能對你不利的情況，雖然可以燃燒大量的卡路里，但我不推薦這種生活方式。我會請各位從策略的角度，觀察特別的關鍵事件，退一步看整個大局。問問自己，**什麼樣的行動順序對我有利？我有能力預知將來會發生的情況嗎？我可能會在什麼情況下搞砸？**表現出色的團隊不僅僅只是因為他們會交付成果，而是即使在面臨刁難的情境下，他們也能順利交付。

39

沒有意外就沒有傷害

每個財務年度結束後，公司會評估自身績效，像是公司的整體表現如何？變好還是變差？因此，很自然就變成公司反思個人績效的時機，也就是說主管會在這個時候針對你的工作表現撰寫評語。

我認為在理想的管理環境下，主管的工作評語只是對你一整年的工作表現記錄已知的事實。同時也包含了主管給你的建設性建議和見解，認為你還可以做什麼來提升工作績效。我的理想是績效評估上都是你已經知道的資訊，因為你一整年裡都有從主管那獲得回饋。

希望如此。

不論各位的主管是否有持續提供這些資訊，從書面紀錄獲得回饋跟口頭收到主管的意見，兩者的效果截然不同。經由書面文字到達大腦的路徑，顯然跟從口頭說出的隻字片語不同。透過閱讀文字，讓過去一整年來工作上的起起伏伏，變成更長遠而且真實的存在。

然後，出現了意料之外的工作評語。

給我錢，其餘免談

壞消息是，這個意料之外的工作評語和金錢無關，此處要談的驚喜並非來自薪酬方面。當各位今年的工作表現得很出色，我認為公司確實應該給你升遷、獎金和股票，但如果你能清楚自己為什麼在工作上表現出色，甚至會更有價值。各位能清楚表達這一點嗎？你可能知道，但你的主管或老闆知道嗎？他們能詳實說出你的表現有多優秀嗎？

我不認為他們說得出來。

你看，主管底下不是只有你，還有其他一大群「你」，每個人都說自己很厲害，主管要監督查核所有人是不是都這麼出色，不是件容易的事，更何況時間還長達一整年。萬一有團隊成員表現不好，情況甚至會變得更糟。不管這麼做是否合理，事實上，主管大部分的注意力會轉到這些情況。各位沒有看錯：某個人的失敗正將主管的目光從你一整年的傑出表現上移開。

一起來修正這個問題。

遇到年度考核時，建議各位採用以下三個策略，分別是：

1. 忽略評估準則，專注在績效評估的實質內容上。

2. 事先做好心理準備，面對這項事實：績效評估是和主管討論你的工作表現，有時也會變成談判。

3. 解析為何會出現意料之外的工作評語。

績效評估標準與實質內容

至今為止，我在不同公司體驗過很多不同格式的績效評估，但內容大致上都能歸納成以下三個部分，分別說明：

1. 過去一年的工作內容。

2. 過去一年的工作方式。

3. 未來一年的工作展望。

這個分類其實過度簡化了績效評估的內容，因為許多內容牽涉到公司本身和內部其他部門關注的領域，但我用這幾個聽起來令人印象深刻的標題，只是希望各位比較實際上怎麼做和原本期望的目標，從不同的視角去理解自己在工作上的表現。

每一個部分的內容都具有兩類資訊：績效評估的核心內容和評估標準。各位如果想拯救自己免於在多個夜晚輾轉難眠，就要忽視評估標準，進一步解釋之前，我要先定義何謂評估標準。

各位的年度考核報告中散落著跟審核和評估有關的字眼，例如，**需要改善**、**滿意**或**優秀**。這些字眼之所以能瞬間抓住你的目光，是因為它們淺顯易懂。它們其實就代表主管對你的評分，也就是我們在多年求學關鍵時期，心心念念等待出現的成績。

如果我跟各位說，你在某項工作上的表現得到 A，你心裡會將這個字母 A 轉化成一種愉悅的感受：**我已盡了自己最大的努力，我真棒**。成績是有效率的評估標準，傳達明確的資訊但缺乏重要的實質內容，舉個例子跟各位說明。

1990 年代時，我就讀於美國加州大學 Santa Cruz 分校，當時學校沒有成績單這種東西。嗯，這是 1960 年代遺留的產物。學期結束時，每個學生都會收到一份書面評估資料。該門課的教授或助教針對班上每一位學生的表現，寫一份書面評估，以通俗的英文描述學生這一整個學期參與這門課的型態和投入的程度。

我不知道是誰發明這種捨棄成績的概念，但我希望他們想要擺脫的是評估標準。評估標準無法衍生有用的資訊，其設計宗旨本來就是為了方便比較和衡量不同的事物。我的成績比你高還是比你低？這個人的成績得到了幾個 A？成績得到 A 的科目是否比得到 B 的科目多？這些都是很有趣的資料，如果各位把整個教室的學生資料繪製成圖形，肯定能從中學到一些東西。你看！畫出了一個鐘形曲線！

評估標準無法幫助你發展職涯。績效評估不是作為跟他人比較的標準，各位應該關注自己完成了什麼工作，以及後續能做什麼來提升工作品質，真正要追求的應該是績效評估的實質內容。

以下這兩個評語，請告訴我哪一個對員工更有用：

「你表現得很好。」

或是：

「你能準時完成工作，顧客也很滿意你交付的成果，但是程式碼品質方面仍舊有些問題。我確認你最近兩次發布的程式碼，臭蟲數量是之前發布的兩倍，希望你能專注於……」

人之所以會對成績和評估標準如此糾結，是因為它們代表的意義非常容易理解，但同時也會帶給我們一種錯覺，以為評估結果符合自己的能力，而且無法告訴我們下一步要採取什麼行動。美國加州大學 Santa Cruz 分校捨棄成績單的做法，目的是為成績評估創造一個空間，讓教授能回饋某些有實質意義的評語給學生。我們很難擺脫評估標準，因為它們確實提供了某些特定目的，但我希望各位在看自己的績效評語時，忽略那些具有誘人意義、用來表

示你一整年工作評價的詞彙。這些意義簡單的詞彙雖然容易理解，但只會模糊我們一整年工作的複雜性。

我們反而應該去看評估標準背後的實質內容。不論各位的工作是專注於哪個特定領域，你的主管是否能以具有效益的方式，解釋你做了什麼工作內容、採用什麼工作方式以及未來如何提升工作品質？這是非常基本的評估條件，但常常有主管搞砸，因此，各位必須清楚以下幾點……

績效評估是一種職場對話

書面文字令人生畏，尤其是代表員工一整年工作評價的文字更是重要。當你和主管一起坐下來，看著他遞給你的績效評估文件，上面只有三段寫得很差的評語，充斥著「顯著的」工作貢獻、進展等等文字，你會做何反應？

此時，你不該問加薪的事，你應該為主管給你寥寥數語的績效評估內容感到震驚。只有三段？我今天早上隨手寫的電子郵件內容都比這還多，對於我一整年的工作績效，你浪費時間就只寫了這幾句廢話。

各位請冷靜。

請將這張內容可悲的紙當作公司一開始開給你的薪資條件，而且條件很差。你的工作是轉換這份拙劣的文字，讓它變成可以精準反映你一整年的工作評語，這樣的做法並非出於自以為是的態度，而是陳述我們真實的工作表現。

在一家公司任職期間，績效評估這張紙是少數能代表職涯表現的正式文件之一。如果你要異動職位、主管離職或者是組織重組，這份文件通常會第一個拿出來檢視，了解你在這家公司的表現有多出色，也就是說，你會希望主管全面理解你的工作表現。

但是，*Rands*，我只是……很生氣。我投入一整個冬天的時間在這個專案上，主管給我的評語只有三段？真的很氣人……

再跟各位強調一次，績效評估的內容會包含一些意料之外的工作評語，可能會讓你感到驚慌，但這也是我們為何要先進行自我評估的原因。

我的做法是利用目前使用的工作追蹤系統，在系統中設定一項長達一年的工作任務，記錄一整年內進行的重大工作。不論公司是否要求我們進行自我評估，一旦收到人資部門發來的電子郵件，提醒我們又到績效評估的季度時，就可以開始著手拼湊出自我評估的內容。內容組成跟先前提過的績效評估一

樣。即使沒有持續關注自己做了哪些工作，但是透過這個方式，各位會跟我一樣訝異，只要花一個週末的時間，就能挖出一整年的工作內容。

回顧一下自己過去一年的表現。這是很棒的一年？或者你認為充其量只是很好？你的表現如何？事實上，我看不到各位的自我評估，所以請誠實評價自己。老闆怎麼看你這一年的表現，確實很重要，畢竟他是那個開支票付你薪水的人，但各位若想降低績效評估出現意外的機率，關鍵技巧是在進行績效評估的過程中保有你個人的觀點。跟自己誠實對話是很重要的時刻，當績效評估只出現三段可悲的評語時，這是你立足的基礎。看待自己過去一年的表現時，你有充分的理由能證明工作的合理性，就是維護自身立場的強力主見。

在主管撰寫你的績效評語之前，提早將自我評估的內容寄給主管過目，雖然也是很重要的一環，但我認為更重要的是，當你坐下來跟主管面談，看著他寫的評語，你心中要對自己的工作表現有所定見。主管寫的評語是否記錄你做了哪些工作？所有的工作都記錄了嗎？主管描述的工作內容跟你的認知一致嗎？不一致？為什麼？各位不需要告訴我原因，請直接跟你的主管討論，而且要確定主管真的理解雙方看法的差異，因為這種認知上的誤解，如果從過去一路累積下來，雙方的溝通會建立在不健全的基礎上，造成日後的誤解和不滿。

績效評估還有一個重點是討論雙方的看法，讓你的認知跟掌握薪資大權的主管一致，但是，就算我們已經進行了所有健全、條理分明的討論，依舊可能發生……

令人意外的工作評價！

我不知道各位的績效評估裡會出現什麼令人意外的工作評價，以下分享一些我過去多年來遇到的奇葩評價：

- 耗時數月，由多個團隊共同完成的出色專案，卻完全沒有得到公司的認同。
- 主管對我完成的某項工作，看法完全轉變，而且通常是變成負面。
- 我開發了一個非常重要的程式，主管對這個程式的影響力完全解讀錯誤。

不幸的是，這些令人意外的工作評價就是績效評估的關鍵。績效評估不只是強迫主管和員工就雙方的認知進行討論，以達成共識，還會為來年敲響一記

警鐘：為了避免下一次績效評估出現意料之外的評價，我必須做什麼改變？

現實情況是，我們永遠不可能讓主管完全認同我們一整年做的所有工作。主管會有一些根深蒂固的看法，我們無法改變，換句話說，如果各位不希望明年又出現令人意外的工作評價，就必須改變自己。

績效評估的價值不只是記錄我們在工作中的觀察，還有我們沒觀察到的那些部分。

書面文件的長期影響力

寫了這麼多年的績效評估，我注意到唯一持續的趨勢是內容越來越短。這只是我個人的妄想，並未經過證實，我猜是律師稍微對公司施壓，減少以文件詳實記錄公司內部發生的事，但也有可能只是出於主管的職業懈怠。

不論理由為何，看到主管簡短的工作評語，總是令人可悲。看著這幾段無用的評語，各位心中應該會冒出幾個問題。你目前任職的公司允許主管寫品質糟糕的評語，還有你目前的主管沒有能力或是不願意投入時間，清楚表達你的工作量或工作品質。

雖然有各種糟糕的情況，但唯有你默不吭聲，接受糟糕的評語，才會發生令人完全崩潰的情況。

第一次為下屬寫工作評語時，我的表現很糟。我瀏覽了過去六個月的工作狀態報告，拼湊出三段評語。我坐在會議室裡，下屬看著我寫的評語，不發一語，但我能理解一件事：我必須花一個週末的時間，認真重寫她的工作評語。從她瞪著我的目光，我看見指責和怒不可遏的情緒。彷彿是在對我說：「你連試都沒試，就給我這樣的評語。」

所以，我認真重寫了一份評語。

40

縝密的職涯規劃

我想聽聽各位的故事,知道你們是怎麼在高科技產業找到第一份工作。或許是盡你一切所能:去了就業服務處,搜尋公佈欄上的職缺,然後參加了就業博覽會。

所有情況是如此曖昧不清,令人不安,沒有一件事讓你覺得踏實。你帶著認真打造但沒什麼實務經驗的履歷表,交給數十位臉上不時帶著笑容的陌生人,內心不禁懷疑:我這樣能找到工作嗎?

然後,事情就這樣發生了。你去了一趟義大利,到那裏度假。於是,一些離奇、難以想像的事件串在一起,而這一切都始於你在義大利佛羅倫斯喝得酩酊大醉又身無分文的那一天。你在街上遇見這個傢伙,對方顯然是個美國人,你們一拍即合。簡而言之,這個在地球另一端的偶遇,促成你在美國矽谷一家時尚新創公司的工作機會,這是你的第一份工程師職務。

等你在這份光鮮亮麗的全新工作安頓下來後,你心想:我根本無法控制發生在自己身上的事,我只需要讓一切順其自然,等待與某個人偶遇,對方會莫名其妙地相信我,然後錢就會從天上掉下來。

像我這種熱愛直覺的狂粉,不時就會收到職涯福報,而且對隨機好運具有專業鑑別力的人,我能理解這樣的觀點也曾經歷過這種心態,但只靠希望無法明確定義各位的職涯,你需要策略。

三個抉擇

寫下「策略」二字時,我心中浮現的畫面是一本有著淺藍色封面和黑色書背的厚重書籍,標題是《我的職涯策略》,底下以正體字印刷了一行副標「最高機密」。不過,我說的策略不是這種意思,而是要各位實際制定策略。請花半小時的時間,思考自己的未來。

關於各位的將來，我只知道一件事，就是你無法預知將來會發生什麼，也不知道何時發生。機會總是出現得令人措手不及，機會來臨之際，不論你是否有所準備，當下都必須做出決定：**我要採取行動嗎？**

我的想法是：越了解自身想望，越能做出更好的決定。

為自身職涯規劃定義策略的大方向時，我認為各位可以自問三個重要的問題。這些問題雖然跟下一份工作有關，但加上這些問題的答案，綜合來看整個職涯發展，能幫助我們了解：職涯發展方向、想要建立什麼成就，以及如何達成職涯目標。

問題一：我想進入新創公司還是發展成熟的大公司？

我們要先問一個最重要的問題，就是公司發展規模與成熟度。

新創公司

在我們這個業界，新創公司就像是入門簡介，無人能出其右。各位如果希望源源不絕的資訊直接迎面而來，我會強力推薦到新創公司工作。新創公司雖然有能力提供大量的資訊給你，但還不及它隨時會改變這些資訊的能力，你需要不斷適應。

在新創公司工作，最大的機會或許是開發某些嶄新的產品或服務。這也就是為什麼一些投機的創投公司願意將資金丟給一群沒沒無聞的優秀人才，他們相信這群人才有機會開發出前所未有的東西，希望從中找到大賺一票的方法。新創公司本身的存在就是一種挑釁，他們吶喊著：「沒錯，我們能做不一樣的事。」意味著加入新創公司，你一定能在職涯早期就看到一些機會，獲得一些在發展成熟的大公司不太可能得到的經驗，也就是說，你會經歷大量的失敗。

第一次網路泡沫期間，衡量一家新創公司是否成功的標準只有一個：這家公司是否有 IPO（首次公開募股）？如果沒有，就會被認定為創業失敗。爆發第一次網路泡沫之際，我們發現了各種有趣的失敗方式，從收購到完全解散公司、解僱所有員工的都有。

某種含意上，絕大多數的新創公司都會經歷失敗，但是，我覺得呢，失敗是很棒的經驗。我是說真的，沒有任何經驗比得上，你為了拯救自己的工作或公司而力挽狂瀾。失敗發生之際，你會經歷地獄般的考驗，然而，當一切結

束，你會變成試圖在工作上做出一些出色應變行動的人，規模較大的公司不會要求員工採取這些行動。

考慮是否加入新創公司，我認為各位能獲得的最大資產是個人經驗。如果各位選擇新創公司，是因為你夢想著有朝一日能賺到數百萬美元，請你同樣也要考慮可能會遇到這樣的經驗：眼看著以前懷抱雄心壯志的公司，逐漸燒光資金，然後打掉重練，甚至是解散團隊，而這一切都是因為隔壁城鎮有三名大學輟學生以更好、更快而且成本更低的做法，實現了你們的想法。

不論各位加入的新創公司最後是成功還是失敗，我敢保證，最終你一定能寫出一些精彩的故事，而每個故事都蘊含著一個教訓。當然，你在大公司也能得到這些經驗與教訓，只不過新創公司的速度、強度和熱情會讓這些故事成為你職涯中獨特的一部分。

發展成熟的大公司

如果我們將普通的新創公司比喻成短跑衝刺，那麼一般已經取得成功實績而且發展成熟的公司，就是以舒適的步調，緩慢奔跑前進。這些大公司相信自己發展神速，其實不然。他們確實曾經在某個時間點發展迅速，但公司獲得成功、規模變得龐大之後，組織自身的重量就會逐漸拖慢公司發展的腳步。

除非各位曾經歷過新創公司的工作節奏，否則應該無法明顯感受到大公司緩慢前進的步調，可能還會被這種緩慢步調所吸引。經歷過新創公司瘋狂混亂的工作步調之後，反而會覺得發展成熟的大公司那種冷靜思考、謹慎決策的做法，才是最棒的工作環境，然而，這是要付出代價的。

新創公司會持續面臨失敗的威脅，即使你忙於工作，連續加班三個週末，刻意忽視這個威脅，但它總是存在，彷彿不斷說著：「我們可能會失敗。」大公司也會面臨失敗的威脅，只是隱藏在他們的成功之下，偽裝成可預測性、穩定性和純粹的工作衝勁。大公司因為員工眾多，所以可能不用承擔太多工作責任。專案開發時間也較長，因為有什麼好急的呢？你也不用擔心薪水是否會準時支付，只要在連續加班幾個週末時，抱怨幾聲。大公司的工作環境聽來有些安逸，但還是有很多需要學習的地方。

任何一份工作、任何一家公司都代表著豐富的經驗，在發展成熟的大公司獲得工作經驗的風險，遠低於新創公司，因為大公司在各方面都已經步上軌道。當大公司成功達成目標時，一般人會認為一定是他們做對了某件事。問

題在於，大公司做對了什麼？他們現在的做法是否還是對的？而這些正確的實績又會怎麼掩蓋他們做得很糟的部分？

對這些發展成熟的大公司來說，其風險之一是逐漸習慣於緩慢前進的步調。整體工作環境變得穩定和熟悉，而且會定義公司整體的工作流程和文化，這就是我們做事的方式，使得他們日常的工作變得可以預測和評估。再強調一次，如果各位前一份工作經歷了無數個充滿風險和不可預測性的日子，那麼大公司會是你完美的下一步。

問題二：我想從事哪個產業？該公司是否有自己的品牌？

下一個抉擇是，各位想探索哪一個產業。在至今為止的職涯發展中，我曾經是資料庫開發人員，後來轉職到瀏覽器領域，然後成為網路應用程式開發人員，我還開發過電子商務、作業系統、政府專案、社群媒體和通訊系統。各位如果將我的職涯歷程對應到目前的產業，應該有注意到我會跟著最新的尖端科技轉職。視窗應用程式開發崛起時，我在 Borland 工作，隨著網際網路興起，同樣地，我又轉職到 Netscape。這些工作經歷雖然不盡相同，但全都指向一個重點：跨領域交流。

各位的專長如果是 Ruby 程式語言，而且發展到一定規模，我認為這樣的能力非常出色，相信你一定會持續探索最新的 Ruby 程式技術，擴展這方面的能力，但是做到這個程度，意味著將來的職業生涯可能會面臨薪資報酬減少的窘境。不論各位的專長是什麼，當你知道自己言之有物，而且身邊周遭的人都將你拱為某個領域的專家，這種感覺令人心安，可是，當我盯著一份履歷，看到應徵者過去五年來都從事同一份工作，我會懷疑：這個人都不會工作倦怠嗎？

當然啦，如果各位患有電腦怪咖注意力缺乏症，我就不太擔心你會有工作倦怠，因為你會不斷推動自己朝向新的事物發展，持續解決新的技術問題。既然都談到這裡了，我想簡短聊一下公司品牌。

求職的時候，公司名稱就是公司的聲譽，是我們要考慮的因素之一。假設各位正在考慮是否要去某家公司工作，請隨便找一個你完全不認識的人，然後把這家公司的名字告訴他們，你認為他們會有什麼樣的反應？他們可能會問，這家公司很有名嗎？是否會認為這家公司很成功？他們能否說出這家公司的產品名稱？當你最終從這份工作離職時，這些都會成為有用的資訊，因

為這家公司的名字會放在你的履歷表上，未來的雇主看到這個名字，就能快速理解你之前在什麼公司、做什麼樣的工作。

雖說如此，考慮新工作時，公司品牌和名聲並非決定的關鍵因素，特別是當你的考慮目標內有沒沒無聞的新創公司。如果各位正在考慮一家沒有名氣的公司，該如何評估這個未知數，建議各位試試這個做法：你有辦法描述出這家公司提供什麼樣的機會嗎？跟網路服務有關嗎？很好，你能具體說出是什麼樣的網路服務嗎？當中令你興奮的要素是什麼？你能從中擁有什麼經驗？你會開發什麼內容？

問題三：將來我想走管理職還是繼續專注在開發上？

工程領域的職涯發展有兩條路線：繼續深入技術開發和轉向管理職，就這樣。各位或許已經是工程師，這個抉擇很容易說明，但很難理解：你想當主管嗎？

為什麼會有人想當主管？

事實一：管理職的薪水更高。主管拿高薪，是因為他們要承擔更多責任。這裡說的責任是指主管經常會面臨這樣的時刻：會議室裡的每個人都盯著你，希望你在資訊不完整的情況下，當場做出關鍵決定。

事實二：成為主管後，寫程式的機會變少，工作量反而增加；當一天的工作結束之際，你不確定自己做了什麼。

事實三：當上主管後，你會遇到更多人，而且這些人會期望你跟他們相處融洽。

事實四：優秀工程師時代所做的事，大多不能套用在管理職上，那無法幫助你成為好主管。

後續第 41 章和 42 章會進一步探討上述這幾個事實，詳盡介紹管理職所扮演的角色。不過，我們還沒討論剛剛的問題：朝管理職方向發展是你下一份工作的目標之一嗎？找新工作時，這不是絕對必要的決定。你也可以一步一腳印，慢慢朝管理職發展。技術組長（Technical Lead）這個職稱通常就是儲備主管，這類角色在組織裡要負起更多決策責任，但完全不用處理煩人的績效評估，因此，不需要完全投入管理職的工作也能體驗主管扮演的角色。

完整的行動機會

最後我要向各位提出不同版本的三個問題：

- 下一份工作我想朝哪個目標發展？

- 我想開發什麼樣的內容？

- 我想用什麼技術來達成目標？

各位在回答上述這幾個問題的同時，心裡會冒出其他對你特別重要的小問題，這些也是你應該探索的問題。例如，你想跟多少人一起工作？你想接受多大的工作量？你希望承擔多大的責任？你能承受多大的壓力？

在合理的情況下，各位開始找下一份工作之前，應該要能自己回答這些問題，因為新的工作機會出現時，我們通常不會思考自身情況，只會想到新工作帶來的潛力。各位還是必須判斷新的工作機會是否符合你個人的策略方向，此外，我想再提出一個問題：這份工作有什麼成長機會？

新創公司經常會處於這樣的狀態：僱用大量員工、積極解決新問題和擁有緊迫感。不過，各位也可以在大公司裡找到某個具有相同特質的團隊，這個團隊專門處理那些新奇、令人感興趣的工作任務。這種團隊混合了新創公司的緊迫感和大公司的穩定性，然而，兩者兼具的最佳環境是否真的適合你？是否代表這個環境就擁有你從未看過的成長機會？

分析到最後，我們會看到一個不幸的事實：除非你真的加入那家公司，否則你不可能知道你將獲得什麼。唯一能保證的是，一定會跟你目前的處境不同，也就是說你會學到……一些東西。至少這算是一件好事，當你知道得越多，遇到意外情況的機會就越少。

41

矽谷的魔咒

我在矽谷打滾了 30 年，從事工程師的生涯裡，我從未聽過任何一位工程部門的主管跟我說：「我拿到的工程管理學位，終於在這裡派上用場了。」事實上，除了公司支持的管理培訓計畫，我從未聽過其他專門針對工程管理的培訓課程。我敢肯定這樣的課程一定存在，但有趣的是，曾經和我一起共事的同事裡，卻沒有人讚賞過坊間開設的工程管理課程。

我們這些工程師裡，有很多人是在大學裡花了好幾年的時間才成為電腦科學家。那麼，從事管理職的主管們來自何處？他們如何接受培訓？

接下來要告訴各位的答案，是幸福也是魔咒，先從好消息看起。

師徒制

各位身處的這個行業裡，絕大部分的主管跟你一樣，他們曾經也是一名工程師。

正是如此。

他們擁有跟你一樣的學位，工程師必經的所有試煉和磨難，他們同樣也經歷過。他們待的公司名稱雖然和你不同，可能懂一些早已被大家遺忘的程式語言，但他們面對的核心問題和你一樣：

- 產品延期。

- 程式臭蟲太多。

- 產品行銷一定會提出某些有趣的想法。

- 每個人都不寫文件紀錄。

- 主管的想法與現實脫節。

這是真的，你現在的主管曾經也坐在跟你相同的位子上，心裡想著：這個笨蛋是誰？他是怎麼在這個業界找到這份工作的？我甚至不確定他到底知不知道我們的工作是什麼。

他真的知道你們在做什麼，因為他以前也做過工程師。

後續第 42 章會介紹工程師成為主管的過程，不過，首先我們得認同這一點，確實要感謝我們身處的業界在選擇工程團隊的領導者，通常會從自己人裡面拔擢。

等等，*Rands*，我沒有選擇這個人當我的主管啊，我是因為組織重整，才被分配到他們底下做事，我……根本沒有選擇的餘地。

首先，你之所以會在那裏，一切都是你自己的選擇。沒錯，如果你在此刻離職，生活品質可能會出問題，但你隨時都可以選擇離職。其次，這不是重點。矽谷幸福的一點是，工程團隊的領導者大多來自第一線的工程師。這些人修復過程式臭蟲、交付過產品，可能是因為他們在工作崗位上表現得夠出色，有人就認為他們應該協助決策方面的工作，就如何完成工作，扮演居中溝通的角色。這也是引發魔咒的起因……

跨部門語言

各位所處的產業，不會跳出某位剛從哈佛商學院畢業、自命不凡的 MBA 新秀，突然接掌第一線工程團隊的主管。為什麼？因為任何一個相當聰明的工程團隊都會徹底擊垮這些常春藤聯盟名校的畢業生：

「嘿，來自哈佛商學院的傢伙，你能跟我一起分析這個追蹤堆疊嗎？」

由於這個產業的管理層也曾經是我們之中的一員，好處是領導者會說我們的語言，理解我們的問題。然而，這也是引發魔咒的起因。

跟各位說個故事吧，一位才華洋溢的年輕人剛從大學畢業，進入一家新創公司工作，主管讓他跟一位資深的優秀工程師同一組。經過兩年的工作洗禮，我們這位大學畢業生在動手實作和耳濡目染之中，學到了軟體開發的經驗：保持工作效率、在必要時刻展現驚人的才智、向權力說真話、按照預定時間達成工作任務，還有不要交付糟糕的產品。

我們這位年輕有為的工程師交付了許多次產品，犯了一些錯誤，學到了一些經驗與教訓，轉眼間六年過去了，這位大學畢業生已經成為一位出色的資深工程師，有能力傳授他這些年學到的經驗與教訓。他們以自身的工作品質聞名……不論交付什麼樣的產品，都有一定的品質。如此可靠的他渴望成長，希望承擔更多責任。於是，有人決定讓他升遷，擔任管理職。

然後，第一次跨部門會議來了。產品經理、業務人員和技術支援人員都在問，工程團隊為什麼不能開發某個功能，我們這位新手主管突然意識到，他完全無法說明這幾個部門提出的要求對技術和效能的影響，只能回以毫無說服力的說法：「這個、有點難度。」

幾雙冰冷的眼神越過會議桌，厭惡地直視我們這位新手主管，他不禁懷疑：這些部門的人是不是討厭我？

沒錯，他們就是怨恨你。

每個人都討厭工程團隊

不是真的每個人都討厭啦，這個標題是有點誇張，但確實有很多人面對工程師會感到挫敗，因為工程團隊以外的人，真的沒有任何一個人喜歡工程部門的人。原因在於：

其他部門的人不了解，工程團隊為了開發軟體實際上到底做了哪些事，才會以為這很簡單

其他部門的人腦袋裡想的是，不過是在那個頁面加個核取方塊，應該「只要在原本的程式碼裡加個分支或用某個簡單的寫法……就是那個啊，用 If/Then 陳述式等等之類的。」

這種說法根本是惹火工程師。

這類提出要求的內容是世界上最糟糕的規格說明書，但真正的問題癥結在於，提出工作需求的人以為他們已經將所有的工作內容說明包含在內，他們認為自己對產品開發相關工作內容有某種程度的理解。

更糟的是，這種誤解是雙向的……

工程師將工作視為自己的一部分，而且認為其他人不會跟自己一樣投入如此多的心力

工程師將自身角色視為程式碼擁有者，而且是極度認真。我們看著這些程式碼好幾個月，熬夜到凌晨三點，只為了確保一切運作正常。我們對抗用心良苦的 QA 部門，成功捍衛這些程式碼，然後順利交付……抱歉，請問你剛剛說什麼？

呃，那個，有些地方不太對。你可以把那個欄位移到這裡，還有把那個按鈕往上移，因為……

此刻提出意見的人，你們知道何時是提出回饋的最佳時機嗎？四個月前的凌晨三點，才是你們來找我要求新功能的最佳時機，而不是在我放棄了五個週末的休息時間，為了趕上這個瘋狂的交付期限後。

對工程師來說，程式碼就是全世界。我們聽過產品行銷、技術支援和業務部門，但強勢地誤解程式碼是公司業務的全部。你看……

工程師是跟程式碼建立人際關係

從事電腦科學領域的職業會有一個明顯的特徵，初入職場能否成功的命運，很少會跟與人面對面溝通的能力綁在一起。事實上，剛從事這份職業時，我們這種欠缺社交能力的特質反而是一種優勢。

回顧本章先前列出的軟體開發工作特性：

- 保持工作效率：工程師要產出品質良好的程式碼。
- 展現聰明才智：工程師要產出大量品質良好的程式碼。
- 向權力說真話：面對那些言之有物的人，工程師要捍衛自己品質良好的程式碼。
- 按照預定時間達成工作任務：依照自己承諾的期限交付品質良好的程式碼，但是……
- 不要交付糟糕的產品：工程師要確保自己交付的程式碼品質良好。

以健全的心態來看待跟人有關的矛盾心理，能大幅幫助我們達成上述這些目標。不要在人類無窮無盡的複雜行為上投入過多的心力，將寶貴的時間省下來，專注在程式碼上，畢竟工程師的職涯是立足於程式碼，激勵機制也是。

每個工作年度結束時，主管描述工程師一整年的績效時，會根據該年是否成功產出程式碼的表現。

工程師的成功之道不太需要跟工程部門以外的人互動，因而導致本章所說的魔咒。

魔咒

矽谷的魔咒就是：我們經常把最有價值又才華洋溢的人才放在完全不適任的職位上，或許他們也不想擔任這些職務。

身為工程師的我們，日常之中大部分的工作是讓自身發展非常複雜的技術能力。不幸的是，這些技術能力通常無法用來處理跟人有關的議題，例如，人際溝通、轉換部門間的對話、指導軟實力、同理心等等。舉幾個管理方面的挑戰，像是：

- 跟整間充滿敵意的人溝通。

- 為某個表現不佳的人寫績效評語。

- 開除自己的某位朋友。

假設各位已經在這個業界工作了八年，你是否能告訴我，在撰寫出色程式碼的過程中，有沒有為了處理這些情況而做什麼準備？你當然開過不少會議，也會在會議上針對某個困難的議題與人正面交鋒，但那些跟你一起開會的人都是工程師。你熟知他們的思維和表達方式，會議結束後，你們各自回到自己的小隔間，繼續工作。等你當場跟憤怒的法律顧問交手幾回合之後，再來告訴我你的感受，還有下一次你必須跟他們打交道時，他們會有什麼行動。

管理藝術的精妙之處在於收集、組織和分配資訊給適當的人。如果能做到這個程度，就表示你能快速有效率地跟各種性格的人溝通，而且不論對方是否為工程領域的人，你都可以駕馭。生產力高、才華洋溢又可靠的工程師通常沒什麼動力去搞清楚人類是怎麼回事。事實上，工程師還會在精神層面建立神祕空間，稱為「絕對專注領域」。在這個狀態下，工程師能發揮極限生產力，絕對專注領域的規則是：謝絕任何人打擾我的工作，我正在寫程式。

對工程師來說，跨入管理層很痛苦。在工程領域裡，真理越辯越明，是可以衡量的事物。管理工作的真理卻很模糊，無止盡的政治陰謀和人性鬥爭使人難以看清背後的真相。

工程職涯已成主流

目前擔任團隊管理職的工程師世代，習慣被當作反社會人格的怪咖。即將來臨的下一代管理者是千禧世代，他們是跟著網際網路成長，無法想像沒有網路的世界，因而消除了各種與科技宅有關的汙名。這個世代將軟化以前科技宅給人社會邊緣人的固有印象，我們終於等到這一天。

我們身處的這個產業已臻成熟，二十年前還鮮為人知的職涯選項，現在已為世界上大多數的人所了解，因為他們整天都盯著我們開發的工具。這些工具就放在他們的口袋裡，成為日常對話的一部分。

當這個產業不再那麼默默無聞，未來拔擢軟體工程主管的候選人範圍逐漸變大。越來越多不同領域的人進入這個產業，會有更多人才和不同性格的人相互交流。軟體工程業界會變得跟其他產業一樣，不再只是因為我們這一代的特殊偏好而造成糟糕的管理問題。

42

管理技巧揭密

職涯發展過程中,我之所以會開始從事管理職,一切都始於一場誤會。

有一天,主管跟我說:「Rands,你在工具開發方面表現得很出色,我真的很希望由你來『帶領』這方面的開發項目。」

當時我覺得主管的話,聽起來就像職場上標準的恭維,類似「你表現得很好!繼續保持下去!」,但問題出在,我沒有聽懂主管說的「帶領」,其實是「領導」。

當時主管僅以口頭要求我「帶領」開發項目,卻沒有具體說明「帶領」的定義和職責範圍;雖然他確實提出了要求,但我不知道他所謂的「帶領」不是「主導」(lead),而是「領導」(Lead)。兩個月後,當我跟主管說:「我覺得下個月之前來不及完成這個項目,我需要更多開發時間。」隨後,主管露出一臉困惑的模樣。

> 主管:你怎麼不僱用另一位工程師來幫你?
>
> 我:等等,我可以這麼做嗎?

就我看過的情況來說,以下是各位可能成為主管的三種途徑:

- 個人選擇,因為你認為自己「相較於工程師,更適合擔任主管,所以主動轉進管理職。」
- 逐漸演變的選擇,我個人就屬於這種情況,基本上就是在經過一連串的小決定和行動之後,最後就變成了主管,連自己都感到意外!
- 別無選擇,公司直接任命:「你,給我去管理這個團隊。」

不論各位是否主動選擇成為主管,都需要了解管理方面的知識和技能。

管理職是將職涯打掉重練

各位的職涯如果是一步步進化到現在的管理職，比較沒有明顯的感受，但如果管理職是突然落在你肩上，應該會意識自己雖然還在同一個遊戲（意指公司或團隊），但已經是全新的一局，而且你還回到遊戲起點。至今為止讓你成為出色工程師的技能還是可以繼續使用，但你必須獲得一組全新的管理技能，並且加以精進。

當一天的工作結束之際，你自問：「我今天開發了什麼？」此時你心中會出現一種莫名的感覺。而你的答案令人擔憂：「我今天毫無成果。」還沒晉升管理職之前的你，通常上午的工作時間結束前，你會修完三個臭蟲。現在的你已經不需要在搭公車回家的路上寫程式，轉而變成認真思考，如何將一些重要的話傳達給不想聽到這些話的人知道。你會面對各種戲劇性的情況，這讓你更珍惜在辦公室獨處的時刻，因為隨時都會有人來跟你提出……他們的需求。

主管要開超多會議

各位雖然早就知道這一點，但這也是無可奈何的事，主管的工作之一就是開會。會議一直是令我感到頭痛的難題，我把盡可能減少不必要的會議作為我個人志業，但我還是有很多逃不掉的會議要開。雖說如此，我認為這兩種會議確實能發揮作用：協調型會議和創意型會議，以下簡短介紹這兩類會議：

協調型會議的內容聽起來會像這樣。

「這個顏色是紅色，大家都同意它是紅色嗎？很好，太棒了。等等，Phil 剛說他認為這是藍色。Phil，我這裡有 18 個動人的理由說它是紅色的。你被說服了嗎？現在可以拍板決定了嗎？」

創意型會議的內容聽起來則像這樣。

「我們需要更多藍色，要怎麼達成這個目標？Phil，你是我們之中對藍色最精通的人，你認為我們應該怎麼做？」

除此之外，還有很多其他類型的會議，但各位應該學著避免開這些會議。其中一種是治療型會議。治療型會議的內容聽起來會像這樣：「有誰願意聊聊藍色或紅色？願意的人請舉手。我覺得兩種顏色都可以，接下來的六十分鐘，請大家一起討論對顏色的感覺。」

主管當久了，各位就會知道要出席哪些會議，但一開始還是要參加所有會議，因為⋯⋯

主管是溝通樞紐

身為主管的你，主要工作之一就是擔任溝通樞紐，不僅僅是針對你底下的所有團隊成員，還有公司內每一位需要你提供某些協助的人。這表示你會投入過多的時間坐在任何一間會議室裡，傾聽大家的意見。要扮演好這個角色很難。這些在會議室裡的人是誰？他們的需求是什麼？我了解他們此刻想要表達什麼嗎？我應該立刻拒絕還是直接擺爛？

令人困惑的是，成為主管之後，你通常只要出席會議、坐在那裏點點頭，就能得到讚賞。以職涯管理策略的角度來看，這種「只會點點頭的旁觀者」，並非積極主動或有實質效益的做法。但在某些關鍵時刻，你需要做的事就只有接收他人的咆哮。光是傾聽，讓對方的想法被大家聽見，你就能提供實質的效益。

然而，你需要做的不僅是傾聽。會議上討論的任何內容不僅是說給你聽，部分內容是與團隊相關，也就是說你需要一些更出色的技能⋯⋯

主管必須具有歸納與篩選資訊的技能

成為主管之後，你確實很需要溝通技巧，因為會有各方需求來佔據你的時間，但如果你只是把白天開會得到的資訊又原封不動地轉達給團隊，充其量只能說是資訊中繼站。所以成為主管的你，新工作之一是歸納、匯整和篩選資訊。你需要在內心培養一套篩選機制，以一場 30 分鐘的工作狀態會議為例，你要從會議中聽取三項真正需要告訴團隊的重要事項，後續跟團隊開協調會議時，只要用三分鐘傳達重點，不必轉述整個 30 分鐘的會議內容。

各位現在心裡可能在想：**如果我只需要知道三個重點，為什麼還要花該死的 30 分鐘去開會？**首先，我能理解各位沮喪的心情。其次，你需要轉達給團隊知道的三件事，可能跟會議中其他人要轉達的重點不同。第三點是，各位如果不好好處理，後果就是：開更多的會議。

你看，當上主管之後，你的世界一口氣變得如此寬闊，而且還得身兼⋯⋯

主管要成為公司內的多語言翻譯師

基於不同的工作需求組合，公司裡每個團隊都有各自不同的溝通語言。身為主管的你，若想跟那些你在公司內仰賴的團隊打交道，就必須學會說所有團隊特有的溝通語言。現在請各位想想工程團隊和 QA 團隊之間的健康張力。還記得你曾經和 QA 團隊那些傢伙僵持了一週，雙方之間你來我往的口水戰，就只為了一個資料庫問題？工程團隊和 QA 團隊其實說的是同一個語言，只是彼此的目標不同。作為主管，你還必須主動探索整個公司的溝通語言和目標。例如：

- 業務人員通常只關心銷售方面，不太在乎產品開發的難度。
- 行銷人員對品牌、產品內容和顧客聲音具有高度熱情，你會發現他們老是在爭論一些無關緊要的細節。
- 技術支援人員整天都在跟顧客溝通，卻還是覺得公司內都沒有人聽取他們的意見。
- 系統管理人員會說公司內多個團隊特有的溝通語言，而且比你想得更有權力。

每個人都認為自己的工作很重要，其他人的工作都很輕鬆，但令人不解的是，每個人的想法都沒錯。

這些工作角色都有其存在的理由，每個團隊都會帶給公司這個生物組織某個獨特的貢獻。站在個人立場，你可以嘲笑其他團隊老是在用奇怪的縮寫用語，但身為主管的你，就必須說他們才懂的溝通語言，一旦你這麼做，你會發現自己更容易理解他們的需求。

學習新的溝通語言是很棘手的事，尤其是當你才剛晉升到管理職。花了 90 天的時間跟不同的語言奮戰，不僅完全處於狀況外，而且情況還越變越糟，因為⋯⋯

組織鬧劇無所不在

週一早上，主管進公司後的第一件事就是把你叫進她的辦公室裡，顯然情況緊急。她示意你坐下，開口說道：「我，嗯，做了一些組織異動。Amanda 在工具開發方面表現得非常突出，所以我請她去接管 Jerry 的管理職責，我認為這樣能提升大家的成功實績。」

好奇 Jerry 發生了什麼事嗎？感覺你只聽到了一半的故事？錯！你只聽到了十分之一。有人就有混亂，管理層的工作有很大一部分是管理這團混亂。至於 Jerry 是因為私事還是公事才被迫拔了他的管理職，誰知道呢？這真的不關你的事。然而，你的主管就無法置身事外，因為管理底下這些人就是她的工作。

你的主管正看著眼前上演的組織鬧劇，身為基層員工的你只能看見當中十分之一的端倪。八卦很吸引人，大家都想知道全部的故事，但這通常不關你的事，而且也不是你負責的工作。當你變成主管，你就會坐在海景第一排，看著所有組織鬧劇閃耀著一團混亂的榮光。所以為什麼你現在每個月都要跟人事團隊進行一對一面談，這就是原因所在，他們的工作是訓練你怎麼掌控職場鬧劇，這就是為什麼你需要成為出色的……

主管要有切換情境的能力

早上九點開始，每隔 30 分鐘一場一對一面談，總共六場。進行到第四場面談時，系統架構師提出辭呈。這個負責應用程式核心架構的人，準備離職去一家新創公司，從他的語氣聽起來，你似乎沒有挽留的餘地。情況聽起來真糟，更艱難的還在後頭，結束大難臨頭的一對一面談之後，緊接著你又跟品管總監開會，她完全不知道你的系統架構師剛提出辭呈，只是急著想跟你討論臭蟲資料庫的問題。你必須快速忘記自己剛搞砸面談，全心全意面對團隊成員，才是你此刻必須做的事。

接連不斷的曲球朝你的管理方向飛來，每一球都有其獨特的速度。身為主管，你的工作之一不只是熟練地處理對方投出來的每一球，有點奇怪的是，你還要盡力擺脫每一球帶來的影響，冷靜期待下一個更怪異的曲球。

主管如果發現自己老是面對怪異的組織詭計，而且數量驚人，其實是有原因的。你很清楚團隊裡的每位成員有能力，而且也應該自己處理平常的工作事

務。你希望他們不要把每件小事都拿來跟你討論，但是，如果你成功建立出這樣的團隊，你得到的獎勵反而變成最後會出現在你辦公室裡的問題，都是些獨特又古怪的狀況。

當這些古怪的曲球投向你，從你身邊呼嘯而過，團隊成員會以兩種截然不同的方式評斷你。第一種評斷方式是看你這位主管怎麼應付這顆曲球（也就是各種古怪的問題）？他們會觀察你的做法，是否還會再遇到更多類似的問題？第二種做法是評斷你遇到呼嘯而過的曲球，當球擦過你的鼻尖，你有多沉著冷靜？你看起來已經掌控大局了嗎？還是極度驚恐，準備閃人？

領導力不只是有效率地完成工作，還要展現你沉著冷靜的態度，不會因為遇到異常的情況就緊張兮兮。幸運的是你擁有新工具，就是用來控制怪異情況繼續擴散的能力……

主管要有勇於拒絕的能力

這項能力是你第二個擁有的強大工具。不論各位是現役主管、儲備幹部或者只是 Rands 的粉絲，我都希望各位挑出手上最困難的問題，那種會讓你在凌晨四點驚醒的問題。我希望各位下定決心，對這個問題大聲說「不」。

你不能推動這個想法，因為 QA 無法測試，工程師無法完成開發工作，如果硬要嘗試實現這個想法，最終一定會失敗，而我們沒有失敗的本錢，所以這個問題的答案是「不」。

站在個人的立場，你也有這項工具。你可以拒絕公司提出的工作要求，但你得把主管逼到牆角，跟他解釋：「因為這個原因，所以拒絕這個開發工作才是正確的行動」，然後主管才會去跟公司說「不」。

主管身為團隊的管理者，有責任為團隊把關，何時該拒絕不合理的要求。當停止手上的工作才是正確的決定，主管的工作就是站出來，大聲說「不」。捍衛團隊的權益，對抗組織瘋狂的要求。

然而，決定說「不」並非完全沒有後果。如果主管只是因為自己擁有權力，就決心反對到底，不是因為要做正確的事，反而會慢慢變成渴望權力的爛主管，不過，我要再次提醒各位，這項新工具要怎麼使用，端視各位覺得是否適合當下的情況。此外，各位不是只能說「不」，你還可以……

主管要有積極推動的能力

一句「很好」（Yes）是幫助我們開始建立人際關係和推動事務的方法。不只是一句正向的話語，還為我們前進的方向提供結構化的指引。「很好，我們開始吧。」「很好，我知道他準備離職了，我們下一步該怎麼做？」「很好，為何不試試看呢，我們應該推動一些大膽的做法。」

有時你的一句「很好」必須超越現實的束縛，成為你靈感的來源，展現你怎麼察覺到未知。

「很好，我認為你會是一個好主管。」

信任就能實現團隊規模化

成為新手主管的你，每當危機來臨，你又會變回工程師。之所以會退回熟悉的位置，是因為那裏有你熟知和信任的工具，但你該信任其他人，也就是：你的團隊。

如果我只能用一個簡潔有力的詞語給各位管理方面的建議，那就是「規模化」（scale）。成為主管之後，你的工作就是將最初成為工程師的工作技能規模化。你曾經是那個修復不可能臭蟲任務的人，很好，現在你是那個帶領一整個團隊修復不可能臭蟲任務的人。

現在正是時候，該把你擅長的技能傳承和教給那些和你一起共事的團隊成員，開始信任他們去做那些你以前只敢要求自己做的事。

明確定義對團隊的這份信任並且繼續維持，會產生令人滿意的生產力回饋循環。信任團隊便能實現規模化，規模化意味著你能騰出更多精力去做你熱愛的事。當你投入越多精力去開發更多的內容，就會累積更多經驗，學到更多教訓。學到更多教訓會提升你的專業知識，意味著日後有更多機會出現時，你甚至有更大的機會擴展團隊規模……發揮更大的領導力。

43

當心離職缺口

每個人都可以被取代。

當某個對團隊有價值的人離職時,雖然令人惋惜,但你第一次聽到這個合理化的事實。團隊情緒低落,因為大家都不希望這個人離開,所以主管召集所有人,正式說明這個人離職的理由:「他已經在公司工作了五年之久,所以決定離開公司去找新的挑戰。」大家表面上點點頭,內心仍有存疑,隨後你的同事 Phillip 悄悄靠過來,低聲說了一句:「每個人都可以被取代。」

他說的沒錯,跟自然界厭惡真空的原理一樣,公司本質當然是討厭有人離職。當某位重要人士離開公司,你會從其餘還在公司裡的人身上,學到許多有趣的事。

人力缺口

本章主軸是分析團隊裡哪些人離職時,會令眾人感到遺憾。大家不希望這個人離開,通常是因為他們為團隊做出獨特的貢獻;當你得知他們要離職時,會認為某些重要的東西會隨著他們的離開而永遠消失。

在某些情況下,關鍵人物離職會導致團隊或公司崩壞,但本章的假設前提是,團隊中受到眾人喜愛的人離職了,大家雖然會感到傷心,但終究會挺過去,而且我認為各位低估了團隊其他成員的能力。

任何人離職,大家的直覺反應就是少了這個人,會立刻對公司或團隊造成無可挽回的改變。然而,現實並非如此,當一群人在一起,會形成具有社會性的複雜生物組織,現況其實不會那麼快發生變化。有人離職時,你當然會擔心造成人力缺口,因為我不知道離職的人是誰,所以也無法具體說明會造成哪種類型的人力缺口,但我會從各位內心最糟糕的恐懼出發,從這個觀點去看有人離職時,各位顯然早就知道會面對的情況,由此說明為何你不應該過度擔心,以及應該如何繼續保持關注。

「知識領袖」擁有知識與能力

非理性恐懼：他擁有豐富的產品知識，無人能及。面對困難的問題，他是唯一知道如何偵錯的人。他也是唯一將整套系統烙印在腦海裡的人，更是那個我們遇到真的、真的非常困難的問題時，第一個想要聯絡的人。沒有他，我們就無法再處理真正困難的問題。

別擔心：這個人顯然是團隊裡的知識主導者（Alpha）。擁有知識領袖（Alpha Knowledge）對團隊來說是幸福也是魔咒，不只是因為他們無所不知，而且每個團隊成員也都知道這一點。因此，團隊裡只要有人遇到困難的問題，他們非常清楚要問誰，很方便就能取得資訊。

團隊少了這個人雖然會感到恐慌，但你很快就會發現，先前大家一直詢問知識領袖的問題，所有答案都留在每個人腦海裡。事實上，大家經常提出自己的問題，只是尋求確認的手段，而非發現答案的過程。你看，問三次之後，他們就知道答案了。團隊成員其實知道怎麼運作，只是有知識領袖在，他們會質疑自己的判斷：嗯，我想我知道怎麼做，不過，繼續進行之前，我最好還是跟知識領導者確認一下。

假設各位認為知識主導者腦中大部分的知識，都已經透過相互交流的方式，傳承給其他團隊成員，那麼知識主導者的離開，將刺激其他成員相信自己早已掌握這些知識。

然而，請特別注意：以前表現安靜的團隊成員雖然會主動填補知識主導者離開之後出現的知識落差，但團隊擁有的整體知識和能力正不斷流失中。各位需要擔心的不是那些大家都廣泛了解的知識，而是一些沒有被記錄下來的細微知識。例如，那個變數為何會取如此特別的名稱？伺服器命名機制背後的故事？還有程式碼裡寫著一行「這些只要再來兩個，我們就搞砸了」，這個神祕的註解到底是什麼意思？

我們確實可以在這個人還在職的時候，要求他們盡量將當下的工作狀態記錄在文件上，但他們可能會忘記某些小事，而這些細節可能就是產品內部運作的某個關鍵。等他們離職幾個月後，你才會發現疏漏了這些細節，更糟的是，那時他們已經完全忘記前一個職場的事，甚至會說：「什麼東西只要再來兩個？我完全不知道你在說什麼。」

知識領袖離職後，各位必須特別關注的地方是團隊面臨突發事件的應變能力。團隊平日的運作應該不會受到知識主導者離開的影響，然而，當突發事件來臨時，你真的會很想念他們，因為無法記錄在文件上的隨機應變能力已隨他們離開，而且再也不會回來。

再強調一次，團隊擁有的關鍵資訊正逐漸出走，但是，在大部分的情況下，團隊即使沒有這些資訊，依舊能正常運作。面對有人離職，團隊也只能盡力解決，因為他們別無選擇；一旦他們成功解決問題，就會了解自己的缺失，進而更新工作方式。

大師級人物擁有權力與影響力

非理性恐懼：她一直都很為團隊著想，幫我們擋掉外界的干擾，保護團隊建立的文化。因為有她在，我們才有更多的發展機會。有她在會議桌上為我們爭取，才能做出對我們有利的決策。

現實：因為她掌控著整個團隊的事務，所以就姑且稱她為「大師」。這位大師級人物可能是公司裡的資深主管、總監或副總，現在，她要離職了。跟知識領袖離職的情況一樣，她的離開也創造出權力真空，許多對這個職位有興趣的人即將展開瘋狂爭奪戰。誰將繼承她遺留下來的皇冠（也就是職位）？誰最有資格擔任這項職位？為了得到這個職位，各方競爭者打算採取什麼行動？這些問題全都很有趣，但更實際的問題是你需要了解這位大師級人物為何離職。你為她的離開感到傷心，但每個人的感受都跟你一樣嗎？

領導者會定義自身周遭的文化，他們離職後，這項文化的現況會出現雙重變化。第一重變化是大師級人物離職後，他們建立的文化有一部分會隨之永遠消失。第二重是原本縈繞在他們之上的外部文化會滲進團隊裡。真正的問題是，此時闖入的外部文化是否適合團隊。這位離職的大師級人物過去是否保護團隊免於被這個外部文化干擾？如果是，他們為什麼要這麼做？而且，更重要的是，他們離職的原因之一是否造成他們跟外部文化衝突？

領導者會將現實環境朝自己有利的方面最佳化，權力和影響力越大的人越是如此，越傾向於為自己和團隊明確定義出一個令自身安心的現實環境。然而，這個現實環境如果跟公司其他部分產生利益衝突，當大師級人物離職時，他們建立的現實扭曲力場也會隨之打破，團隊必須花費更大的力氣適應外部文化的環境。

請特別注意：當一位頗具影響力的領導者離開團隊的第一個月，各位可以從觀察中得知，他們個人對團隊目標的看法和公司為團隊設定的目標，兩者之間的差異有多大。在理想情況下，團隊的前一任領導者會盡責地將公司願景轉換成團隊要達成的相關目標。他們在日常工作中指導團隊時，應該跟公司內其他團隊以及日後接替他們職位的任何人方向一致。

但事實可能並非如此。

這位前任領導者為團隊擋掉他們不需要知道的辦公室政治和不重要的工作干擾，讓他們得以專注於完成工作，但也有可能變成過度保護團隊。這就是為什麼當頗具影響力的領導者離開公司之後，我會注意到團隊成員露出一臉茫然的表情。

如果是位高權重的人離職了，免不了會發生組織內部的調查會議。公司高層會向其他團隊成員提問，當我被問到這些問題時，我會觀察提問者接收到我的回答之後會有什麼反應。點頭是最普遍的肢體語言，表示他們跟你站在相同的立場，理解團隊整體的情況。但如果提問者露出一臉茫然，就表示雙方認知出現斷層，尤其是跟前主管有過互動的那些提問者，此時我會開始懷疑前主管到底跟他們說了什麼，有哪些事沒說。

不論大師級人物是為團隊擋掉外部的工作干擾、創造出現實扭曲力場，或是能與團隊外的文化完美契合，他們的離開勢必會讓團隊產生文化上的缺口。新上任的領導者會帶來他們自身的文化，意味著團隊必須重新適應新的文化。

內幕知情者掌握人脈和溝通管道

> 恐懼：他知曉一切，而且人脈極廣，總是能幫助我們團隊掌握先機。每當我想知道公司內有什麼風吹草動時，一定會去找他，他是突發事件的終結者。

> 現實：內幕知情者是團隊裡擅長得知公司裡有什麼風吹草動的人，眾所皆知。在團隊會議上，當大家需要確認重要資料的真實性，所有的目光都會轉向他：

> 上司：看起來他們會晚三個月。

（在場所有的目光都轉向內幕知情者）

內幕知情者（點點頭）

上司：所以，他們搞砸了。

內幕知情者的角色不只是八卦傳播者，他們還是團隊裡的真相守護者（請參閱第 33 章「程式技術、功能和真相」）。內幕知情者有一種與生俱來的本能，會不由自主受到吸引，想知道世界每個角落正有什麼新鮮事發生；他們希望利用這項技能作為幫助他人的手段，讓身邊周遭的人掌握最棒的第一手真實資訊。

內幕知情者雖然被大家當作真相守護者，但資訊在一群人之間流通的方式其實有很多種，比各位想得還多，尤其是勁爆的八卦內容，所以不必害怕他們離職之後，你會突然變得一無所知；只要資訊本身足夠有趣，自然會找到傳播的方式。以往你只要找內幕知情者聊聊，就能知道天下事，沒有了他們，確實會帶來小小不便，但你不會永遠處於資訊黑暗。

請特別注意：這位前任的內幕知情者尚未離職前，扮演了兩種角色——資訊收集者和資訊傳送者。需要特別注意的是後面這個角色，內幕知情者的部分本能不只是讓他們知道從誰那裏可以得知什麼情報，還有誰需要知道這些情報。

內幕知情者離職後，我會觀察誰明顯感到失落？誰是依賴內幕知情者得知團隊和公司裡風吹草動的人？隨著內幕知情者離開，有哪些重要但不明顯的溝通管道也隨之停止？原本溝通順暢的管道可能會斷在你意想不到的地方，並不是因為內幕知情者離職之後不再出席會議，而是他們再也不會隨時出現在公司走廊閒聊，表示有人會因此默默地隨波逐流，失去依靠。雖然缺失的資訊不是關鍵工作任務所需，但這些資訊是令人安心的存在。

各位或許會認為既然主管們堅持開那麼大量的會議，團隊間的溝通應該相當有結構而且很容易預測，實則不然。每一個出現在團隊會議上的有用資訊，會以相同的資訊量同樣流通在公司走廊、電子郵件和隨機發生的小隔間對話之中。隨著內幕知情者離開，溝通管道會在某個地方……停止流動，資訊停滯不動的後果因環境而異，從簡單的個人困惑到組織混亂都有可能發生。

不同的觀點

我想再強調一次，一群人在一起會形成複雜的生物組織，你對這個生物組織的看法會受限於你從哪個角度去理解。面對一個即將離職的人，你對他的看法不過是眾多觀點之中的一個。就像每個人會對一個人有不同的觀點，同樣地，當一個所謂的好人要離職，大家也會有不同的意見。

當團隊裡有關鍵人物離職時，需要特別注意的一點是，會不會發生意想不到的變化，因為某個重要的人際關係有可能從此不再存在。有人會因為這個人的離開而完全毀滅，但也可能會有人因此暗自竊喜，等待採取下一步行動。這些對人際關係意外造成的三級副作用，可能會影響我們的日常工作，所以我們必須把這些人找出來。知道他們是誰，理解他們的看法，因為組織格局已經變了。

離職者創造出來的權力真空，不是只有帶給公司組織困擾，也為在職者創造機會。任何職位一旦出現空缺，而且是從有人要離職的謠言開始在公司各個走廊流傳時，就會有人爭相想要填補這個權力真空，但各位要先想清楚一點，在瞬息萬變的格局裡，哪裡才是你安身立命之地？你一直想成為知識領袖嗎？現在是你接替這個職位的好時機。你認識公司內消息靈通的內幕知情者嗎？你已經跟他們說過你的想法嗎？

最後，請記住一點，公司內部的任何變動都會引起員工恐慌，尤其是有關鍵人物離職。他們不會想到「每個人都可以被取代」，反而會在內心默默猜疑：那些離職的人是不是掌握了什麼我不知道的內幕消息？我在這裡工作得很開心，他們為什麼不覺得如此？誰是下一個離職的人？

關鍵人物離職時，最大的風險是可能會出現更多的人員異動，而且可能是危機已經來臨的徵兆。

44

SOHO 廣場的大提琴演奏

這是我們第二次在 SOHO 廣場聽到 Audrey 演奏大提琴，她找了張長椅坐下，就開始演奏。她第一次在廣場演奏的幾天後，我們才得知這件事，於是我們懇求她下次演奏之前先提醒我們，可是她笑而不答。我們動員了她的室友 Bruce，幫忙監視大提琴。只要看到 Audrey 開始為大提琴調音，他就會發訊息提醒我們。等她一帶著樂器離開住處，Bruce 會發第二條訊息，收到訊息之後，我們就立刻採取行動，穿過城市抵達廣場去聽她演奏。

春天的 SOHO 廣場，Audrey 在公園裡隨處找了張長椅坐下，開始演奏大提琴。她練習了很多年，卻從來沒有人聽過她的演奏。廣場上的第一次「演奏會」令大家感到驚艷，第二次令人愉悅，第三次（也是最後一次）則令人感到傷心。最後那一次 Bruce、Natasha 和我都坐在現場聽 Audrey 演奏，我們都知道她是典型只有三分鐘熱度的人。

Audrey 四年前曾熱衷於烘焙，兩年前是建築風格，過去兩年則是大提琴。每隔兩年 Audrey 就會涉獵一個新的愛好，頻率很固定，就像時鐘一樣。有時她會帶我們探索，告訴我們麵包的歷史，慷慨地分享她的烘焙成果，拖著我們在城市裡穿梭，只為了尋找「讓人吃了死而無憾」的迷迭香拖鞋麵包。但有時她也會對自己的新愛好保密到家，就像我們一直都知道她的房間裡放著一把大提琴，卻意外聽到她演奏。以前問起大提琴時，她總是會轉移話題。好吧，換個新話題。

我還在玩《天命》

是的，我一直在玩同一款遊戲。《天命》（Destiny）這款遊戲最初發行於 2014 年，即使到了 2023 年，我依舊是《天命》的狂熱玩家。同期當然也有其他遊戲發行。最著名的幾個遊戲：《盜賊之海》（Sea of Thieves，我從未玩過像這樣的遊戲）、《要塞英雄》（Fortnite，我嘗試找其他人一起加入，但還是失敗了，最終只能獨樂樂）以及《新世界》（New World，以我數十年以上的遊戲經驗來說，我認為這是第一款足以跟《魔獸世界》抗衡的遊戲）。雖然每一款玩起來都很有趣，但相較於我投入《天命》和《天命 2》的總遊戲時間，這些遊戲不過是途中的小插曲。

根據我玩《天命》多年來的遊戲經驗，我認為自己充其量只能說是個「中級」玩家。我非常了解遊戲方式、遊戲進行過程中的細節，以及如何獲得史詩級稀有的遊戲寶物，我也會定期跟遊戲公會裡的其他成員請教許多問題，因為我知道他們比我了解得更多。然而，我沒有動力想成為這個遊戲中任何一個面向的專家，我能感受到，要成為專家需要投入多麼大的精力。從我身邊的玩家就能看出這一點，彷彿這是他們的工作一樣。

就我個人的客觀意見來看（沒有判斷好壞之分），電玩遊戲的玩家根據經驗可以分為以下四個類型：

「一般」玩家

遊戲中多數玩家都屬於這個類型，他們知道遊戲怎麼玩，也很享受遊戲樂趣。他們會一直玩同一款遊戲，直到厭倦了就轉移陣地到下一款遊戲。如果遊戲破關只是一個選項，一般玩家可能不會設法突破。他們雖然有能力玩這款遊戲，也對遊戲建立了不錯的革命情感，可是或許就是無法越過終點。

在多人連線遊戲裡，一般玩家會暫時對一些玩得還不錯的玩家感到好奇，想知道他們怎麼施展某個技能、獲得厲害的盔甲或是怎麼達成某件事。不過，他們的好奇心不會持續太久，因為他們對這個遊戲的投入程度很低，不會花時間理解遊戲錯綜複雜的部分，只想享受有人溫柔帶領的樂趣，照著遊戲精心設計的路線走。

多數玩家都是如此，硬要我猜的話，一般玩家的數量應該佔了整體玩家的 50% 到 60%。

「中級」玩家

在整體玩家中，這一類玩家的占比應該有兩位數。中級玩家投入遊戲的程度較高，這些人會完成遊戲給他們的目標，然後尋求更多挑戰。電玩遊戲企劃會針對這些中級玩家，開發更多具有挑戰性的模式和困難的成就，希望給中級玩家持續回流遊戲的理由。

由於中級玩家往往會重複玩相同的遊戲，一次又一次，所以他們精通遊戲錯綜複雜的部分，當中的複雜性包括了遊戲內經濟、武器系統的變化、各種傳說、遊戲風格等等遊戲中已知的面向。

中級玩家對遊戲的多個面向都有相當程度的了解，因而發展出玩遊戲的才能，甚至變成一項實際的才能。這些中級玩家看到其他玩家的表現比自己更優異時，他們會自問：她是怎麼做到的？看到其他更厲害的玩家炫耀一身獨特的裝備和其他從未看過的虛寶，他們會表現出高度的好奇心，例如，**我要怎麼得到那隻飛龍？**

中級玩家雖然不是遊戲中的主要玩家，還是佔了相當大的一塊，算是淺嚐即止型的玩家。如果說一般玩家佔了整體玩家的 60%，中級玩家應該佔 30%。

「上級」玩家

上級玩家的整體占比應該只有個位數。上級玩家的衡量標準是根據他們在遊戲中展現的超高才能，這些玩家已經不能說是玩遊戲了，他們根本是活在遊戲裡。當遊戲發生變化時，他們不僅能解釋箇中原因，還能說明這些變化會對遊戲玩法造成什麼影響。他們總是早其他人一步知道遊戲新功能，因為他們會認真搜尋所有消息來源，將任何可靠的資訊片段持續拼湊成一個完整的樣貌。中級玩家看到上級玩家或是跟上級玩家競爭時，中級玩家心裡清楚知道：哇，她就是那些⋯⋯上級玩家之一。在一個遊戲中，上級玩家的占比小於 10%。

「S 級」玩家

我想起幾年前有人跟我解釋「S 級」（S-Tier）是什麼意思，當時我們正在社群平台 Discord 上討論《天命》這款遊戲裡的偵察步槍，突然有人冒出一句：「可是，『Mida』這把槍，現在才是 S 級的武器。」S級？那時我才知道，S 級是最高等級。S 級的「S」可能是取自英文單字「Superb」或「Super」，具有一流、最佳的意思，用法可能是源自於日本的學術評分。在電玩遊戲文化裡，S 級表示「最棒的」。

我從未在任何一款電玩遊戲中成為 S 級玩家，但我觀察過許多努力成為上級玩家的人，我能告訴各位兩者之間的差異就是，S 級玩家比上級玩家……快一秒。在不到一秒的時間內要做出判斷，這是基於過去無數經驗累積而成的能力，雖然幾乎難以察覺他們與同級玩家之間的差異，但累積起來就具有相當大的優勢。

身為中級玩家，我只能說：「你只要看一眼，就知道他們是頂級玩家。」由於我從未精通任何一款電玩遊戲，要怎麼解釋成為 S 級玩家的意義是什麼？上級玩家和 S 級玩家之間的差異為何？我覺得兩者的差異是微乎其微。各位若想獲得這種頂級玩家的技能，相較於中級玩家，其複雜程度會呈指數級增長，而且只有少數人能分辨其中差異。然而，每天持續一點點變好……就能永遠保持優勢。

我永遠無法成為 S 級玩家，所以我只是另一個三分鐘熱度的人嗎？等等，問題不在這裡吧。

你願意付出努力嗎？

各位可能從本章字裡行間推斷，以為我把「三分鐘熱度的人」貼上負面含意的標籤。例如，三分鐘熱度的人沒有真的全心全意投入努力，他們會出現在那裏，只是因為覺得有趣……而且只有此時此刻，很快就會失去興趣。

對三分鐘熱度的人來說，我認為他們的認知是，世界上有無數令人興奮的事物值得學習，但他們很清楚一個人的時間有限，所以三分鐘熱度的人對他們有興趣的事物僅止於涉獵的程度。得到 80% 的精華之後，就轉往下一個他們有興趣的目標，我們應該予以尊重。

S 級玩家深知最後 10% 往往是一項挑戰裡最困難的部分，但也是能學到最多經驗的地方。S 級玩家之所以如此堅持，是因為他們堅信以下兩個看似矛盾的觀點：

- 不論多麼困難的謎題、專案還是挑戰任務，一定都有解決之道。

- 永遠都還有 1% 的學習空間。

有些人天生就對某項技能具有天賦，所以他們從中級提升到上級的成本似乎較低，但我們只是對自己說謊，其實我們直覺知道真正的成本是什麼。要讓自己的能力提升到上級，你知道需要投入什麼成本嗎？答案是，永無止盡、不屈不撓地投入時間和精力。沒有抽到幸運的基因不能拿來當成藉口，你知道要讓自己成為上級玩家，意味著永不放棄。

看到某人表現出色，我們會因此受到鼓舞。可是，我們會一方面看著他們的表現，同時對自己說：「我永遠不可能做到像他們那樣的程度。」那是因為我們沒看見他們背後不斷投入的練習。他們投入多年不為人知的努力，逐漸提升自己的能力。經歷不斷的失敗，不時還要接受朋友與家人天真地嘲諷：「你幹嘛要這麼努力？」

鼓舞他人的魔力

我最喜愛的勵志名言之一是來自美國知名魔術師 Penn Jillette，他曾說「魔術唯一的祕密就是我願意投入更多的努力，超越他人認為值得付出的程度。」（*https://oreil.ly/mB3n_*）我覺得這句話同樣適用於任何一項技能。

不論各位是追求 S 級玩家的境界或者只是三分鐘熱度，兩者付出的努力都是相同的。同樣都有投入時間去理解自己喜愛的事物。S 級玩家專注於一項事物的深度，令人印象深刻；三分鐘熱度的人則著重於事物的廣度，喜歡欣賞各類事物及其複雜性所帶來的樂趣。

每個人身上都能產生雙重魔力。第一重魔力是探索與理解事物之後，個人所得到的巨大喜悅和成就感。只要懷抱著好奇心，不論是深入研究於一項事物或是廣泛探索每一項事物，都能獲得回報。

第二重魔力是無意間鼓舞他人。多年後，我在這本書裡，告訴各位 Audrey 在 SOHO 廣場演奏大提琴的事，那三場即興音樂會至今依舊鼓舞著我。

我很好奇，她現在……是否仍舊在學習什麼。

45

離職潮

看似平淡無奇的一天，早上連開兩個會議，沒有任何異常情況發生。午餐過後，你接著開團隊會議，可是……Andy 遲到了。Andy 是非常守時的人，他從來沒有在任何場合遲到過。這有點怪……嗯，先不管他了，開會要緊。

團隊會議結束後，一樣沒有明顯的異狀發生，只除了 Andy 整場會議都沉默不語，這點也很奇怪。現在你敢肯定，Andy 一定有哪裡怪怪的。於是，你一把抓起他，把他拉進離你們最近的辦公室裡：

> 你：兄弟，你怎麼了？
>
> ANDY：我要離職了。

幾乎是一瞬間的事，你快速分析 Andy 離職對公司政治和社交面的影響。你完全理解他要離職的原因，是因為那些無法改變的因素；你能預測有哪些人會跟著離職，而你無力採取有用的行動來阻止這個情況發生。

這一瞬間，你彷彿看見日後團隊分崩離析的那一刻。

糟糕的窘境——公司要倒了

在漫長的職業生涯中，我們可能會在某個時間點，遇到公司組織開始衰敗的情況，希望這不是因為你的錯誤而造成的。我希望各位能避免發生這種可怕的經驗，但知己知彼才能百戰百勝。

各位如果遇到公司要倒的情況，我很遺憾，這種情況真的很糟。本章接下來的內容會從冷靜、不帶個人批判的角度，審慎討論日後可能會發生的可怕情境。正式進入本章內容之前，我想先告訴各位一點，就算遇到公司要倒的窘境也有好處：可以從中學到經驗，有助於日後預見公司衰敗的前兆。

至今為止，我經歷過三次組織崩壞的災難，各位應該認為我一定有學到教訓吧。沒錯，我確實學到了一些東西。現在的我已經知道，大規模的組織崩壞通常無法避免，有時最好的做法是另謀高就，或是找一個可以安身立命的地方躲起來。

再來就是，本章內容無法幫助各位防止這類職場巨變。事實上，本章內容的假設前提是各位已經身處於組織災難中，這場災難肯定非常嚴重，而你無法全身而退。再說一次，很遺憾讓各位面對這個災難。

兩種資訊流通方式

在了解離職潮怎麼開始之前，我們必須先了解公司內部的資訊流通方式。辦公室裡永遠只會持續兩種類型的對話。一種是戰略面向的對話，另一種對話則是策略面向。每一種類型的對話或資訊流通方式會主導公司某個特定部分，正因如此，所以會影響組織朝某個面向崩壞。

首先，一起來看看什麼是戰略面向的對話。

戰略面向

這一類的對話會出現在公司日常工作之中，反映出每位團隊成員的想法和意見。內容差異很大，會隨團隊和小組有所不同，但大致上都是跟團隊工作有關的公開話題。人都會在乎自己身邊周遭的風景，以及任何可能會影響眼前這片風景的因素。

當西線無戰事，戰略面向的資訊交流內容某種程度上會顯得沉悶、無聊，後續我們會談到，然而，當危機來臨時這一類的對話就會發生變化。

策略面向

剛開始思考這一類對話的讀者，最簡單的概念就是把策略面向對話想成是**主管之間一整天的對話內容**。我說的**主管**，下從你的直屬主管到最上面的執行長都是。策略面向的對話會衍生出公司不斷演進的行動計劃。例如，我們現在表現如何？下一步要採取什麼行動？是哪些地方沒有正常運作？怎樣做可以更好？是誰搞砸了？

各位看了前一段內容，內心應該會感到一陣憤怒吧，你可能會想這些是主管間的祕密對話，你又沒有機會參與這一類的對話。不過，我要提醒各位一件

事，危機正在發生，你必須冷靜下來，這樣你才能搞清楚下一步要採取什麼行動。各位可能會想如果當初你有機會參與這些策略面向的對話，或許早就可以防止最壞的情況發生；就你個人所知的部分給予見解，也許可以改變公司的行動方案。但現實情況是公司正逐漸崩壞，現在我們能做的也只有盡力去理解情況會如何演變。

參與策略面向對話的人通常是第一波離職的主要成員。不論組織崩壞的根本原因是什麼，這些原因會先在策略面向的對話間流傳，參與這些對話的人自然能早期察覺出異常，判斷情況的嚴重程度。身為主管的你，如果將戰略面向的對話視為一群溫順員工的討論內容，以為他們會被動等待下一次的危機來臨，那你就是從主管的角度做出自以為是的判斷。想想你還是基層員工的處境，當時你幸福得很無知，完全不知道管理高層在他們的城堡裡玩弄著什麼樣的策略把戲。

第一波離職潮

第一波離職的主要成員是知道策略對話內容詳情的人，他們聽說了接下來會發生的危機，算計了公司政治和社交面的影響，所以決定閃人。此處提醒各位平時要特別注意以下幾點。

離職潮從哪個部門開始湧現？

即使沒有進行任何對話，只要觀察離職潮開始湧現的位置，依舊可以推論出大量資訊。如果業務部門正流失大量人力，可以合理推測業務部門出了什麼問題；當業務部門變糟，公司整體情況也會跟著下滑。同樣地，當工程團隊出現大量人員離職也意味著同一件事：工程團隊出現問題，表示產品出現問題，也就是說公司沒有任何產品可以銷售。

離職者為何閃人？

此時是了解離職者閃人的絕妙時機。公司走廊開始流傳著精心打造的訊息，解釋著那些人離職的原因，然而，這些訊息創造出來的目的是為了操弄人心，目的是掩蓋這一波離職者閃人的任何原因，你必須知道真相。

各位如果想了解擔任策略面向職務的出色人才為何要離職，就要找一處安全隱密的地方，約他們出來當面詢問：「說吧，這到底是怎麼回事？」如此你才能聽到真正的故事。

公司為何讓他們離職？

任何離職潮湧現時，第一波離職名單中都會有一名關鍵人物。這個人在團隊或組織中是公認的業務關鍵角色，如果他們離職，我們公司就完蛋了。

而他們即將離職。

關鍵人物離職時，棘手的一點是公司裡的每個人都知道這個人很重要。糟糕的是參與策略面向對話的每個人都清楚知道而且了解關鍵人物為何想離職的原因，然後他們還執意要走。

如果這位關鍵人物對公司很重要，表示公司應該已經盡全力慰留他們，他們卻因為能脫離公司眼前的困境而感到開心。到此，不論各位是否已經成功發現離職潮的根本原因，關鍵人物的離職是極為重要的領先指標，暗示這接下來會發生什麼，就是：第二波離職潮。

第二波離職潮

如果第一波離職潮是公司策略方面的人力資源，第二波就是戰略人力，而且這波離職的每個人是意識到某個瞬間才開始有想要離職的念頭。

隨機性是我們在這個地球上跟任何人事物打交道的一部分，多數人終其一生花了大量的時間保護自己免於受到隨機性的影響。包括我們去學校上課，了解可能會發生哪些隨機情況，才能防患未然；結婚是為了降低內心隨時不安的機率，找工作則是為了讓自己平日生活中充滿可以預測的事。

凡事只要增添隨機性，就會令人感到恐懼。人們會將這些隨機事件看成一種外部攻擊，攻擊他們為了對抗隨機性而建立的基礎；面對這種攻擊，一般人通常會有兩種典型的反應：迎戰或逃避。這個時刻就是人們意識到離職的那個瞬間。他們立刻承認自身所處的環境，已經因為不可抗力的隨機因素而永遠改變，無力採取有用的行動來阻止情況發生，所以只能決定要堅持下去還是走為上策。

既然第一波離職潮已經是現在進行式，為何還要討論第二波離職的人意識到的那個瞬間？雖然第一波離職的每個人也都經歷了那個瞬間，但第二波離職的人們意識到的離職瞬間，可能會帶給組織更大的殺傷力。

第二波離職潮的可怕潛力在於，人們對原本熟悉的環境出現不確定的因素，內心會感到惶惶不安，所以將第一波離職潮背後的策略因素合理化，轉換成

瘋狂的陰謀論。第二波離職潮是由戰略面向的對話主導，一旦離職潮開始湧現，戰略面向的對話內容會從原本的日常閒聊，突然轉變成可怕的小道消息。你看，在缺乏真實資訊的情況下，人就會捏造事實（請回想第 16 章的內容）。

身為一名旁觀者，各位在觀察本章假想的組織災難時，要特別注意的地方是：管理層告知第二波離職潮的時候，他們採取了哪些行動？通常會有以下兩種做法。

做法一：消極等待

各位還記得嗎？我們目前的處境是第一波離職潮還在蔓延中，第二波離職潮卻已經開始。防堵災害發生的時機已經過去，我們現在只能盡力將傷害控制在最小的程度。問題在於，管理層打算何時開始行動？本章的假設前提是我們正面臨最糟的情況，管理團隊在第一波離職潮期間反應不及，已經搞砸了。現在第二波離職潮來了，他們還要繼續等待嗎？

對管理團隊來說，他們認為承認組織崩壞這件事，本身就是一場災難。如果外界知道公司竟然允許這樣的災難發生，他們相信後續會帶來嚴重的影響，諷刺的是，後續效應已經發生。就是因為他們對災難視而不見，才會讓情況越演越烈（嘆息）。

做法二：積極阻止情況繼續惡化

希望管理層終於願意開始跟基層員工對話。此時，公司會派某位主管出來，站在會議室前方，條列出一串重點，直接針對這場災難進行解釋。這些精心打造的訊息背後，目的是為了回答一個問題：「我們正採取什麼行動來防止公司發生不穩定的情況？」

好消息是，管理層決定採取某些行動。與其放任怪異的陰謀論在戰略面向的對話頻道中流傳，公司主動釋出的任何正面訊息，都勝過沉默不語造成的破壞力。

至於管理層要採取什麼具體的補救措施，取決於組織遇到什麼型態的災難，由於本章只是假設情境，所以不知道會遇到哪種類型的災難。不過，如果各位已經看到災難本身真正的性質，問題在於：管理層是否積極討論？他們有採取某些行動來力挽狂瀾嗎？或者精心設計另一套說詞，只是變成不同版本的消極等待？

各位永遠不能低估管理團隊的詮釋能力，他們會將事實導向對自己有利的方向。各級主管都會因為一些誘因，選擇從支持公司有所進展的觀點來提出他們的觀察和報告。因此，他們可能會對報告內容動一些手腳，從稍微美化事實到徹底的謊言都有可能。

順帶一提，在此我要為那些盡責的主管們辯護，為自身爭取最大利益是人類的天性。這種想法並非認為世界會以自己為中心打轉，只是從目前的職位去看，似乎就是那麼回事。然而，這種為自身爭取最大利益的觀點如果跟管理扯上關係，就會出問題，因為管理層肩負的獨特責任不只是要為自己，還要為底下帶的人爭取最大利益。在某些情況下，這兩個目標會互相衝突。請各位試著思考這個情況，主管跟你一樣，也會意識到職場環境發生驟變的那個瞬間，問題來了，此時，他們要維護自身利益還是你的？

第二波離職潮是一切情況開始變得詭異的時候，公司走廊間謠傳著半真半假的故事，當人們被硬推出自己的舒適圈時，連帶著性格也跟著改變。原本平淡無奇的工作日頓時變成充滿陰謀詭計的鬧劇，這是第二波離職潮引發的另一個問題：第二波離職潮本身的存在，就是大家想要離職的原因。

此時不論管理團隊是否有採取某種行動，他們都衷心希望第二波離職潮趕快結束，這是因為他們抱著一個錯誤的印象，以為第二波離職潮結束之後，這一次的離職事件會就此落幕。

我要再強調一次，這種想法是錯誤的。

第三波離職潮

本章假設的這場組織災難還沒結束，各位依舊身處其中。你必須找張前排的座位坐下，好好理解整個離職潮的運作機制，坐穩了，我們還要再經歷一波離職潮。

第三波離職潮會是充滿心機的一波。

到此，第一波離職潮終於結束，第二波離職潮也已經結束或是即將結束，這天早上，你短暫地瞥見內心一絲正常的思緒。走進辦公室的人，臉上都不再掛著那種離職瞬間的表情。已經好幾天沒有人離職，感覺一切幾乎回歸正常。

你真心希望一切恢復常態，歷經所有離職潮期間發生的各種鬧劇，大家都已經精疲力盡，再加上工作生產力和士氣雙重打擊，所以當你有一天終於感受到一絲正常的跡象時，你會忍不住在心裡雀躍著，大叫：「嘿，我今天真的能開始正常工作了吧？」

不，一切尚未恢復正常，沒你想得那麼快。

前兩波離職潮期間，已經走了一大票人。有人可能調去公司內其他部門，有人或許去了其他公司。他們都有一個共同點，就是帶走了他們熟悉的團隊內部運作知識。這還意味著另一件事，那些快樂離職的前同事們會來騷擾前兩波離職潮中沒有離開的每位優秀人才，趁機招募他們到新團隊，只要用一個理由就能誘惑他們：你知道我目前工作的地方在哪裡，而且你很清楚那裏沒有組織災難，對吧？

經歷多次離職潮的倖存者已經身心俱疲、士氣低落而且茫然無助，此時如果有一個熟悉的面孔帶著好消息來找他們，給他們美好未來的希望，這些倖存者很難不受到影響。可是，這些人如果真的那麼優秀又會洞察情勢，我不懂，他們為何還留在這艘逐漸下沉的船上，沒有離開……至少他們現在還在。

第三波離職潮的規模雖然沒有前兩次那麼大，但它帶來的影響力就像餘震一樣，任何經歷過自然災害的人都知道，不時搖晃的餘震會把人搞瘋。第三波離職潮不斷地消磨著這些挺過前兩波離職風暴的人，最後有可能就變成他們選擇離職的原因。

你會選擇哪一波離職潮？

組織逐漸崩壞時，難以避免會經歷這種典型的離職潮階段。當職場上的家園變成危險的環境時，這就是人們會出現的反應。可怕的消息導致公司內的重要人物離職，這些人的離職又導致更大規模的離職潮。

我很抱歉帶各位完整經歷一次假設性的組織崩壞事件，但各位如果能提早知道整個事件會如何演變，日後需要釐清下一步行動時，就能根據這些背景知識進行判斷。你會選擇在第一波離職潮的時候閃人嗎？還是會等到朋友丟救生圈給你，幫助你脫離職場苦海？

好消息是：各位剛經歷地獄般的考驗，得到數年的職場經驗，這是唯有身處逐漸崩壞的組織，親眼觀察錯綜複雜的演變過程，才能獲得的寶貴經驗。三位前同事現在變成你的終生摯友，他們離職前紛紛把你拉到一旁，真心地跟你說：「開發這個專案的過程中，最棒的部分就是有幸與你共事。」除非這場組織災難嚴重到搞垮公司，否則團隊應該會快速重整，帶來你從未見過的機會。

從組織崩壞過程中倖存下來，就像衝破一個大浪。唯有接近浪頭，你才能真正感受到巨浪的規模；正面迎擊巨浪雖然令人恐懼，衝浪失敗還會帶來其他慘烈的傷害，但只要你成功衝破一次巨浪，就會擁有更好的能力，準備迎擊下一次的巨浪。

46

光明未來的隱憂

你在工作上的表現，可說是……非常出色。

累積了大量豐富經驗的你，做決策時顯得游刃有餘。這些經驗帶給你的自信，讓你能大膽地提出明智的決策。旁人看你的感覺就是：**太厲害了，他已經完全掌握情況**。關鍵在於：面對不確定性時，自信是絕妙的答案，但自信畢竟只是一種個人感覺和認知。事實上，我們做決策時仰賴的基礎是自身累積的經驗和過往經歷的困境，帶給我們有用、寶貴的觀點。

然而，經驗也有半衰期，會逐漸失去效用。

自信搭配豐富的經驗，有助於創造成功；一旦你取得成功，每個人都會說「你太威了」，當你相信大家是真心讚美你，又會提升你的自信，進而幫助你獲得更多成功的經驗，擁有更多自信，在自信、經驗和成功之間形成良性的循環。

再說一次，各位在工作上的表現……真的非常出色。

你的成功、你的名聲，這些不過是經驗的一種，但不是你最初獲得眾人讚美的原因。旁人讚賞你，是因為你做了明顯有意義的事；你投入自身努力，完成某些重大的工作，並不是因為聽到你自信地宣稱自己做了某件事。

高科技產業跟其他產業一樣，充斥著許多把成功、名聲和經驗搞混的人。這些人以為出席了幾場研討會、接受採訪，根據自己過去的經驗寫了幾本書，就表示自己擁有豐富的經驗。然而，他們誤會了，這不過是說故事，充其量是講述有價值的故事。這些人慢慢變成自己的回音，同時也逐漸遠離了他們應該要做的重要工作，這一切都是因為他們把旁人的讚美誤認為自身擁有的經驗。

各位或許不是這些人之中的一員，但不表示你沒有展現出相同的行為。問題在於：你有沒有每天奮力掙扎著想要開發某些新東西，或者你只是想輕鬆地重複過去成功的經驗？成功的感覺當然很好，但實際上並沒有做出有意義的事。

每天練習開發新東西，就像是鍛鍊必要的肌肉，維持身體的活力。如果不持續引入新的經驗，原來的經驗會逐漸消退，失去其重要性。

很高興各位持續在自己的工作崗位上大展身手，克服困難的工作，表現出色。我相信以成功為基石建立的環境，就像一層誘人的糖衣，讓人以為成功來得理所當然。然而，我認為這樣的環境大多是由無盡的血汗和眼淚建立而成，歷經艱辛，誰會想要更多的眼淚呢？在所有成功的故事裡，各位仔細想想自己最愛的那一個，應該會發現一些過往的痛苦經歷。雖然是很棒的動機，但誰想再經歷一次當時的痛苦？

但我認為那個人就是你，你願意再次接受挑戰。

未知的未來

本書一開始提過工程師遵循的強烈信念：

> 我們追尋定義，
>
> 以理解系統，
>
> 從而洞察出其中的規則，
>
> 覺察出下一步要採取的行動，
>
> 進而贏得勝利。

世界上的每個人心裡都有一些小小的個人原則，發現自己站在人生的十字路口時，會默默地重複套用這些原則。這些核心理念是建立個人思維結構的基礎，推進個人做出抉擇的動力。

對工程師來說，結構是他們最重視的特質。至於哪一種特定類型的結構能擄獲工程師們的歡心，就因人而異。有些人執著於時間限制，也有其他人會仔細觀察之後再力行規則，但我認為每位工程師追尋的目標是：充分了解自己所處的世界，預測下一步怎麼走。

意外情況會打亂既定的結構，也就是說發生突發事件會讓電腦怪咖和科技宅陷入恐慌。「等等，這我定義過了啊，而且我完全理解決定這套規則的系統⋯⋯該死，這到底是怎麼回事？」

本書第一章列出了兩大目標：

- 提升隨機應變的能力。
- 定義職涯策略。

各位應該有注意到，我沒有將「充分了解自己所處的世界，預測下一步怎麼走」列入本書探討的目標，原因在於，不論你是否能在職場上取得巨大的成功，你都永遠無法得知下一刻會發生什麼，在職業生涯中懷抱這樣的想法，是一種策略性優勢。

更多的隱憂是：各位不僅無法預測下一刻會發生什麼，而且我敢肯定的是，各位甚至完全無法意識到當下發生的事。

傾向安於現況

一般人離職時，傳統的理由不外乎工作發生問題，或是不再喜歡自己的工作內容。問題的嚴重程度不一，從簡單的工作厭倦到複雜的工作怨念都有可能，不論各位的故事為何，顯然都是該做出改變的時候。如果是這個情況，請回到第二章，開始採取相應的行動。最後一章我想聊聊幾個不是那麼明顯卻會讓你想改變現況的理由，以及一些大腦欺騙我們的方式。當一切都順風順水，你也相信自己正大展身手，此時你為何會想離職，我想跟各位解釋箇中原因。希望各位也思考看看，你為什麼會想離開自己熱愛的工作。

受到當前環境的影響，人都會傾向安於現況。各位如果不再從事目前的工作，我認為你無法想像將來職涯發展的面貌。

不是因為你不夠聰明或是對周遭環境缺乏意識，我認為無法想像的原因在於職場充斥著太多資料。和你一起共事的人有著錯綜複雜的個性，這些人共同組成了團隊、組織和公司的獨特文化。辦公室政治每天都在影響這棟大樓裡的職場氛圍，這裡有你活著和呼吸當下的一切，雖然我相信各位可以花一杯啤酒的時間，跟我解釋你在這家公司工作的感受，但充其量也只能描述某個時刻。就算你能跟我解釋過去兩週你做了什麼工作，仔細描述其中的感受，卻也無法完全說出每個細節，因為組織擁有太多資料，多到難以描述。

各位對自身工作的看法和印象,是根據大腦匯聚在一起的所有資料,大腦認為這些資料很重要,小心地幫你把適合的資料塞進你的世界觀。由於大腦要處理的資料量太多,所以處理完畢後,大腦會把這些資料丟棄。這不是說各位不應該信任自己的看法,我只是認為不能因為對現有的工作感到熟悉,就安於現況,對工作滿意不代表你有所成長。

以下這幾個問題跟第二章提到的一樣,但我要再問各位一次:

- 請問你最近是否經歷過失敗的情況?
- 在你身邊是否有人每天給你新的挑戰?
- 你能告訴我上週是否學到對職涯有重大意義的事?

這些問題背後的意圖是想破壞你安於現況的心態:何時會發生意料之外的事?科技宅絕對不會喜歡這些破壞性時刻,然而這些意外時刻會以有趣的方式引起大腦的注意。我的看法是,大腦認為合理、健全的任務是追求幸福,但這項任務的目標永遠不可能跟職涯成長一致,因為大腦不會主動尋求衝突。

不安的尾聲

看到本章內容,各位應該會對未來感到不安。我自己在撰寫這些內容時也同樣不安,所以,我一直在書中建議各位:

- 不能因為你在目前的工作崗位上表現出色,就以為自己從此一帆風順。
- 痛苦的經歷會帶來效益。
- 衝突就是一種學習。

本書來到尾聲,我希望各位讀者已具備更好的應變能力,準備迎擊將來會遇到的痛苦、變化和衝突。到此你可能更了解老闆和主管,對組織重整更有概念。看過我的故事,知道我怎麼摸索出職場狼人和「彈跳人」主管的應對之道後,或許能提升你在職場的應變能力。最後,我希望本書激發各位讀者對自己的職涯發展方向有更好的想法。當職涯走向沒有根據當初的規劃,事先擁有一套職涯發展結構會有所幫助。

了解書中所有知識雖然能助你一臂之力，但痛苦、變化和衝突依舊不會放過你，它們隨時都會出現，甚至有時你應該主動創造這類的情況，當然是以專業、健全的方式進行。無須理由，也沒有偉大的計畫，就只是沒來由地想往某個奇特的方向躍進，看看未知的前方準備教給我們什麼經驗。

一切都是因為，你擁有迫切的渴望。

尾聲：迫切的渴望

就我個人而言，最有趣的想法都是在早上八點到十點之間產生，這段時間對我來說非常重要，不希望其他人打擾我神聖的發想時間，所以我通常會將這段時間花在開車通勤上。平均下來，一趟開車通勤時間，我就能創造出兩到三家新創公司。在汽車音響流逝的音樂中，伴隨著持續吵雜的交通聲，為我提供了最棒的創意催化氛圍。

進公司上班之後，我在 Google 上搜尋我的想法。「做個產品來取代 Twitter，如何？」

然而，已經有個開放原始碼的社群網站 Mastodon 提供相似的服務，於是，我覺得這個想法真廢。

「等等、等等、等一下，我們需要提供的內容是個人動態資訊，類似 RSS 訂閱那種服務，只針對我們關注的人們，顯示他們的相關事件。」

你說的不就是 FriendFeed 網站曾經提供的服務，沒錯，有人已經開發出來了，而且最終沒有獲得成功，可惡啊。

你迫切渴望遵循自己的想法。

其實仔細想想，我們大家都是站在相同的資料基礎上。沒錯，現今的我們確實擁有龐大的資料，但僅憑個人的力量要瀏覽完全部的資料，這機率實在是太低了，可是關鍵在於：有很多像我們這樣的個人存在。而且，人數其實相當龐大。當你將所有像我們這樣的人結合起來，就相當於是整合數量龐大的資料，此時你應該會了解到，當我抵達工作崗位，把自己認為很棒的想法丟到 Google 搜尋後，為什麼我不再訝異於自己在開車通勤途中，精心設計出來的商業模式，其實早就已經是一門生意了。

迫切渴望遵循想法

此處我想討論的個人領悟是：你在等什麼？說真的，我知道你有貸款要繳，還有 1.5 個小孩要養，但你隨後意識到，自己在神聖發想時間靈光一閃的絕妙點子，在現有競爭者中還沒有人開發出來……既然如此，你為何不跳出這一步？

我知道……你在等什麼。

你看看自己，一直待在舒適圈裡做相同的工作，這種事我做了 20 年。公司組織清楚說明誰擁有權力和人們之間的從屬關係，你只要依循組織建立的結構。我十分熟悉這樣的心態，解讀之後就是：

「我們會依照跟大家一樣的規則，完成自己的工作。」

也就是說，你只會做自己份內的事，避免惹上不必要的麻煩，低調地讓自己在公司裡立於不可或缺的地位。

這方法可行，只要依循公司訂下的規則，就有安泰的生活，這點絕對無須爭論，但……

你其實迫切渴望遵循自己的想法。

或許你在等待機會驗證自己的想法，等待某位你尊敬的人來跟你說：「你的想法沒錯，真的很睿智，你應該去做這件事」。孩童時代，這個人可能是你的父母；出社會後，是你第一份工作的老闆，但現在這個人只能由你自己來當。

你需要明白一件事，這些支持你的人們，他們出現在你身邊的目的不是要拖你後腿，是要幫助你擺脫眼前的困境，這樣你才能發光發熱。你需要為自己找出那一刻，在那個當下，你會知道自己的想法優於身邊其他人們，你不再徵求其他人的同意，也能自己踏出第一步。

不需要離職，也不用創另一個 X 帳號（前身為 Twitter），你只要動手試試看，從身邊某些小事開始嘗試。平常你會先跟上司溝通這些這些想法是否可行，在走廊跟其他同事交流，然後才推進下一步。現在你可以嘗試跳過走廊交流那一段，直接推動你的想法。

別擔心是否有人已經在實作你的想法，我相信一定有這樣的人存在，但他們絕對不可能成為你，唯有你才能讓你的想法獨一無二。

不論你的想法是否能獲得成功，走上這條驚險的道路，必定會引來一身麻煩。你的創意將無理地衝撞一長串既有建立的規則和規定，但這樣的感覺很棒，對吧？

相信你的直覺，然後勇往直前，小心，這種感覺可是會讓人上癮。

這不僅僅是單槍匹馬的作業程序，你還是要跟團隊溝通協調，也需要維持公司策略的一致性，但是當你坐著地下鐵、喝著星巴克的咖啡，突然出現靈光一閃的時刻，希望你能採取一些行動，而非只是沉浸在片刻的創意發想時光，因為……

你迫切渴望遵循自己的想法。

BAB 遊戲規則說明

本書介紹的撲克牌遊戲 Back Alley 算是簡化版的橋牌,遊戲玩法跟撲克牌遊戲 Spades 和 Hearts 有非常多相似之處。在網路上快速搜尋一下 Back Alley Bridge 的版本,會發現這套遊戲曾經在越戰期間流行過。我是在美國加州大學 Santa Cruz 分校就讀期間,學到這個版本的玩法。

完整體驗一場遊戲需要相當長的時間,大概要花一到兩小時,取決於遊戲進行的速度。千萬別在喝醉酒的時候玩,會讓遊戲樂趣大打折扣。

BAB 遊玩前的事前準備

玩家需要:

- 一副撲克牌:標準 52 張牌外加 2 張鬼牌。
- 2 張鬼牌必須加上標記,便於區分。建議玩家拿簽字筆,將其中一張鬼牌標記為 *BIG*(大),另一張則標記為 *LITTLE*(小),詳細說明請見下一節「遊戲規則」。
- 用來計分的一本便條紙和書寫工具。
- 4 名玩家,分成兩隊。

遊戲規則

1. 玩家和牌卡

    a. 四名玩家分別來自兩隊,同一隊的兩名玩家會坐在彼此對面。

    b. 順時針進行遊戲。

    c. BAB 的王牌一定是黑桃。

d. 在 BAB，BIG 鬼牌是最大的王牌，LITTLE 鬼牌則是第二大的王牌。

e. 每一種花色的牌面大小，從大到小依序為：

A K Q J 10 9 8 7 6 5 4 3 2

在王牌（或者說是黑桃），BIG 和 LITTLE 鬼牌的牌面會比 A 大。

2. 發牌

a. 隨機決定第一位發牌人。

b. 發牌人要負責洗牌，平均發完全部的牌，如此一來，每位玩家手中會有 13 張牌，還剩下 2 張牌。

c. 依順時針方向輪流當發牌人。

d. 接下來的每一局會少發一張牌（例如發 13 張、12 張、11 張等等），直到有兩局只發一張牌，隨後每一局會多發一張牌（例如發 2 張、3 張、4 張等等），總共玩 26 局。變化版：每隔一局發牌，例如 13 張、11 張、9 張等等，如此可以讓完成一場遊戲的時間縮短到約一小時。

3. 叫牌

a. 從發牌人左側的玩家開始叫牌，每一個玩家喊出各自要取得的墩數，然後計算每一隊想要取得的墩數。輪到玩家叫牌時，沒有喊出任何墩數，表示該局「PASS」。

舉個例子，假設玩家 1 叫牌時喊 5 墩，玩家 2 喊 2 墩，玩家 3 喊 3 墩，玩家 4 喊 2 墩，總計兩隊預估取得 13 墩裡的 12 墩。

b. BAB 有兩個特殊的叫牌方式：BOARD 和 BOSTON。

如果玩家叫牌時喊出 BOARD，表示他們的隊伍打算拿下這一局的每一墩（請見「6. 計分」）。

如果玩家叫牌時喊出 BOSTON，表示他們的隊伍打算拿下這一局的前六墩（請見「6. 計分」）。

— 跟 BOARD 叫牌不一樣的地方是，當玩家的手牌少於或等於 6 張，叫牌時就不能喊 BOSTON。

玩家叫牌時也可能會喊出 double（賭倍）、triple（三倍）或 quadruple（四倍）的其中一個。

— 通常會發生在玩家的手牌所剩不多時，舉個例子，假設玩家 1 叫牌時喊出 BOARD、玩家 2 喊 PASS、玩家 3 喊 DOUBLE BOARD 以及玩家 4 喊 PASS（請見「6. 計分」）。在這個例子裡，叫牌 DOUBLE BOARD 最大，會獲得引牌權。

— 除非前面已經有其他玩家叫牌時喊出 single、double 或 triple，否則不能先喊 double、triple 或 quadruple，例如首位叫牌的玩家不能喊 DOUBLE BOSTON。

4. 再叫

a. 遇到以下兩個情況，該局會重新發牌：

如果叫牌過程中，發生所有玩家都 PASS，或是，

若某位玩家手牌有七張以上，卻完全沒有 A、黑桃或花牌。

5. 打牌

a. 叫牌最大的人引牌時可以選擇王牌以外任何想打的花色，除非：

該隊伍叫牌時喊出 BOARD 或 BOSTON，引牌時就可以選擇王牌。

b. 只要手中有跟引牌一樣花色的牌，每位玩家都**必須**跟著出牌。若手中沒有該花色的牌，玩家可以出王牌，正常情況下就會取得該墩；或是丟棄其他花色的牌（通常是牌面最小的），因為他們已經無法取得這一墩。

c. 王牌首次出現後，任何獲得引牌權的人都可以出王牌或其他花色的牌。

d. BIG 鬼牌（也就是牌面**最大的黑桃**）是力量最大的牌，所以一旦某位玩家打出 BIG 鬼牌，其他隊的兩名玩家跟牌時就必須打出手上牌面最大的王牌，但同一隊的夥伴只要手上有黑桃，可以選擇打出任何一張。LITTLE 鬼牌是第二大的王牌（也就是牌面大小在 BIG 鬼牌之下，但在 A 之上），則不具任何特別的性質。

e. 在隨後的局數裡，贏取前一墩的人會取得下一墩的引牌權。

6. 計分

a. 贏取該墩的隊伍，符合叫牌的墩數，每一墩可以獲得五分，超過叫牌的墩數則每墩多加一分。未取的該墩的隊伍，先前叫牌喊出的墩數，每墩扣五分，稱為 SET（指未完成該次叫牌的約定）。以下舉例說明：

- 叫牌時喊 5 墩，該局也贏得 5 墩：該隊伍可以獲得 25 分（叫牌 5 墩 × 每墩 5 分）。

- 叫牌時喊 7 墩，該局贏得 8 墩：該隊伍可以獲得 36 分（叫牌 7 墩 × 每墩 5 分 + 額外 1 墩多加 1 分）。

- 叫牌時喊 4 墩，但輸掉該局只取得 2 墩：該隊伍會扣 20 分（叫牌 4 墩 × 每墩扣 5 分）。

- 叫牌時喊 4 墩，但輸掉該局而且未取得任何墩數：該隊伍會扣 20 分（叫牌 4 墩 × 每墩扣 5 分）。

b. 如果某個隊伍叫牌時喊出 BOARD，每一墩的分數會調整為十分；然而，該隊伍若未達成叫牌時喊的墩數，每墩會扣十分。如果 BOARD 搭配賭倍、三倍或四倍，分數會根據倍數加乘。

- 在手牌剩兩張時喊 Bid BOARD，而且取得 2 墩時，該隊伍會獲得 20 分（總墩數 2 × 每墩 10 分）。

- 在手牌剩三張時喊 Bid BOARD，但取得 2 墩時，該隊伍會扣 30 分（總墩數 3 × 每墩扣 10 分）。

- 在手牌剩三張時喊 Bid DOUBLE BOARD，而且贏得所有墩數時，該隊伍會獲得 60 分（總墩數 3 × 每墩 10 分 × 雙倍）。

c. 若某個隊伍叫牌時喊出 BOSTON，而且成功贏取前六墩，除了獲得固定的獎勵分 100，每一墩還會多加 1 分；然而，如果無法順利取得前六墩，該隊伍會固定扣掉 100 分。

- 在手牌剩 10 張時喊 Bid BOSTON，而且順利取得前 6 墩和額外 1 墩，該隊伍會獲得 101 分（BOSTON 固定獎勵分 100 + 額外 1 墩多加 1 分）。

- 在手牌剩七張時喊 Bid BOSTON，但只取得 3 墩時，該隊伍會扣 100 分。

- 叫牌時喊出 Bid DOUBLE BOSTON（這種情況不常發生，通常只有在最後一局想要賭一把時才會使用），而且只取得 4 墩時，該隊伍會扣 200 分（固定扣掉 100 分 × 雙倍）。

d. 最後 26 局都打完後，由得分最高的隊伍獲勝。

索引

※ 提醒您：由於翻譯書排版的關係，部分索引名詞的對應頁碼會和實際頁碼有一頁之差。

關於作者

Michael Lopp 是資深矽谷人,他在領導工程團隊方面具有多年的經驗,曾經歷過幾家頗具歷史的公司,有 Slack、Borland、Netscape、Palantir、Pinterest 和 Apple,負責培養人才和開發產品。他不僅投注心力持續追求新知,閒暇之餘也會在頗受歡迎的個人網頁部落格 *Rands in Repose* 上,撰寫一些跟領導力、橋梁、超級英雄、人…等等有關的文章。可以說,這就是他的生存之道。

Michael 也很喜歡騎單車,他為自己的每一部單車都取了名字(Sia、Isabelle、Shasta 和 Maeve);此外,他對分號感到十分好奇、喜歡喝紅酒以及嘗試了解北加州紅衫樹林的生態運作,這些都是因為好奇心就是讓他成長的方式。

出版記事

本書封面插畫由 Susan Thompson 繪製。

軟體開發者職涯應變手冊｜穿越職涯迷霧的絕佳導航

作　　者：Michael Lopp
譯　　者：黃詩涵
企劃編輯：詹祐甯
文字編輯：江雅鈴
設計裝幀：陶相騰
發 行 人：廖文良

發 行 所：碁峰資訊股份有限公司
地　　址：台北市南港區三重路 66 號 7 樓之 6
電　　話：(02)2788-2408
傳　　真：(02)8192-4433
網　　站：www.gotop.com.tw
書　　號：A771
版　　次：2024 年 12 月初版
建議售價：NT$720

國家圖書館出版品預行編目資料

軟體開發者職涯應變手冊：穿越職涯迷霧的絕佳導航 /
Michael Lopp 原著；黃詩涵譯. -- 初版. -- 臺北市：碁峰
資訊, 2024.12
　　面；　　公分
　　譯自：The software developer's career handbook
　　ISBN 978-626-324-873-1(平裝)
　　1.CST：職場成功法　2.CST：生涯規劃　3.CST：
軟體研發
494.35　　　　　　　　　　　　　　　　113010742